BIM 技术系列岗位人才培养项目辅导教材

BIM 技术概论

（第二版）

人力资源和社会保障部职业技能鉴定中心
工业和信息化部电子通信行业职业技能鉴定指导中心
国 家 职 业 资 格 培 训 鉴 定 实 验 基 地
北京绿色建筑产业联盟BIM技术研究与应用委员会

组织编写

BIM 技 术 人 才 培 养 项 目 辅 导 教 材 编 委 会 编

陆泽荣　　刘占省　主编

中国建筑工业出版社

图书在版编目(CIP)数据

BIM技术概论/陆泽荣,刘占省主编;BIM技术人才培养项目辅助教材编委会编. —2版. —北京:中国建筑工业出版社,2018.4(2023.9重印)
BIM技术系列岗位人才培养项目辅导教材
ISBN 978-7-112-21997-1

Ⅰ.①B… Ⅱ.①陆… ②刘… ③B… Ⅲ.①建筑设计-计算机辅助设计-应用软件-技术培训-教材 Ⅳ.①TU201.4

中国版本图书馆CIP数据核字(2018)第055624号

本书为BIM技术系列岗位人才培养项目辅导教材,共分为五个章节。第一章 BIM工程师的素质要求与职业发展,第二章 BIM基础知识,第三章 BIM建模环境及应用软件体系,第四章 项目BIM实施与应用,第五章 BIM流程与标准。

本书对BIM技术各方面做了系统地介绍,包括BIM工程师的素质要求与职业发展、BIM基础知识、BIM建模环境和软件应用体系、建筑工程识图基础、项目BIM实施与应用和BIM标准与流程等内容的介绍。希望本书能为考生提供帮助,也希望能够为从事BIM工作的技术人员提供参考。

* * *

责任编辑:封 毅 范业庶 毕凤鸣
责任校对:王 瑞

BIM技术系列岗位人才培养项目辅导教材
BIM技术概论
(第二版)
人力资源和社会保障部职业技能鉴定中心
工业和信息化部电子通信行业职业技能鉴定指导中心
国家职业资格培训鉴定实验基地 组织编写
北京绿色建筑产业联盟BIM技术研究与应用委员会
BIM技术人才培养项目辅导教材编委会 编

陆泽荣 刘占省 主编
*
中国建筑工业出版社出版、发行(北京海淀三里河路9号)
各地新华书店、建筑书店经销
北京红光制版公司制版
建工社(河北)印刷有限公司印刷
*
开本:787×1092毫米 1/16 印张:15¾ 字数:387千字
2018年5月第二版 2023年9月第十五次印刷
定价:**58.00**元(含增值服务)
ISBN 978-7-112-21997-1
(31851)

丛书编委会

《BIM 技术概论》编审人员名单

主　　编：陆泽荣　　北京绿色建筑产业联盟执行主席
　　　　　刘占省　　北京工业大学
副 主 编：陈会品　　中铁建工集团有限公司
　　　　　赵雪锋　　北京工业大学
　　　　　王泽强　　北京市建筑工程研究院有限责任公司
　　　　　芦　东　　北京市第三建筑工程有限公司
编写人员：孙佳佳　　　　　北京工业大学
　　　　　刘子昌　　　　　中电建建筑集团有限公司
　　　　　张治国　高　峰　北京立群建筑科学研究院
　　　　　汤红玲　张　磊　北京市第三建筑工程有限公司
　　　　　董　皓　苗卿亮　天津广昊工程技术有限公司
　　　　　卫启星　　　　　北京市建筑工程研究院有限责任公司
　　　　　谢明泉　　　　　北京建工四建工程建设有限公司
　　　　　陈　文　　　　　北京建工土木工程有限公司
　　　　　关书安　　　　　北京麦格天宝科技股份有限公司
　　　　　向　敏　　　　　天津市建筑设计院
　　　　　周哲敏　　　　　中国建筑第五工程局有限公司
　　　　　兰梦茹　　　　　北京住总集团工程总承包部
　　　　　邱　月　　　　　首都经济贸易大学

丛 书 总 序

中共中央办公厅、国务院办公厅印发《关于促进建筑业持续健康发展的意见》（国发办［2017］19号）、住建部印发《2016—2020年建筑业信息化发展纲要》（建质函［2016］183号）、《关于推进建筑信息模型应用的指导意见》（建质函［2015］159号），国务院印发《国家中长期人才发展规划纲要（2010—2020年）》《国家中长期教育改革和发展规划纲要（2010—2020年)》，教育部等六部委联合印发的《关于进一步加强职业教育工作的若干意见》等文件，以及全国各地方政府相继出台多项政策措施，为我国建筑信息化BIM技术广泛应用和人才培养创造了良好的发展环境。

当前，我国的建筑业面临着转型升级，BIM技术将会在这场变革中起到关键作用；也必定成为建筑领域实现技术创新、转型升级的突破口。围绕住房和城乡建设部印发的《推进建筑信息模型应用指导意见》，在建设工程项目规划设计、施工项目管理、绿色建筑等方面，更是把推动建筑信息化建设作为行业发展总目标之一。国内各省市行业行政主管部门已相继出台关于推进BIM技术推广应用的指导意见，标志着我国工程项目建设、绿色节能环保、装配式建筑、3D打印、建筑工业化生产等要全面进入信息化时代。

如何高效利用网络化、信息化为建筑业服务，是我们面临的重要问题；尽管BIM技术进入我国已经有很长时间，所创造的经济效益和社会效益只是星星之火。不少具有前瞻性与战略眼光的企业领导者，开始思考如何应用BIM技术来提升项目管理水平与企业核心竞争力，却面临诸如专业技术人才、数据共享、协同管理、战略分析决策等难以解决的问题。

在"政府有要求，市场有需求"的背景下，如何顺应BIM技术在我国运用的发展趋势，是建筑人应该积极参与和认真思考的问题。推进建筑信息模型（BIM）等信息技术在工程设计、施工和运行维护全过程的应用，提高综合效益，是当前建筑人的首要工作任务之一，也是促进绿色建筑发展、提高建筑产业信息化水平、推进智慧城市建设和实现建筑业转型升级的基础性技术。普及和掌握BIM技术（建筑信息化技术）在建筑工程技术领域应用的专业技术与技能，实现建筑技术利用信息技术转型升级，同样是现代建筑人职业生涯可持续发展的重要节点。

为此，北京绿色建筑产业联盟特邀请国际国内BIM技术研究、教学、开发、应用等方面的专家，组成BIM技术应用型人才培养丛书编写委员会；针对BIM技术应用领域，组织编写了这套BIM工程师专业技能培训与考试指导用书，为我国建筑业培养和输送优秀的建筑信息化BIM技术实用性人才，为各高等院校、企事业单位、职业教育、行业从业人员等机构和个人，提供BIM专业技能培训与考试的技术支持。这套丛书阐述了BIM技术在建筑全生命周期中相关工作的操作标准、流程、技巧、方法；介绍了相关BIM建模软件工具的使用功能和工程项目各阶段、各环节、各系统建模的关键技术。说明了BIM技术在项目管理各阶段协同应用关键要素、数据分析、战略决策依据和解决方案。提出了推动BIM在设计、施工等阶段应用的关键技术的发展和整体应用策略。

我们将努力使本套丛书成为现代建筑人在日常工作中较为系统、深入、贴近实践的工具型丛书，促进建筑业的施工技术和管理人员、BIM 技术中心的实操建模人员，战略规划和项目管理人员，以及参加 BIM 工程师专业技能考评认证的备考人员等理论知识升级和专业技能提升。本丛书还可以作为高等院校的建筑工程、土木工程、工程管理、建筑信息化等专业教学课程用书。

本套丛书包括四本基础分册，分别为《BIM 技术概论》、《BIM 应用与项目管理》、《BIM 建模应用技术》、《BIM 应用案例分析》，为学员培训和考试指导用书。另外，应广大设计院、施工企业的要求，我们还出版了《BIM 设计施工综合技能与实务》、《BIM 快速标准化建模》等应用型图书，并且方便学员掌握知识点的《BIM 技术知识点练习题及详解（基础知识篇）》《BIM 技术知识点练习题及详解（操作实务篇）》。2018 年我们还将陆续推出面向 BIM 造价工程师、BIM 装饰工程师、BIM 电力工程师、BIM 机电工程师、BIM 铁路工程师、BIM 轨道交通工程师、BIM 工程设计工程师、BIM 路桥工程师、BIM 成本管控、装配式 BIM 技术人员等专业方向的培训与考试指导用书，覆盖专业基础和操作实务全知识领域，进一步完善 BIM 专业类岗位能力培训与考试指导用书体系。

为了适应 BIM 技术应用新知识快速更新迭代的要求，充分发挥建筑业新技术的经济价值和社会价值，本套丛书原则上每两年修订一次；根据《教学大纲》和《考评体系》的知识结构，在丛书各章节中的关键知识点、难点、考点后面植入了讲解视频和实例视频等增值服务内容，让读者更加直观易懂，以扫二维码的方式进入观看，从而满足广大读者的学习需求。

感谢本丛书参加编写的各位编委们在极其繁忙的日常工作中抽出时间撰写书稿。感谢清华大学、北京建筑大学、北京工业大学、华北电力大学、云南农业大学、四川建筑职业技术学院、黄河科技学院、中国建筑科学研究院、中国建筑设计研究院、中国智慧科学技术研究院、中国铁建电气化局集团、中国建筑西北设计研究院、北京城建集团、北京建工集团、上海建工集团、北京百高教育集团、北京中智时代信息技术公司、天津市建筑设计院、上海 BIM 工程中心、鸿业科技公司、广联达软件、橄榄山软件、麦格天宝集团、海航地产集团有限公司、T-Solutions、上海开艺设计集团、江苏国泰新点软件、文凯职业教育学校等单位，对本套丛书编写的大力支持和帮助，感谢中国建筑工业出版社为这套丛书的出版所做出的大量的工作。

北京绿色建筑产业联盟执行主席　陆泽荣

2019 年 1 月

前　言

建筑信息模型（Building Information Modeling，简称 BIM）是以建筑工程项目的各项相关信息数据作为模型的基础，进行模型的建立，通过数字信息仿真技术来模拟建筑物所具有的真实信息。基于 BIM 技术的高度可视化、一体化、参数化、仿真性、协调性、可出图性和信息完备性等特点，可将其很好地应用于项目建设方案策划、投招标管理、设计、施工、竣工交付和运维管理等全生命周期各阶段中，有效地保障了资源的合理控制、数据信息的高效传递共享和各人员间的准确及时沟通，有利于项目实施效率和安全质量的提高，从而实现工程项目的全生命周期一体化和协同化管理。

国外对 BIM 技术的研究、开发和应用起步早，且 BIM 技术的应用价值已经得到了广泛的验证。在国外 BIM 技术已受到广泛重视，成为设计和施工企业承接项目的必要能力。近年来 BIM 技术在国内建筑业形成一股热潮，除了前期软件厂商的大声呼吁外，政府相关单位、各行业协会与专家、设计单位、施工企业、科研院校等也开始重视并推广 BIM。2016年，住建部发布了"十三五"纲要——《2016—2020 年建筑业信息化发展纲要》，相比于"十二五"纲要，引入了"互联网＋"概念，以 BIM 技术与建筑业发展深度融合，塑造建筑业新业态为指导思想，实现企业信息化、行业监管与服务信息化、专项信息技术应用及信息化标准体系的建立，达到基于"互联网＋"的建筑业信息化水平升级。虽然社会各界对 BIM 技术的关注度较高，但与国外 BIM 技术的发展和应用程度相比还有一定距离，如存在对 BIM 技术的认识不统一、BIM 技术人员储备不足、BIM 技术流程和成果不规范等问题现象。

基于 BIM 技术在国内的发展现状，该书对 BIM 技术各方面做了系统的介绍，包括 BIM 工程师的素质要求与职业发展、BIM 基础知识、BIM 建模环境和软件应用体系、项目 BIM 实施与应用和 BIM 模型与标准等内容的介绍。

在这次修订中，我们结合初版的使用情况以及读者的反馈，更新了国家出台的 BIM 相关政策、标准、指南，增加了 BIM 参数化设计，项目各参与方 BIM 的应用，以及 BIM 技术模型与标准的内容，使全书内容更加充实完整，适应广大读者的需求，给读者更好的参考。希望本书能为考生提供帮助，也希望能够为从事 BIM 工作的技术人员提供参考。

本书在编写过程中参考了大量宝贵的文献，吸取了行业专家的经验，参考和借鉴了有关专业书籍内容，特别是清华大学张建平教授的相关论著，以及 BIM 中国网、筑龙 BIM 网、中国 BIM 门户等论坛上相关网友的 BIM 应用心得体会。在此，向这部分文献的作者表示衷心的感谢！

由于本书编者水平有限，加之时间仓促，书中难免有疏漏之处，恳请广大读者批评指正。

《BIM 技术概论》编写组
2018 年 3 月

目　　录

第1章 BIM 工程师的素质要求与职业发展

本章导读

    本章主要介绍了 BIM 工程师职业定义、BIM 工程师岗位分类、BIM 工程师各岗位能力素质要求、BIM 工程师职业发展方向以及对未来 BIM 市场的预测。首先重点从应用领域及应用程度两方面对 BIM 工程师岗位进行定义及分类，并进一步对相应岗位的职责及能力素质做出具体要求，以便读者对 BIM 工程师有较全面的了解。而后根据 BIM 各应用方向，从工作企业、工作内容及未来发展方向三方面对 BIM 工程师的职业发展做出具体介绍。最后，对未来 BIM 市场的预测做出简单介绍，为读者个人职业生涯规划提供参考。

1.1 BIM工程师定义

1.1.1 BIM工程师的职业定义

1. 职业名称定义

建筑信息模型（Building Information Modeling，简称BIM），是一种应用于工程设计建造管理的数据化工具。建筑信息模型（BIM）系列专业技能岗位是指工程建模、BIM管理咨询和战略分析方面的相关岗位。从事BIM相关工程技术及其管理的人员，称为BIM工程师。

2. 职业目标定义

BIM工程师通过参数模型整合各种项目的相关信息，在项目策划、运行和维护的全生命周期过程中进行共享和传递，使工程技术人员对各种建筑信息做出正确理解和高效应对，为设计团队以及包括建筑运营单位在内的各方建设主体提供协同工作的基础，使BIM技术在提高生产效率、节约成本和缩短工期方面发挥重要作用。

1.1.2 BIM工程师岗位分类

1. 根据应用领域分类

根据应用领域不同可将BIM工程师主要分为BIM标准管理类、BIM工具研发类、BIM工程应用类及BIM教育类等，如图1.1所示。

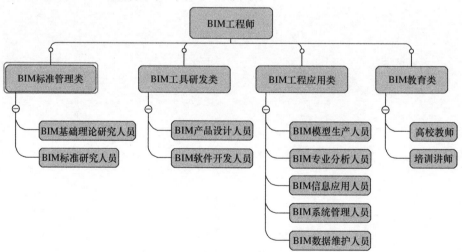

图1.1 BIM工程师分类图

（1）BIM标准管理类：主要负责BIM标准研究管理的相关工作人员，可分为BIM基础理论研究人员及BIM标准研究人员等。

（2）BIM工具研发类：主要负责BIM工具的设计开发工作人员，可分为BIM产品设计人员及BIM软件开发人员等。

（3）BIM工程应用类：应用BIM支持和完成工程项目生命周期过程中各种专业任务

的专业人员，包括业主和开发商里面的设计、施工、成本、采购、营销管理人员；设计机构里面的建筑、结构、给水排水、暖通空调、电气、消防、技术经济等设计人员；施工企业里面的项目管理、施工计划、施工技术、工程造价人员；物业运维机构里面的运营、维护人员，以及各类相关组织里面的专业BIM应用人员等。BIM工程师应用类又可分为BIM模型生产工程师、BIM专业分析工程师、BIM信息应用工程师、BIM系统管理工程师、BIM数据维护工程师等。

（4）BIM教育类：在高校或培训机构从事BIM教育及培训工作的相关人员，主要可分为高校教师及培训机构讲师等。

2. 根据应用程度分类

根据BIM应用程度可将BIM工程师主要分为BIM操作人员、BIM技术主管、BIM项目经理、BIM战略总监等。

（1）BIM操作人员：进行实际BIM建模及分析人员，属于BIM工程师职业发展的初级阶段。

（2）BIM技术主管：在BIM项目实施过程中负责技术指导及监督人员，属于BIM工程师职业发展的中级阶段。

（3）BIM项目经理：负责BIM项目实施管理人员，属于项目级的职位，是BIM工程师职业发展的高级阶段。

（4）BIM战略总监：负责BIM发展及应用战略制定人员，属于企业级的职位，可以是部门或专业级的BIM专业应用人才或企业各类技术主管等，是BIM工程师职业发展的高级阶段。

1.2 BIM工程师职业素质要求

1.2.1 BIM工程师基本素质要求

BIM工程师基本素质是职业发展的基本要求，同时也是BIM工程师专业素质的基础。专业素质构成了工程师的主要竞争实力，而基本素质奠定了工程师的发展潜力与空间。BIM工程师基本素质主要体现在职业道德、健康素质、团队协作及沟通协调等方面（图1.2-1）。

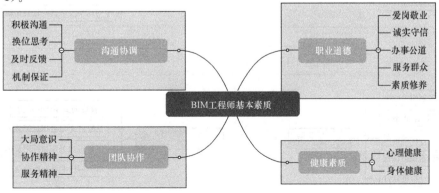

图1.2-1　BIM工程师基本素质要求图

1. 职业道德

职业道德是指人们在职业生活中应遵循的基本道德，即一般社会道德在职业生活中的具体体现。它是职业品德、职业纪律、专业胜任能力及职业责任等的总称，属于自律范围，通过公约、守则等对职业生活中的某些方面加以规范。职业道德素质对其职业行为产生重大的影响，是职业素质的基础。

2. 健康素质

健康素质主要体现在心理健康及身体健康两方面。BIM工程师在心理健康方面应具有一定的情绪的稳定性与协调性、有较好的社会适应性、有和谐的人际关系、有心理自控能力、有心理耐受力以及具有健全的个性特征等。在身体健康方面BIM工程师应满足个人各主要系统、器官功能正常的要求，体质及体力水平良好等。

3. 团队协作

团队协作能力，是指建立在团队的基础之上，发挥团队精神、互补互助以达到团队最大工作效率的能力。对于团队的成员来说，不仅要有个人能力，更需要有在不同的位置上各尽所能、与其他成员协调合作的能力。

4. 沟通协调

沟通协调能力是指管理者在日常工作中妥善处理好上级、同级、下级等各种关系，使其减少摩擦，能够调动各方面的工作积极性的能力。

上述基本素质对BIM工程师的职业发展具有重要意义：有利于工程师更好地融入职业环境及团队工作中；有利于工程师更加高效、高标准地完成工作任务；有利于工程师在工作中学习、成长及进一步发展，同时为BIM工程师的更高层次地发展奠定基础。

1.2.2　不同应用领域的BIM工程师职业素质要求

1. BIM标准管理类

BIM标准管理类的岗位职责及能力素质要求如图1.2-2所示。

（1）BIM基础理论研究人员

岗位职责：负责了解国内外BIM发展动态（包括发展方向、发展程度、新技术应用

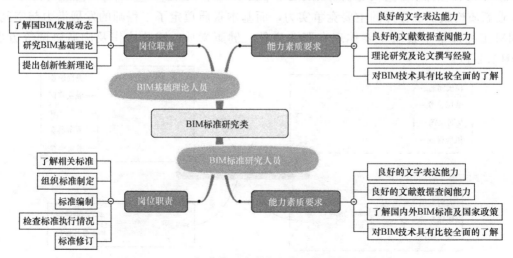

图1.2-2　BIM标准管理类岗位职责及能力素质要求图

等);负责研究 BIM 基础理论;负责提出具有创新性的新理论等。

能力素质要求:具有相应的理论研究及论文撰写经验;具有良好的文字表达能力;具有良好的文献数据查阅能力;对 BIM 技术具有比较全面的了解等。

(2)BIM 标准研究人员

岗位职责:负责收集、贯彻国际、国家及行业的相关标准;负责编制企业 BIM 应用标准化工作计划及长远规划;负责组织制定 BIM 应用标准与规范;负责宣传及检查 BIM 应用标准与规范的执行;负责根据实际应用情况组织 BIM 应用标准与规范的修订等。

能力素质要求:具有良好的文字表达能力;具有良好的文献数据查阅能力;对 BIM 技术发展方向及国家政策具有一定了解;对 BIM 技术具有比较全面的了解等。

2. BIM 工具研发类

(1)BIM 产品设计人员

岗位职责:负责了解国内外 BIM 产品概况,包括产品设计、应用及发展等;负责 BIM 产品概念设计;负责 BIM 产品设计;负责 BIM 产品投入市场的后期优化等。

能力素质要求:熟悉 BIM 技术的应用价值;具有设计创新性;具有产品设计经验等。

(2)BIM 软件开发人员

岗位职责:负责 BIM 软件设计;负责 BIM 软件开发及测试;负责 BIM 软件维护工作等。

能力素质要求:了解 BIM 技术应用;掌握相关编程语言;掌握软件开发工具;熟悉数据库的运用等。

3. BIM 工程应用类

(1)BIM 模型生产工程师

岗位职责:负责根据项目需求建立相关的 BIM 模型,如场地模型、土建模型、机电模型、钢结构模型、幕墙模型、绿色模型及安全模型等。

能力素质要求:具备工程建筑设计相关专业背景;具有良好的识图能力,能够准确读懂项目相关图纸;具备相关的建模知识及能力;熟悉各种 BIM 相关建模软件;对 BIM 模型后期应用有一定了解等(图 1.2-3)。

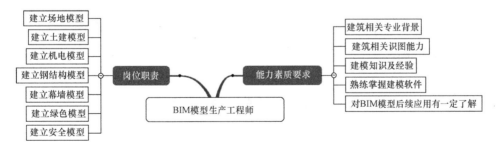

图 1.2-3　BIM 模型生产工程师岗位职责及能力素质要求图

(2)BIM 专业分析工程师

岗位职责:负责利用 BIM 模型对工程项目的整体质量、效率、成本、安全等关键指标进行分析、模拟、优化,从而对该项目承载体的 BIM 模型进行调整,以实现高效、优质、低价的项目总体实现和交付。如根据相关要求利用模型对项目工程进行性能分析及对项目进行虚拟建造模拟等。

能力素质要求：具备建筑相关专业知识；对建筑场地、空间、日照、通风、耗能、结构、噪声及景观能见度等相关知识要求较为了解；对项目施工过程及管理较了解；具有一定 BIM 应用实践经验；熟悉相关 BIM 分析软件及协调软件等（图 1.2-4）。

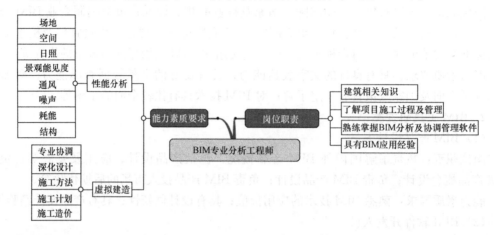

图 1.2-4　BIM 专业分析工程师岗位职责及能力素质要求图

（3）BIM 信息应用工程师

岗位职责：负责根据项目 BIM 模型完成各阶段的信息管理及应用的工作，如施工图出具、工程量估算、施工现场模拟管理、运维阶段的人员物业管理、设备管理及空间管理等。

能力素质要求：对 BIM 项目各阶段实施有一定了解，且能够运用 BIM 技术解决工程实际问题等（图 1.2-5）。

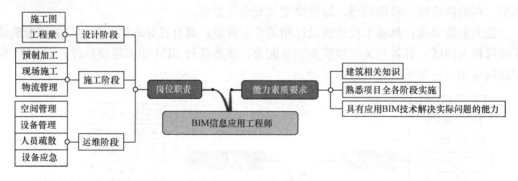

图 1.2-5　BIM 信息应用工程师岗位职责及能力素质要求图

（4）BIM 系统管理工程师

岗位职责：负责 BIM 应用系统、数据协同及存储系统、构件库管理系统的日常维护、备份等工作；负责各系统的人员及权限的设置与维护；负责各项目环境资源的准备及维护等。

能力素质要求：具备计算机应用、软件工程等专业背景；具备一定的系统维护经验等。

（5）BIM 数据维护工程师

岗位职责：负责收集、整理各部门、各项目的构件资源数据及模型、图纸、文档等项目交付数据；负责对构件资源数据及项目交付数据进行标准化审核，并提交审核情况报告；负责对构件资源数据进行结构化整理并导入构件库，并保证数据的良好检索能力；负责对构件库中构件资源的一致性、时效性进行维护，保证构件库资源的可用性；负责对数据信息的汇总、提取，供其他系统的应用和使用等。

能力素质要求：具备建筑、结构、暖通、给水排水、电气等相关专业背景；熟悉BIM软件应用；具有良好的计算机应用能力等。

4. BIM教育类

BIM教育类岗位职责及能力素质要求如图1.2-6所示。

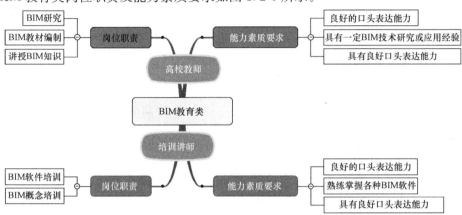

图1.2-6 BIM教育类岗位职责及能力素质要求图

（1）高校教师

岗位职责：负责 BIM 研究（可分为不同领域）；负责 BIM 相关教材的编制，以便课程教学的实施；负责面向高校学生讲解 BIM 技术知识，培养学生运用 BIM 技术能力；负责为社会系统地培养 BIM 技术专业人才等。

能力素质要求：具有一定的 BIM 技术研究或应用经验；对 BIM 技术有较为全面或深入的了解；具有良好的口头表达能力等。

（2）培训讲师

岗位职责：负责面向学员进行相关 BIM 软件培训，培养及提高学员 BIM 软件应用技能；负责面向企业高层进行 BIM 概念培训，用以帮助企业更好地运用 BIM 技术提高公司效益等。

能力素质要求：具有一定的 BIM 技术应用经验；能够熟练掌握及应用各种 BIM 软件；有良好的口头表达能力等。

1.2.3 不同应用程度的 BIM 工程师职业素质要求

对不同应用程度 BIM 工程师的岗位职责及能力素质要求，如图1.2-7所示。

1. BIM 操作人员

岗位职责：负责创建 BIM 模型、基于 BIM 模型创建三维视图以及添加指定的 BIM 信息；配合项目需求，负责 BIM 可持续设计，如绿色建筑设计、节能分析、室内外渲染、虚拟漫游、建筑动画、虚拟施工周期、工程量统计等。

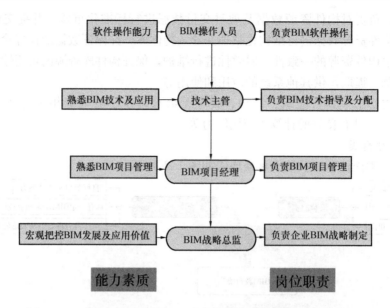

图 1.2-7 不同应用程度 BIM 工程师的岗位职责及能力素质要求图

能力素质要求：具备土建、水电、暖通等相关专业背景；熟练掌握 BIM 各类软件，如建模软件、分析软件、三维可视化软件等。

2. BIM 技术主管

岗位职责：负责对 BIM 项目在各阶段实施过程中进行技术指导及监督；负责将 BIM 项目经理的项目任务安排落实到 BIM 操作人员去实施；负责协同各 BIM 操作人员工作内容等。

能力素质要求：具备土建、水电、暖通等相关专业背景；具有丰富的 BIM 技术应用经验，能够独立指导 BIM 项目实施技术问题；具有良好的沟通协调能力等。

3. BIM 项目经理

岗位职责：负责对 BIM 项目进行规划、管理和执行，保质保量实现 BIM 应用的效益，能够自行或通过调动资源解决工程项目 BIM 应用中的技术和管理问题；负责参与 BIM 项目决策，制定 BIM 工作计划；负责设计环节的保障监督，监督并协调 IT 服务人员完成项目 BIM 软硬件及网络环境的建立，确定项目中的各类 BIM 标准及规范，如大项目切分原则、构件使用规范、建模原则、专业内协同设计模式、专业间协同设计模式等，同时还需负责对 BIM 工作进度的管理与监控等。

能力素质要求：具备土建、水电、暖通等相关专业背景；具有丰富的建筑行业实际项目的设计与管理经验、独立管理大型 BIM 建筑工程项目的经验；熟悉 BIM 建模及专业软件；具有良好的组织能力及沟通能力等。

4. BIM 战略总监

岗位职责：负责企业、部门或专业的 BIM 总体发展战略，包括组建团队、确定技术路线、研究 BIM 对企业的质量效益和经济效益、制定 BIM 实施计划等；负责企业 BIM 战略与顶层设计、BIM 理念与企业文化的融合、BIM 组织实施机构的构建、BIM 实施方案比选、BIM 实施流程优化、企业 BIM 信息构想平台搭建以及 BIM 服务模式与管理模式创新等。

能力素质要求：对 BIM 的应用价值有系统了解和深入认识；了解 BIM 基本原理和国内外应用现状；了解 BIM 将给建筑业带来的价值和影响；掌握 BIM 在施工行业的应用价值和实施方法，掌握 BIM 实施应用环境，如软件、硬件、网络、团队、合同等。

1.3　BIM 工程师的岗位职责

BIM 技术可应用于项目全生命周期各阶段中，包括项目各参与方，因此 BIM 技术应用领域较多，应用内容较丰富。BIM 工程师可根据自身兴趣及需求选择相应的职业发展方向。BIM 工程师个人职业规划可参考图 1.3 所示。

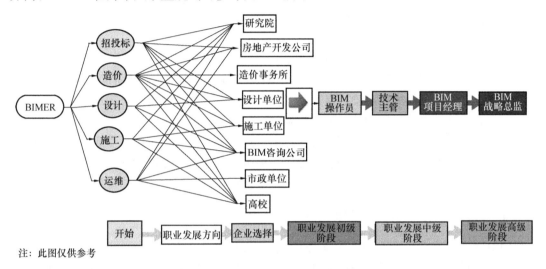

注：此图仅供参考

图 1.3　BIM 工程师职业规划图

1.3.1　招投标工作 BIM 工程师职责

BIM 工程师在招投标管理方面的工作应用主要体现在以下几个方面：

（1）数据共享。BIM 模型的可视化能够让投标方深入了解招标方所提出的条件，避免信息孤岛的产生，保证数据的共通共享及可追溯性。

（2）经济指标的控制。控制经济指标的精确性与准确性，避免建筑面积与限高的造假。

（3）无纸化招投标。实现无纸化招投标，从而节约大量纸张和装订费用，真正做到绿色低碳环保。

（4）削减招投标成本。可实现招投标的跨区域、低成本、高效率、更透明、现代化，大幅度削减招标、投标的人力成本。

（5）整合招投标文件。整合所有招标文件，量化各项指标，对比论证各投标人的总价、综合单价及单价构成的合理性。

（6）评标管理。基于 BIM 技术能够记录评标过程并生成数据库，对操作员的操作进行实时的监督，评标过程可事后查询，最大限度地减少暗箱操作、虚假招标、权钱交易，有利于规范市场秩序、防止权力寻租与腐败，有效推动招标投标工作的公开化、法制化，使得招投标工作更加公正、透明。

1.3.2　设计阶段 BIM 工程师职责

BIM 工程师在设计方面的工作应用主要体现在以下几个方面：

（1）通过创建模型，更好地表达设计意图，突出设计效果，满足业主需求。

（2）利用模型进行专业协同设计，可减少设计错误，通过碰撞检查，把类似空间障碍等问题消灭在出图之前。

（3）可视化的设计会审和专业协同，基于三维模型的设计信息传递和交换将更加直观、有效，有利于各方沟通和理解。

1.3.3　施工阶段 BIM 工程师职责

BIM 工程师在施工中的应用主要体现在以下几个方面：

（1）利用模型进行直观的"预施工"，预知施工难点，更大程度地消除施工的不确定性和不可预见性，降低施工风险，保证施工技术措施的可行、安全、合理和优化。

（2）在设计方提供的模型基础上进行施工深化设计，解决设计信息中没有体现的细节问题和施工细部做法，更直观、更切合实际地对现场施工工人进行技术交底。

（3）为构件加工提供最详细的加工详图，减少现场作业、保证质量。

（4）利用模型进行施工过程荷载验算、进度物料控制、施工质量检查等。

1.3.4　造价工作 BIM 工程师职责

BIM 工程师在造价方面的工作应用主要体现在以下几个方面：

（1）项目计划阶段，对工程造价进行预估，应用 BIM 技术提供各设计阶段准确的工程量、设计参数和工程参数，将工程量和参数与技术经济指标结合，以计算出准确的估算、概算，再运用价值工程和限额设计等手段对设计成果进行优化。

（2）在合同管理阶段，通过对细部工程造价信息的抽取、分析和控制，从而控制整个项目的总造价。

1.3.5　运维阶段 BIM 工程师职责

BIM 工程师在运维方面的工作应用主要体现在以下几个方面：

（1）数据集成与共享化运维管理，把成堆的图纸、报价单、采购单、工期图等统筹在一起，呈现出直观、实用的数据信息，基于这些信息进行运维管理。

（2）可视化运维管理，基于 BIM 三维模型对建筑运维阶段进行直观的、可视化的管理。

（3）应急管理决策与模拟，提供实时的数据访问，在没有获取足够信息的情况下，做出应急响应决策。

可见，BIM 在工程的各个阶段都能发挥重要的作用，项目各方都能加以利用，项目各阶段各单位的参与情况见表 1.3-1 所示。

项目各阶段各参与方的 BIM 使用情况表　　　　　表 1.3-1

名称	相关企业单位	作　用
BIM 与招投标	房地产开发公司	负责招标、开标及评定标等
	施工单位	负责投标，利用 BIM 等相关软件提高中标率和投标质量
	设计单位	负责投标，基于 BIM 技术给招标方提供技术标书以及标书演示视频等
BIM 与设计	设计院	负责建筑方案前期构思、三维设计与可视化展示、设计分析、协调设计及碰撞检查、出具相关施工图
	研究院	负责对基于 BIM 技术的设计方法进行研究及创新，以提高项目设计阶段的效益
BIM 与施工	建筑施工单位	负责虚拟施工管理、施工进度管理、施工成本管理、施工过程安全管理、负责物料管理、负责绿色施工管理、负责工程变更管理、负责施工协同工作等
	研究院	负责对基于 BIM 技术的施工方法进行研究及创新，以提高项目施工阶段的效益
BIM 与造价	房地产开发公司	负责项目投资控制；负责进度款拨付、结算等
	设计院	主要负责配合设计各阶段计算投资
	施工单位	主要负责招投标报价；负责施工过程中进度款申请、变更洽商、造价编制、工程结算等
	造价咨询事务所	主要负责项目及工程造价的编制、审核
BIM 与运维	房地产开发公司	负责空间管理；负责资产管理；负责维护管理；负责公共安全管理；负责耗能管理等
	市政单位	负责应用 BIM 技术对建筑及城市进行规划管理

1.4　BIM 市场需求预测

1.4.1　BIM 发展的必然性

《2016-2020 年建筑业信息化发展纲要》指出："十三五"期间：全面提高建筑业信息化水平，着力增强 BIM、大数据、智能化、移动通信、云计算、物联网等信息技术集成应用能力，建筑业数字化、网络化、智能化取得突破性进展；初步建成一体化行业监管和服务平台，数据资源利用水平和信息服务能力明显提升；形成一批具有较强信息技术创新能力和信息化达到国际先进水平的建筑企业及具有关键自主知识产权的建筑信息技术企业。

根据住房城乡建设部印发的《2011-2015 年建筑业信息化发展纲要》，在"十二五"期间，基本实现建筑企业信息系统的普及应用，加快建筑信息模型（BIM）、基于网络的协同工作等新技术在工程中的应用，推动信息化标准建设，促进具有自主知识产权软件的产业化，形成一批信息技术应用达到国际先进水平的建筑企业。

可见，BIM 已经大量应用到我国的工程建设当中，而且由于当前工程模式的一些弊端以及未来对工程各方面更高的需求，BIM 在我国的发展存在其必然性：

（1）巨大的建设量带来了沟通和实施环节的不便，信息流失造成很大损失，BIM 所带来的信息整合，重新定义了设计流程，能够在很大程度上改善这一状况。

（2）建筑可持续发展的需求。BIM 技术在建设工程中的运用，如建筑生命周期管理、节能分析等方面，为建筑可持续发展提供一种具有革新性的技术方法。

（3）国家资源规划管理信息化的需求。BIM 技术在建设工程中的应用可将项目各阶段、各参与方所提供的信息及数据进行集合，从而实现资源信息化及协同化管理。

1.4.2　当前 BIM 市场现状

当前的 BIM 市场主要呈现以下特征：

1. BIM 技术应用覆盖面较窄

BIM 在当前市场中的运用还仅限于培训和咨询，而且参与 BIM 培训的以施工单位居多，覆盖面较小，没有达到推广和普及的层面。

2. 涉及项目的实战较少

当前建设工程中只有部分项目采用了 BIM 技术，且只在项目中某阶段选择性的应用，缺少项目全生命周期运用 BIM 技术的案例及经验。

3. 缺少专业的 BIM 工程师

当前 BIM 技术培训对象多为新入职应届毕业生，很多大型设计院以人才定向培养或直接到培训机构聘请学员的形式来进行设计院内部的 BIM 人才架构建设，对于一些有多年实际工程经验的设计师，他们对于 BIM 以及其软件，多存质疑。

4. 前期投入高

运用 BIM 技术需要大量资金投入配备相应的软硬件设备，以及培训能够熟练掌握该项技术的人员，后期的维护也是价格高昂，虽然从已运用 BIM 技术的项目来看，BIM 项目取得了收益，但 BIM 项目的投资回报率却低于基准收益率。

5. 软件数据的传递问题

目前国内使用的 BIM 软件大部分都由国外引进，缺少自主研发，而国外的软件引入国内后与我国软件存在交互性差、兼容性差等问题。信息数据传递效率低下，直接导致了 BIM 模型价值的降低，设计人员工作重复率的上升以及成本的增加。在软件之间数据转换的过程中，问题主要表现为两个方面：一是 BIM 软件之间转换后信息数据的丢失；二是 BIM 软件与分析软件的数据接口不完善，直接增加了大量的重复性工作，降低了模型、数据的利用率，影响了建筑信息在整个生命周期的流畅度。

6. 缺少统一 BIM 标准

BIM 技术由国外研发，相应标准也是依照国外情形而定，与国外相比，我国现有的建筑行业体制不统一，缺乏较完善的 BIM 应用标准，加之业界对于 BIM 的法律责任界限不明，导致建筑行业推广 BIM 应用的环境不够成熟。现有的标准、行业体制及规范存在差异，所以制定出符合我国国情的统一的 BIM 标准是目前亟待解决的问题。

1.4.3　未来 BIM 市场模式预测

结合行业管理体制及当前 BIM 现状，可对 BIM 未来发展模式做出如下预测：

1. 全方位应用

项目各参与方可能将会在各自的领域应用 BIM 技术进行相应的工作，包括政府、业主、设计单位、施工单位、造价咨询单位及监理单位等；BIM 技术可能将会在项目全生命周期中发挥重要作用，包括项目前期方案阶段、招投标阶段、设计阶段、施工阶段、竣工阶段及运维阶段；BIM 技术可能将会应用到各种建设工程项目，包括民用建筑、工业建筑、公共建筑等。

2. 市场细分

未来市场可能会根据不同的 BIM 技术需求及功能出现专业化的细分，BIM 市场将会更加专业化和秩序化，用户可根据自身具体需求方便准确地选择相应市场模块进行应用。

3. 个性化开发

基于建设工程项目的具体需求，可能会逐渐出现针对具体问题的各种个性化且具有创新性的新 BIM 软件、BIM 产品及 BIM 应用平台等。

4. 多软件协调

未来 BIM 技术的应用过程将可能出现多软件协调，各软件之间能够轻松实现信息传递与互用，项目在全生命周期过程中将会多软件协调工作。

BIM 技术在我国建设工程市场还存在较大的发展空间，未来 BIM 技术的应用将会呈现出普及化、多元化及个性化等特点，相关市场对 BIM 工程师的需求将更加广泛，BIM 工程师的职业发展还有很大空间。

课 后 习 题

一、单项选择题

1. 应用 BIM 支持和完成工程项目生命周期过程中各种专业任务的专业人员指的是（　　）。

 A. BIM 标准研究类人员   B. BIM 工具开发类人员

 C. BIM 工程应用类人员   D. BIM 教育类人员

2. 下列选项中主要负责组件 BIM 团队、研究 BIM 对企业的质量效益和经济效益以及制定 BIM 实施宏观计划的是（　　）。

 A. BIM 战略总监   B. BIM 执行经理

 C. BIM 技术顾问   D. BIM 操作人员

3. 下列选项进行实际 BIM 建模及分析人员，属于 BIM 工程师职业发展的初级阶段的是（　　）。

 A. BIM 操作人员   B. BIM 技术主管

 C. BIM 标准研究类人员   D. BIM 工程应用类人员

4. 下列选项体现了 BIM 在施工中的应用的是（　　）。

A. 通过创建模型，更好地表达设计意图，突出设计效果，满足业主需求

B. 可视化运维管理，基于 BIM 三维模型对建筑运维阶段进行直观的、可视化的管理

C. 应急管理决策与模拟，提供实时的数据访问，在没有获取足够信息的情况下，做出应急响应的决策

D. 利用模型进行直观的"预施工"，预知施工难点，更大程度地消除施工的不确定性

和不可预见性，施工风险低

5. 房地产开发公司在 BIM 与招投标方面的应用主要体现在(　　)。

A. 负责投标工作，基于 BIM 技术对项目工程量进行估算，做出初步报价

B. 负责投标工作，利用 BIM 数据库，结合相关软件完成数据整理工作，通过核算人、材料、机械的用量，分析施工环境和难点

C. 负责招标、开标及评定标等工作

D. 负责对基于 BIM 技术的设计方法进行研究及创新，以提高项目设计阶段的效益

6. 负责 BIM 应用系统、数据协同及存储系统、构件库管理系统的日常维护、备份等工作的人员属于 BIM 工程应用类中的(　　)。

A. BIM 模型生产工程师　　　　　　B. BIM 专业分析工程师

C. BIM 信息应用工程师　　　　　　D. BIM 系统管理工程师

7. BIM 的中文全称是(　　)。

A. 建设信息模型　　　　　　　　　B. 建筑信息模型

C. 建筑数据信息　　　　　　　　　D. 建设数据信息

二、多项选择题

1. BIM 工程师职业岗位中教育类可分为(　　)。

A. 高教教师　　　　　　　　　　　B. 培训讲师

C. 标准制定人员　　　　　　　　　D. 理论基础研究人员

2. 根据 BIM 应用程度可将 BIM 工程师职业岗位分为(　　)。

A. BIM 战略总监　　　　　　　　　B. BIM 项目经理

C. BIM 技术主管　　　　　　　　　D. BIM 操作人员

E. BIM 系统管理人员

3. BIM 工程师职业发展方向包括(　　)。

A. BIM 与招投标　　　　　　　　　B. BIM 与设计

C. BIM 与施工　　　　　　　　　　D. BIM 与造价

E. BIM 与运维

4. 下列选项属于当前 BIM 市场的主要特征的是(　　)。

A. BIM 技术应用覆盖面较窄　　　　B. 涉及项目的实战较少

C. BIM 普及程度较高　　　　　　　D. 缺少专业的 BIM 工程师

5. 下列选项可能是 BIM 未来发展模式的特点的是(　　)。

A. 个性化开发　　　　　　　　　　B. 全方位应用

C. 单方位应用　　　　　　　　　　D. 市场细分

E. BIM 与造价多软件协调

参考答案

一、单项选择题

1. C　　　2. A　　　3. A　　　4. D　　　5. C　　　6. D　　　7. B

二、多项选择题

1. AB　　　2. ABCD　　3. ABCDE　4. ABD　　5. ABDE

第 2 章　BIM 基础知识

本章导读

　　本章主要从 BIM 技术概念、BIM 的发展历史及现状、BIM 的特点、BIM 模型信息及 BIM 的作用与价值这五个方面对 BIM 基础知识做出具体介绍，为后几章内容的学习打下基础。首先对 BIM 的由来、优势及常用术语做出基本概述，介绍了 BIM 在美国、英国、新加坡、日本、韩国、中国香港、中国台湾和中国大陆等地区的国内外的发展及应用现状。而后，从可视化、一体化、参数化、仿真性、协调性、优化性及可出图性几方面具体解释了 BIM 的特点。接下来，对 BIM 模型信息做出介绍，包括项目全生命周期信息及各阶段模型构建属性等。最后介绍了 BIM 在项目全生命周期各阶段的作用及应用价值，包括勘察设计阶段、施工阶段、运营维护阶段等。

本章二维码

1. BIM 技术在国内外的发展状况	2. BIM 的特点之可视化	3. BIM 的特点之一体化	4. BIM 的特点之参数化
5. BIM 的特点之仿真性	6. BIM 的特点之协调性	7. BIM 的特点之优化性	8. BIM 的特点之可出图性
9. BIM 的特点之信息完备性	10. BIM 与模型信息	11. BIM 的作用与价值	

2.1　BIM 技术概述

2.1.1　BIM 的由来

BIM 的全称是"建筑信息模型（Building Information Modeling）"，这项称之为"革命性"的技术，源于美国佐治亚技术学院（Georgia Tech College）建筑与计算机专业的查克伊斯曼（Chuck Eastman）博士提出的一个概念：建筑信息模型包含了不同专业的所有的信息、功能要求和性能，把一个工程项目的所有的信息包括在设计过程、施工过程、运营管理过程的全部信息整合到一个建筑模型中（图 2.1）。

图 2.1　各专业集成 BIM 模型图

2.1.2　BIM 技术概念

在《建筑信息模型应用统一标准》中，将 BIM 定义如下：建筑信息模型（building information modeling，building information model，简称 BIM），是指在建设工程及设施全生命期内，对其物理和功能特性进行数字化表达，并依此设计、施工、运营的过程和结果的总称，简称建筑信息模型。

BIM 技术是一种多维（三维空间、四维时间、五维成本、N 维更多应用）模型信息集成技术，可以使建设项目的所有参与方（包括政府主管部门、业主、设计、施工、监理、造价、运营管理、项目用户等）在项目从概念产生到完全拆除的整个生命周期内都能够在模型中操作信息和在信息中操作模型，从而从根本上改变从业人员依靠符号文字形式图纸进行项目建设和运营管理的工作方式，实现在建设项目全生命周期内提高工作效率和质量以及减少错误和风险的目标。

BIM 的含义总结为以下三点：

（1）BIM 是以三维数字技术为基础，集成了建筑工程项目各种相关信息的工程数据模型，是对工程项目设施实体与功能特性的数字化表达。

（2）BIM 是一个完善的信息模型，能够连接建筑项目生命期不同阶段的数据、过程和资源，是对工程对象的完整描述，提供可自动计算、查询、组合拆分的实时工程数据，可被建设项目各参与方普遍使用。

（3）BIM 具有单一工程数据源，可解决分布式、异构工程数据之间的一致性和全局共享问题，支持建设项目生命期中动态的工程信息创建、管理和共享，是项目实时的共享数据平台。

2.1.3　BIM 的优势

CAD 技术将建筑师、工程师们从手工绘图推向计算机辅助制图，实现了工程设计领域的第一次信息革命。但是此信息技术对产业链的支撑作用是断点的，各个领域和环节之间没有关联，从整个产业整体看，信息化的综合应用明显不足。BIM 是一种技术、一种方法、一种过程，它既包括建筑物全生命周期的信息模型，同时又包括建筑工程管理行为的模型，它将两者进行完美的结合来实现集成管理，它的出现将可能引发整个 A/E/C（Architecture/Engineering/Construction）领域的第二次革命。

BIM 技术较二维 CAD 技术的优势见表 2.1 所列。

BIM 技术较二维 CAD 技术的优势表　　　　　　　　　　　表 2.1

类别 面向对象	CAD 技术	BIM 技术
基本元素	基本元素为点、线、面，无专业意义	基本元素，如墙、窗、门等，不但具有几何特性，同时还具有建筑物理特征和功能特征
修改图元位置或大小	需要再次画图，或者通过拉伸命令调整大小	所有图元均为参数化建筑构件，附有建筑属性；在"族"的概念下，只需要更改属性，就可以调节构件的尺寸、样式、材质、颜色等
各建筑元素间的关联性	各个建筑元素之间没有相关性	各个构件是相互关联的，例如删除一面墙，墙上的窗和门跟着自动删除；删除一扇窗，墙上原来窗的位置会自动恢复为完整的墙
建筑物整体修改	需要对建筑物各投影面依次进行人工修改	只需进行一次修改，则与之相关的平面、立面、剖面、三维视图、明细表等都自动修改
建筑信息的表达	提供的建筑信息非常有限，只能将纸质图纸电子化	包含了建筑的全部信息，不仅提供形象可视的二维和三维图纸，而且提供工程量清单、施工管理、虚拟建造、造价估算等更加丰富的信息

2.1.4 BIM 常用术语

1. BIM

BIM 是指在建设工程及设施全生命期内，对其物理和功能特性进行数字化表达，并依此设计、施工、运营的过程和结果的总称。前期定义为"Building Information Model"，之后将 BIM 中的"Model"替换为"Modeling"，即"Building Information Modeling"，前者指的是静态的"模型"，后者指的是动态的"过程"，可以直译为"建筑信息建模"、"建筑信息模型方法"或"建筑信息模型过程"，但约定俗成目前国内业界仍然称之为"建筑信息模型"。

2. PAS 1192

PAS 1192，即使用建筑信息模型设置信息管理运营阶段的规范。该纲要规定了 level of model（图形信息）、model information（非图形内容，比如具体的数据）、model definition（模型的意义）和模型信息交换（model information exchanges）。PAS 1192-2 提出 BIM 实施计划（BEP）是为了管理项目的交付过程，有效地将 BIM 引入项目交付流程，对项目团队在项目早期发展 BIM 实施计划很重要。它概述了全局视角和实施细节，帮助项目团队贯穿项目实践。它经常在项目启动时被定义并且当新项目成员被委派时调节他们的参与。

3. CIC BIM protocol

CIC BIM protocol，即 CIC BIM 协议。CIC BIM 协议是建设单位和承包商之间的一个补充性的具有法律效益的协议，已被并入专业服务条约和建设合同之中，是对标准项目的补充。它规定了雇主和承包商的额外权利和义务，从而促进相互之间的合作，同时对知识产权的保护和项目参与各方的责任进行划分。

4. Clash rendition

Clash rendition，即碰撞再现。专门用于空间协调的过程，实现不同学科建立的 BIM 模型之间的碰撞规避或者碰撞检查。

5. CDE

CDE 即公共数据环境。这是一个中心信息库，所有项目相关者可以访问。同时对所有 CDE 中的数据访问都是随时的，所有权仍旧由创始者持有。

6. COBie

COBie，即施工运营建筑信息交换（Construction Operations Building Information Exchange）。COBie 是一种以电子表单呈现的用于交付的数据形式，为了调频交接包含了建筑模型中的一部分信息（除了图形数据）。

7. Data Exchange Specification

Data Exchange Specification，即数据交换规范。不同 BIM 应用软件之间数据文件交换的一种电子文件格式的规范，从而提高相互间的可操作性。

8. Federated mode

Federated mode，即联邦模式。本质上这是一个合并了的建筑信息模型，将不同的模型合并成一个模型，是多方合作的结果。

9. GSL

GSL，即 Government Soft Landings。这是一个由英国政府开始的交付仪式，它的目的是为了减少成本（资产和运行成本）、提高资产交付和运作的效果，同时受助于建筑信息模型。

10. IFC

IFC，即 Industry Foundation Class。IFC 是一个包含各种建设项目设计、施工、运营各个阶段所需要的全部信息的一种基于对象的、公开的标准文件交换格式。

11. IDM

IDM，即 Information Delivery Manual。IDM 是对某个指定项目以及项目阶段、某个特定项目成员、某个特定业务流程所需要交换的信息以及由该流程产生的信息的定义。每个项目成员通过信息交换得到完成他的工作所需要的信息，同时把他在工作中收集或更新的信息通过信息交换给其他需要的项目成员使用。

12. Information Manager

Information Manager，即为雇主提供一个"信息管理者"的角色，本质上就是一个负责 BIM 程序下资产交付的项目管理者。

13. Level0、Level1、Level2 、Level3

Levels：表示 BIM 等级从不同阶段到完全合作被认可的里程碑阶段的过程，是 BIM 成熟度的划分。这个过程被分为 0～3 共 4 个阶段，目前对于每个阶段的定义还有争论，最广为认可的定义如下：

Level0：没有合作，只有二维的 CAD 图纸，通过纸张和电子文本输出结果。

Level1：含有一点三维 CAD 的概念设计工作，法定批准文件和生产信息都是 2D 图输出。不同学科之间没有合作，每个参与者只含有它自己的数据。

Level2：合作性工作，所有参与方都使用他们自己的 3D CAD 模型，设计信息共享是通过普通文件格式（common file format）。各个组织都能将共享数据和自己的数据结合，从而发现矛盾。因此各方使用的 CAD 软件必须能够以普通文件格式输出。

Level3：所有学科整合性合作，使用一个在 CDE 环境中的共享性的项目模型。各参与方都可以访问和修改同一个模型，解决了最后一层信息冲突的风险，这就是所谓的"Open BIM"。

14. LOD：BIM 模型的发展程度或细致程度（Level of detail），LOD 描述了一个 BIM 模型构件单元从最低级的近似概念化的程度发展到最高级的演示级精度的步骤。LOD 的定义主要运用于确定模型阶段输出结果及分配建模任务这两方面。

15. LoI

LoI，即 Level of information。LOI 定义了每个阶段需要细节的多少。比如，是空间信息、性能、还是标准、工况、证明等。

16. LCA

LCA，即全生命周期评估（Life-Cycle Assessment）或全生命周期分析（life-cycle a-nalysis），是对建筑资产从建成到退出使用整个过程中对环境影响的评估，主要是对能量和材料消耗、废物和废气排放的评估。

17. Open BIM

Open BIM，即一种在建筑的合作性设计施工和运营中基于公共标准和公共工作流程的开放资源的工作方式。

18. BEP

BEP，即 BIM 实施计划（BIM execution plan）。BIM 实施计划分为"合同前"BEP及"合作运作期"BEP，"合同前"BEP 主要负责雇主的信息要求，即在设计和建设中纳入承包商的建议，"合作运作期"BEP 主要负责合同交付细节。

19. Uniclass

Uniclass，即英国政府使用的分类系统，将对象分类到各个数值标头，使事物有序。在资产的全生命过程中根据类型和种类将各相关元素整理和分类，有可能作为 BIM 模型的类别。

2.2 BIM 技术国内外发展状况

2.2.1 BIM 技术的发展沿革

BIM 作为对包括工程建设行业在内的多个行业的工作流程、工作方法的一次重大思索和变革，其雏形最早可追溯到 20 世纪 70 年代。如前文所述，查克·伊士曼博士（Chuck Eastman，Ph. D.）在 1975 年提出了 BIM 的概念；在 20 世纪 70 年代末至 80 年代初，英国也在进行类似 BIM 的研究与开发工作，当时，欧洲习惯把它被称为"产品信息模型（Product Information Model）"，而美国通常称之为"建筑产品模型（Building Product Model）"。

1986 年罗伯特·艾什（Robert Aish）在他发表的一篇论文中，第一次使用"Building Information Modeling"一词，他在这篇论文描述了今天我们所知的 BIM 论点和实施的相关技术，并在该论文中应用 RUCAPS 建筑模型系统分析了一个案例来表达了他的概念。

21 世纪前的 BIM 研究由于受到计算机硬件与软件水平的限制，BIM 仅能作为学术研究的对象，很难在工程的实际应用中发挥作用。

21 世纪以后，计算机软硬件水平的迅速发展以及对建筑生命周期的深入理解，推动了 BIM 技术的不断前进。自 2002 年，BIM 这一方法和理念被提出并推广之后，BIM 技术变革风潮便在全球范围内席卷开来。

2.2.2　BIM 在国外的发展状况

1. BIM 在美国的发展现状

美国是较早启动建筑业信息化研究的国家，发展至今，其 BIM 的研究与应用都走在世界前列（图 2.2-1，图 2.2-2）。

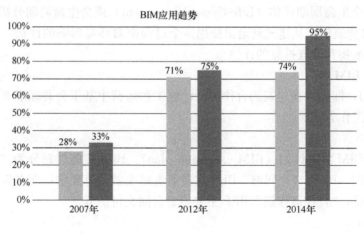

图 2.2-1　美国 BIM 应用趋势

目前，美国大多建筑项目已经开始应用 BIM，BIM 的应用点种类繁多，而且存在各种 BIM 协会，也出台了各种 BIM 标准。政府自 2003 年起，实行国家级 3D-4D-BIM 计划；自 2007 年起，规定所有重要项目通过 BIM 进行空间规划。关于美国 BIM 的发展，有以下几大 BIM 的相关机构。

（1）GSA

2003 年，为了提高建筑领域的生产效率、提升建筑业信息化水平，美国总务署（General Service Administration，简称 GSA）下属的公共建筑服务（PublicBuildingService）部门的首席设计师办公室（Office of the Chief Architect，简称 OCA）推出了全国

BIM应用点
90%
80%
70%
60%
50%
40%
30%
20%
10%
0%
82%
62%
45%
59%
43%
40%
施工前期
施工期间
专业间协调
设计意图可视化
可行性评估
场地规划
预制件安装
进展监测

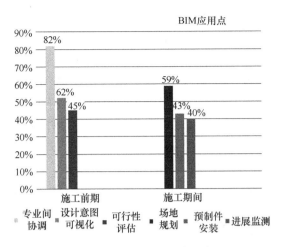

图 2.2-2 美国 BIM 应用点

3D-4D-BIM 计划。从 2007 年起，GSA 要求所有大型项目（招标级别）都需要应用 BIM，最低要求是空间规划验证和最终概念展示都需要提交 BIM 模型。所有 GSA 的项目都被鼓励采用 3D-4D-BIM 技术，并且根据采用这些技术的项目承包商的应用程序不同，给予不同程度的资金支持。目前 GSA 正在探讨在项目生命周期中应用 BIM 技术，包括空间规划验证、4D 模拟，激光扫描、能耗和可持续发展模拟、安全验证等，并陆续发布各领域的系列 BIM 指南，在官网可供下载，对于规范 BIM 和 BIM 在实际项目中的应用均起到了重要作用。

（2）USACE

2006 年 10 月，美国陆军工程兵团（USArmy Corps of Engineers，简称 USACE）发布了为期 15 年的 BIM 发展路线规划，为 USACE 采用和实施 BIM 技术制定战略规划，以提升规划、设计和施工质量及效率（图 2.2-3）。规划中，USACE 承诺未来所有军事建筑项目都将使用 BIM 技术。

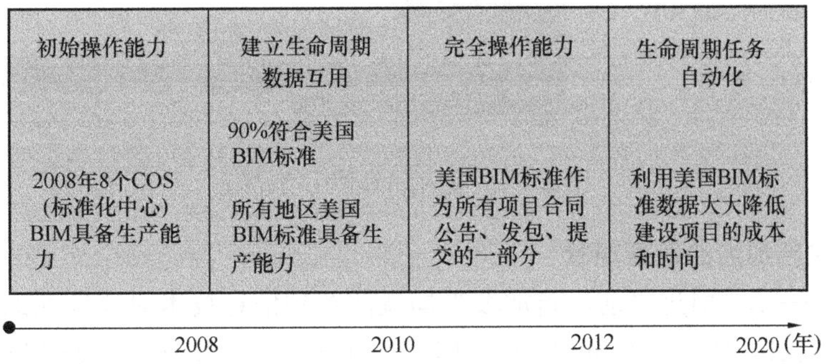

初始操作能力
2008年8个COS（标准化中心）BIM具备生产能力
建立生命周期数据互用
90%符合美国BIM标准
所有地区美国BIM标准具备生产能力
完全操作能力
美国BIM标准作为所有项目合同公告、发包、提交的一部分
生命周期任务自动化
利用美国BIM标准数据大大降低建设项目的成本和时间
2008
2010
2012
2020(年)

图 2.2-3 USACE 的 BIM 发展图

（3）bSa

Building SMART 联盟（building SMART alliance，简称 bSa）致力于 BIM 的推广与研究，使项目所有参与者在项目生命周期阶段能共享准确的项目信息。通过 BIM 收集和共享项目信息与数据，可以有效节约成本、减少浪费。美国 bSa 的目标是在 2020 年之前，

帮助建设部门节约 31％的浪费或者节约 4 亿美元。bSa 下属的美国国家 BIM 标准项目委员会（the National Building Information Model Standard Project Committee-United States，简称 NBIMS-US），专门负责美国国家 BIM 标准（National Building Information Model Standard，简称 NBIMS）的研究与制定。2007 年 12 月，NBIMS-US 发布了 NBIMS 的第一版的第一部分，主要包括了关于信息交换和开发过程等方面的内容，明确了 BIM 过程和工具的各方定义、相互之间数据交换要求的明细和编码，使不同部门可以充分开发协商一致的 BIM 标准，更好地实现协同。2012 年 5 月，NBIMS-US 发布 NBIMS 的第二版的内容。NBIMS 第二版的编写过程采用了一个开放投稿（各专业 BIM 标准）、民主投票决定标准的内容（Open Consensus Process），因此，也被称为是第一份基于共识的 BIM 标准。

2．BIM 在英国的发展现状

与大多数国家不同，英国政府要求强制使用 BIM。2011 年 5 月，英国内阁办公室发布了政府建设战略（Government Construction Strategy）文件，明确要求：到 2016 年，政府要求全面协同的 3D·BIM，并将全部文件信息化管理。

政府要求强制使用 BIM 的文件得到了英国建筑业 BIM 标准委员会［AEC（UK）BIM Standard Committee］的支持。迄今为止，英国建筑业 BIM 标准委员会已发布了英国建筑业 BIM 标准（AEC（UK）BIM Standard）、适用于 Revit 的英国建筑业 BIM 标准［AEC（UK）BIM Standard for Revit］、适用于 Bentley 的英国建筑业 BIM 标准［AEC（UK）BIM Standard for Bentley Product］，并还在制定适用于 ArchiCAD、Vectorworks 的 BIM 标准，这些标准的制定为英国的 AEC 企业从 CAD 过渡到 BIM 提供切实可行的方案和程序。

英国目前 BIM 技术的使用情况如图 2.2-4 所示。

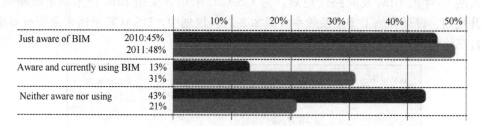

图 2.2-4　英国 BIM 使用情况图

3. BIM 在新加坡的发展现状

在 BIM 这一术语引进之前，新加坡当局就注意到信息技术对建筑业的重要作用。早在 1982 年，"建筑管理署"（Building and Construction Authority，简称 BCA）就有了人工智能规划审批（Artificial Intelligence plan checking）的想法，2000～2004 年，发展 CORENET（Construction and Realestate NETwork）项目，用于电子规划的自动审批和在线提交，是世界首创的自动化审批系统。2011 年，BCA 发布了新加坡 BIM 发展路线规划（BCA's Building Information Modelling Roadmap），规划明确推动整个建筑业在 2015 年前广泛使用 BIM 技术。为了实现这一目标，BCA 分析了面临的挑战，并制定了相关策略（图 2.2-5）。

在创造需求方面，新加坡政府部门带头在所有新建项目中明确提出 BIM 需求。2011 年，BCA 与一些政府部门合作确立了示范项目。BCA 将强制要求提交建筑 BIM 模型（2013 年起）、结构与机电 BIM 模型（2014 年起），并且最终在 2015 年前实现所有建筑面积大于 $5000m^2$ 的项目都必须提交 BIM 模型的目标。

图 2.2-5　新加坡 BIM 发展策略图

在建立 BIM 能力与产量方面，BCA 鼓励新加坡的大学开设 BIM 的课程、为毕业学生组织密集的 BIM 培训课程、为行业专业人士建立了 BIM 专业学位。

4. BIM 在北欧国家的发展现状

北欧国家如挪威、丹麦、瑞典和芬兰，是一些主要的建筑业信息技术的软件厂商所在地，因此，这些国家是全球最先一批采用基于模型设计的国家，推动了建筑信息技术的互用性和开放标准。北欧国家冬天漫长多雪，这使得建筑的预制化非常重要，这也促进了包含丰富数据、基于模型的 BIM 技术的发展，并导致了这些国家及早地进行了 BIM 的部署。

北欧四国政府并未强制要求全部使用 BIM，由于当地气候的要求以及先进建筑信息技术软件的推动，BIM 技术的发展主要是企业的自觉行为。如 2007 年，Senate Properties 发布了一份建筑设计的 BIM 要求（Senate Properties'BIM Requirements for Architectural Design，2007 年），自 2007 年 10 月 1 日起，Senate Properties 的项目仅强制要求建筑设计部分使用 BIM，其他设计部分可根据项目情况自行决定是否采用 BIM 技术，但目标将是全面使用 BIM。该报告还提出，在设计招标将有强制的 BIM 要求，这些 BIM 要求将成为项目合同的一部分，具有法律约束力；建议在项目协作时，建模任务需创建通用的视图，需要准确的定义；需要提交最终 BIM 模型，且建筑结构与模型内部的碰撞需要进行存档；建模流程分为四个阶段：Spatial Group BIM、Spatial BIM、Preliminary Building Element BIM 和 Building Element BIM。

5. BIM 在日本的发展现状

在日本，有 2009 年是日本的 BIM 元年之说。大量的日本设计公司、施工企业开始应用 BIM，而日本国土交通省也在 2010 年 3 月表示，已选择一项政府建设项目作为试点，探索 BIM 在设计可视化、信息整合方面的价值及实施流程。

2010 年，日经 BP 社调研了 517 位设计院、施工企业及相关建筑行业从业人士，了解他们对于 BIM 的认知度与应用情况。结果显示，BIM 的知晓度从 2007 年的 30％提升至 2010 年的 76％。2008 年的调研显示，采用 BIM 的最主要原因是 BIM 绝佳的展示效果，而 2010 年人们采用 BIM 主要用于提升工作效率，仅有 7％的业主要求施工企业应用 BIM，这也表明日本企业应用 BIM 更多是企业的自身选择与需求。日本 33％的施工企业已经应用 BIM 了，在这些企业当中近 90％是在 2009 年之前开始实施的。

日本 BIM 相关软件厂商认识到，BIM 是需要多个软件来互相配合，这是数据集成的基本前提，因此多家日本 BIM 软件商在 IAI 日本分会的支持下，以福井计算机株式会社为主导，成立了日本国国产解决方案软件联盟。此外，日本建筑学会于 2012 年 7 月发布了日本 BIM 指南，从 BIM 团队建设、BIM 数据处理、BIM 设计流程、应用 BIM 进行预算、模拟等方面为日本的设计院和施工企业应用 BIM 提供了指导。

6. BIM 在韩国的发展现状

韩国在运用 BIM 技术上十分超前，多个政府部门都致力制定 BIM 的标准。2010 年 4 月，韩国公共采购服务中心（Public Procurement Service，简称 PPS）发布了 BIM 路线图（图 2.2-6），内容包括：2010 年，在 1～2 个大型工程项目应用 BIM；2011 年，在 3～4 个大型工程项目应用 BIM；2012～2015 年，超过 50 亿韩元大型工程项目都采用 4D-BIM 技术（3D＋成本管理）；2016 年前，全部公共工程应用 BIM 技术。2010 年 12 月，PPS 发布了《设施管理 BIM 应用指南》，针对设计、施工图设计、施工等阶段中的 BIM 应用进行指导，并于 2012 年 4 月对其进行了更新。

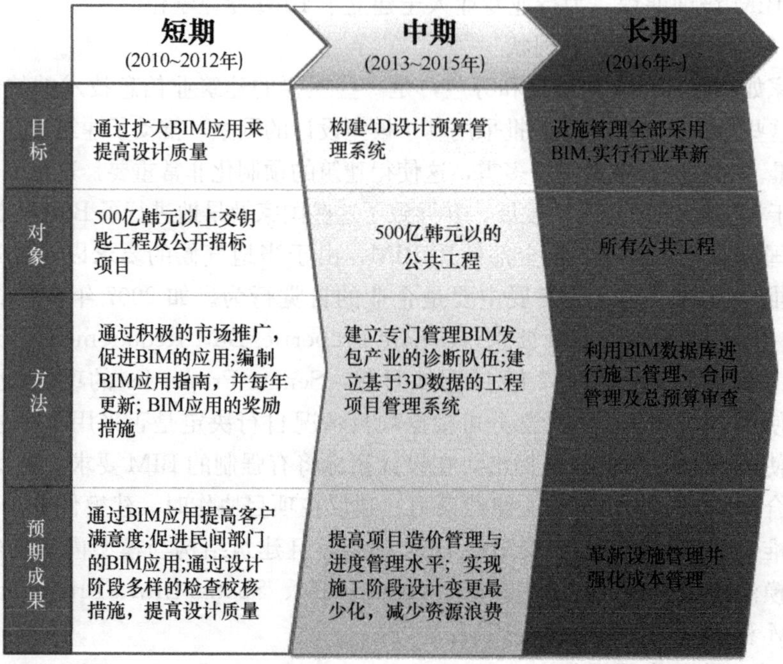

	短期 (2010~2012年)	中期 (2013~2015年)	长期 (2016年~)
目标	通过扩大BIM应用来提高设计质量	构建4D设计预算管理系统	设施管理全部采用BIM,实行行业革新
对象	500亿韩元以上交钥匙工程及公开招标项目	500亿韩元以的公共工程	所有公共工程
方法	通过积极的市场推广,促进BIM的应用;编制BIM应用指南,并每年更新;BIM应用的奖励措施	建立专门管理BIM发包产业的诊断队伍;建立基于3D数据的工程项目管理系统	利用BIM数据库进行施工管理、合同管理及总预算审查
预期成果	通过BIM应用提高客户满意度;促进民间部门的BIM应用;通过设计阶段多样的检查校核措施,提高设计质量	提高项目造价管理与进度管理水平;实现施工阶段设计变更最少化,减少资源浪费	革新设施管理并强化成本管理

图 2.2-6　BIM 路线图

2010 年 1 月，韩国国土交通海洋部发布了《建筑领域 BIM 应用指南》，该指南为开发商、建筑师和工程师在申请四大行政部门、16 个都市以及 6 个公共机构的项目时，提供采用 BIM 技术时必须注意的方法及要素的指导。指南应该能在公共项目中系统地实施 BIM，同时也为企业建立实用的 BIM 实施标准。

综上，BIM 技术在国外的发展情况如表 2.2 所示。

BIM 国外发展情况　　　　　　　　　　　　　　　　　　　　　　　表 2.2

国家	BIM 应用现状
英国	政府明确要求 2016 年前企业实现 3D-BIM 的全面协同
美国	政府自 2003 年起，实行国家级 3D-4D-BIM 计划；自 2007 年起，规定所有重要项目通过 BIM 进行空间规划
韩国	政府计划于 2016 年前实现全部公共工程的 BIM 应用

续表

国家	BIM 应用现状
新加坡	政府成立 BIM 基金；计划于 2015 年前，超过八成的建筑业企业广泛应用 BIM
北欧国家	已经孕育 Tekla、Solibri 等主要的建筑业信息技术软件厂商
日本	建筑信息技术软件产业成立国家级国产解决方案软件联盟

2.2.3 BIM 在国内的发展状况

1. BIM 在香港地区

香港地区的 BIM 发展主要靠行业自身的推动。早在 2009 年，香港地区便成立了香港 BIM 学会。2010 年，香港地区的 BIM 技术应用已经完成了从概念到实用的转变，处于全面推广的最初阶段。香港房屋署自 2006 年起，已率先试用建筑信息模型；为了成功地推行 BIM，自行订立 BIM 标准、用户指南、组建资料库等设计指引和参考。这些资料有效地为模型建立、管理档案，以及用户之间的沟通创造了良好的环境。2009 年 11 月，香港房屋署发布了 BIM 应用标准。香港房屋署提出，2014～2015 年该项技术将覆盖香港房屋署的所有项目。

2. BIM 在台湾地区

在科研方面，2007 年台湾大学与 Autodesk 签订了产学合作协议，重点研究建筑信息模型（BIM）及动态工程模型设计。2009 年，台湾大学土木工程系成立了工程信息仿真与管理研究中心，促进了 BIM 相关技术与应用的经验交流、成果分享、人才培训与产学研合作。2011 年 11 月，BIM 中心与淡江大学工程法律研究发展中心合作，出版了《工程项目应用建筑信息模型之契约模板》一书，并特别提供合同范本与说明，补充了现有合同内容在应用 BIM 上之不足。高雄应用科技大学土木系也于 2011 年成立了工程资讯整合与模拟（BIM）研究中心。此外，台湾交通大学、台湾科技大学等对 BIM 进行了广泛的研究，推动了台湾地区对于 BIM 的认知与应用。

台湾地区的管理部门对 BIM 的推动有两个方向。首先，对于建筑产业界，管理部门希望其自行引进 BIM 应用。对于新建的公共建筑和公有建筑，其拥有者为管理部门，工程发包监督均受到管理部门管辖，要求在设计阶段与施工阶段都以 BIM 完成。其次，一些市也在积极学习国外的 BIM 模式，为 BIM 发展打下了基础；另外，管理部门也举办了一些关于 BIM 的座谈会和研讨会，共同推动 BIM 的发展。

3. BIM 在中国大陆地区

近来 BIM 在国内建筑业形成一股热潮，除了前期软件厂商的大声呼吁外，政府相关单位、各行业协会与专家、设计单位、施工企业、科研院校等也开始重视并推广 BIM。2010 年与 2011 年，中国房地产业协会商业地产专业委员会、中国建筑业协会工程建设质量管理分会、中国建筑学会工程管理研究分会、中国土木工程学会计算机应用分会组织并发布了《中国商业地产 BIM 应用研究报告 2010》和《中国工程建设 BIM 应用研究报告 2011》，一定程度上反映了 BIM 在我国工程建设行业的发展现状（图 2.2-7）。根据两届的报告，关于 BIM 的知晓程度从 2010 年的 60％提升至 2011 年的 87％。2011 年，共有39％的单位表示已经使用了 BIM 相关软件，而其中以设计单位居多。

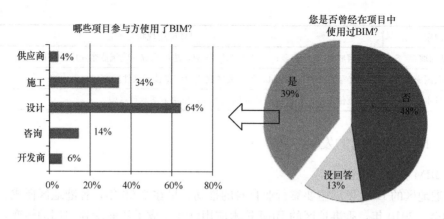

图 2.2-7　BIM 使用调查图

2.2.4　相关 BIM 文件标准及实施指南

2011 年 5 月，住房城乡建设部发布的《2011-2015 年建筑业信息化发展纲要》中，明确指出：在施工阶段开展 BIM 技术的研究与应用，推进 BIM 技术从设计阶段向施工阶段的应用延伸，降低信息在传递过程中的衰减；研究基于 BIM 技术的 4D 项目管理信息系统在大型复杂工程施工过程中的应用，实现对建筑工程有效的可视化管理等。加快建筑信息化建设及促进建筑业技术进步和管理水平提升的指导思想，达到普及 BIM 技术概念和应用的目标，使 BIM 技术初步应用到工程项目中去，并通过住房城乡建设部和各行业协会的引导作用保障 BIM 技术的推广。拉开 BIM 在中国应用的序幕。

2012 年 1 月，住房城乡建设部《关于印发 2012 年工程建设标准规范制订修订计划的通知》宣告了中国 BIM 标准制定工作的正式启动，其中包含五项 BIM 相关标准：《建筑工程信息模型应用统一标准》、《建筑工程信息模型存储标准》、《建筑工程设计信息模型交付标准》、《建筑工程设计信息模型分类和编码标准》、《制造工业工程设计信息模型应用标准》。其中，《建筑工程信息模型应用统一标准》的编制采取"千人千标准"的模式，邀请行业内相关软件厂商、设计院、施工单位、科研院所等近百家单位参与标准研究项目、课题、子课题的研究。至此，工程建设行业的 BIM 热度日益高涨。

2013 年 8 月，住房城乡建设部发布了《关于征求关于推荐 BIM 技术在建筑领域应用的指导意见（征求意见稿）意见的函》，首次提出了工程项目全生命期质量安全和工作效率的思想，并要求确保工程建设安全、优质、经济、环保，确立了近期（至 2016 年）和中长期（至 2020 年）的目标，明确指出，2016 年以前政府投资的 2 万平方米以上的大型公共建筑以及申报绿色建筑项目的设计、施工采用 BIM 技术；截至 2020 年，应完善 BIM 技术应用标准、实施指南，形成 BIM 技术应用标准和政策体系。

2014 年，发布的《关于推进建筑业发展和改革的若干意见》，则再次强调了 BIM 技术工程设计、施工和运行维护等全过程应用的重要性。各地方政府关于 BIM 的讨论与关注更加活跃，上海、北京、广东、山东、陕西等地区相继出台了各类具体的政策推动和指导 BIM 的应用与发展。

2015 年 6 月，住房城乡建设部发布的《关于推进建筑信息模型应用的指导意见》中，明确发展目标：到 2020 年末，建筑行业甲级勘察、设计单位以及特级、一级房屋建筑工程施工企业应掌握并实现 BIM 与企业管理系统和其他信息技术的一体化集成应用。并首次引入全寿命期集成应用 BIM 的项目比率，要求以国有资金投资为主的大中型建筑、申报绿色建筑的公共建筑和绿色生态示范小区的比率达到 90%，该项目标在后期成为地方政策的参照目标；保障措施方面添加了市场化应用 BIM 费用标准，搭建公共建筑构件资源数据中心及服务平台以及 BIM 应用水平考核评价机制，使得 BIM 技术的应用更加规范化，做到有据可依，不再是空泛的技术推广。

2016 年，住房城乡建设部发布了"十三五"纲要——《2016-2020 年建筑业信息化发展纲要》，相比于"十二五"纲要，此次引入了"互联网＋"概念，以 BIM 技术与建筑业发展深度融合，以塑造建筑业新业态为指导思想，实现企业信息化、行业监管与服务信息化、专项信息技术应用及信息化标准体系的建立，达到基于"互联网＋"的建筑业信息化水平升级。

总的来说，国家政策是一个逐步深化、细化的过程，从普及概念到工程项目全过程的深度应用再到相关标准体系的建立完善，由点到面，逐渐完成 BIM 技术应用的推广工作，硬性要求应用比率以及和其他信息技术的一体化集成应用，同时开始上升到管理层面，开发集成、协同工作系统及云平台，提出 BIM 的深层次应用价值，如与绿色建筑、装配式及物联网的结合，BIM＋时代到来，使 BIM 技术得以深入到建筑业的各个方面。

2.3 BIM 的特点

2.3.1 可视化

1. 设计可视化

设计可视化，即在设计阶段建筑及构件以三维方式直观呈现出来。设计师能够运用三维思考方式有效地完成建筑设计，同时也使业主（或最终用户）真正摆脱了技术壁垒限制，随时可直接获取项目信息，大大减小了业主与设计师间的交流障碍。

BIM 工具具有多种可视化的模式，一般包括隐藏线、带边框着色和真实渲染这三种模式，如图 2.3-1 所示，是在这三种模式下的图例。

此外，BIM 还具有漫游功能，通过创建相机路径，并创建动画或一系列图像，可向客户进行模型展示（图 2.3-2）。

2. 施工可视化

（1）施工组织可视化

施工组织可视化即利用 BIM 工具创建建筑设备模型、周转材料模型、临时设施模型等，以模拟施工过程，确定施工方案，进行施工组织。通过创建各种模型，可以在电脑中进行虚拟施工，使施工组织可视化（图 2.3-3）。

（2）复杂构造节点可视化

复杂构造节点可视化即利用 BIM 的可视化特性可以将复杂的构造节点全方位呈现，如复杂的钢筋节点、幕墙节点等。如图 2.3-4 所示，为复杂钢筋节点的可视化应用，传统 CAD 图纸（图 2.3-4）难以表现的钢筋排布，在 BIM 中却可以很好地得以展现（图 2.2-

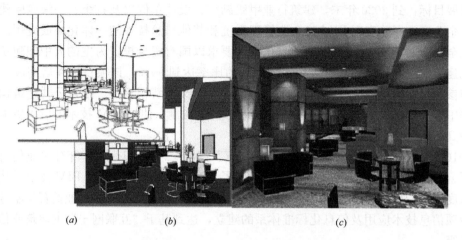

图 2.3-1　BIM 可视化的三种模式图

(*a*) 隐藏线；(*b*) 带边框着色；(*c*) 真实渲染

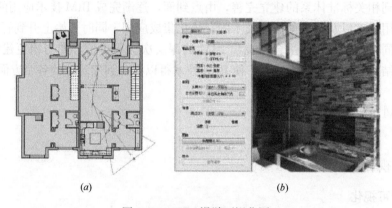

图 2.3-2　BIM 漫游可视化图

(*a*) 漫游路径设置；(*b*) 渲染设置

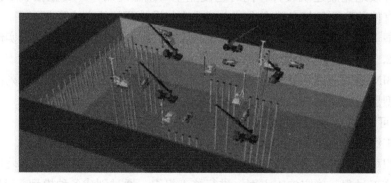

图 2.3-3　施工组织可视化图

4)，甚至可以做成钢筋模型的动态视频，有利于施工和技术交底。

3. 设备可操作性可视化

　　设备可操作性可视化，即利用 BIM 技术可对建筑设备空间是否合理进行提前检验。某项目生活给水机房的 BIM 模型，如图 2.3-5 所示，通过该模型可以验证设备房的操作

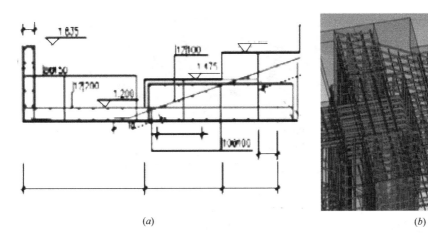

(a) (b)

图 2.3-4　复杂构造节点可视化图

(a) CAD 图纸；(b) BIM 展现

空间是否合理，并对管道支架进行优化。通过制作工作集和设置不同施工路线，可以制作多种的设备安装动画，不断调整，从中找出最佳的设备安装位置和工序。与传统的施工方法相比，该方法更直观、清晰。

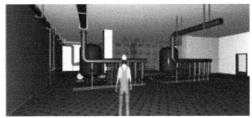

图 2.3-5　设备可操作性可视化图

4. 机电管线碰撞检查可视化

机电管线碰撞检查可视化，即通过将各专业模型组装为一个整体 BIM 模型，从而使机电管线与建筑物的碰撞点以三维方式直观显示出来。在传统的施工方法中，对管线碰撞检查的方式主要有两种：一是把不同专业的 CAD 图纸重叠在一张图上进行观察，根据施工经验和空间想象力找出碰撞点并加以修改；二是在施工的过程中边做边修改。这两种方法均费时费力，效率很低。但在 BIM 模型中，可以提前在真实的三维空间中找出碰撞点，并由各专业人员在模型中调整好碰撞点或不合理处后再导出 CAD 图纸。某工程管线碰撞检查，如图 2.3-6 所示。

2.3.2　一体化

一体化指的是 BIM 技术可进行从设计到施工再到运营贯穿了工程项目的全生命周期的一体化管理。BIM 的技术核心是一个由计算机三维模型所形成的数据库，不仅包含了建筑师的设计信息，而且可以容纳从设计到建成使用，甚至是使用周期终结的全过程信息。BIM 可以持续提供项目设计范围、进度以及成本信息，这些信息完整可靠并且完全协调。BIM 能在综合数字环境中保持信息不断更新并可提供访问，使建筑师、工程师、

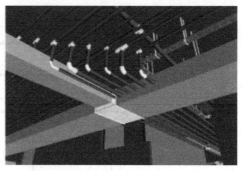

图 2.3-6　管线碰撞可视化图

施工人员以及业主可以清楚全面地了解项目。这些信息在建筑设计、施工和管理的过程中能使项目质量提高，收益增加。BIM 在整个建筑行业从上游到下游的各个企业间不断完善，从而实现项目全生命周期的信息化管理，最大化地实现 BIM 的意义。

在设计阶段，BIM 使建筑、结构、给水排水、空调、电气等各个专业基于同一个模型进行工作，从而使真正意义上的三维集成协同设计成为可能。将整个设计整合到一个共享的建筑信息模型中，结构与设备、设备与设备间的冲突会直观地显现出来，工程师们可在三维模型中随意查看，并能准确查看到可能存在问题的地方，并及时调整，从而极大避免了施工中的浪费。这在极大程度上促进设计施工的一体化过程。在施工阶段，BIM 可以同步提供有关建筑质量、进度以及成本的信息。利用 BIM 可以实现整个施工周期的可视化模拟与可视化管理。帮助施工人员促进建筑的量化，迅速为业主制定展示场地使用情况或更新调整情况的规划，提高文档质量，改善施工规划。最终结果就是，能将业主更多的施工资金投入到建筑，而不是行政和管理中。此外，BIM 还能在运营管理阶段提高收益和成本管理水平，为开发商销售、招商和业主购房提供了极大的透明和便利。BIM 这场信息革命，对于工程建设、设计、施工一体化的各个环节必将产生深远的影响。这项技术已经可以清楚地表明其在协调方面的设计优势，有效缩短设计与施工时间表，显著降低成本，改善工作场所安全和可持续建筑项目所带来的整体利益。

2.3.3　参数化

参数化建模指的是通过参数（变量）而不是数字建立和分析模型，简单地改变模型中的参数值就能建立和分析新的模型。

BIM 的参数化设计分为两个部分："参数化图元"和"参数化修改引擎"。"参数化图元"指的是 BIM 中的图元是以构件的形式出现，这些构件之间的不同，是通过参数的调整反映出来的，参数保存了图元作为数字化建筑构件的所有信息；"参数化修改引擎"指的是参数更改技术使用户对建筑设计或文档部分作的任何改动，都可以在其他相关联的部分自动地反映出来。在参数化设计系统中，设计人员根据工程关系和几何关系来指定设计要求。参数化设计的本质是在可变参数的作用下，系统能够自动维护所有的不变参数。因此，参数化模型中建立的各种约束关系，正是体现了设计人员的设计意图。参数化设计可以大大提高模型的生成和修改速度。

在某钢结构项目中，钢结构采用交叉状的网壳结构。如图 2.3-7（a）所示，为主肋控制曲线，它是在建筑师根据莫比乌斯环的概念确定的曲线走势基础上衍生出的多条曲线；有了基础控制线后，利用参数化设定曲线间的参数，按照设定的参数自动生成主次肋曲线，如图 2.3-7（b）所示；相应的外表皮单元和梁也是随着曲线的生成自动生成，如图 2.3-7（c）所示。这种"参数化"的特性，不仅能够大大加快设计进度，还能够极大地缩短设计修改的时间。

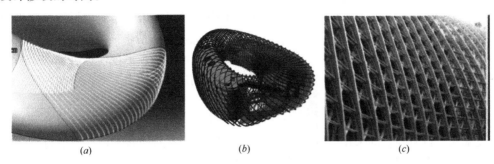

（a）　　　　　　　　　　（b）　　　　　　　　　　（c）

图 2.3-7　参数化建模图

2.3.4　仿真性

1. 建筑物性能分析仿真

建筑物性能分析仿真，即基于 BIM 技术建筑师在设计过程中赋予所创建的虚拟建筑模型的大量建筑信息（几何信息、材料性能、构件属性等），然后将 BIM 模型导入相关性能分析软件，就可得到相应分析结果。这一性能使得原本 CAD 时代需要专业人士花费大量时间输入大量专业数据的过程，如今可自动轻松完成，从而大大降低了工作周期，提高了设计质量，优化了业主服务。

性能分析主要包括能耗分析、光照分析、设备分析、绿色分析等。

2. 施工仿真

（1）施工方案模拟、优化

施工方案模拟优化，指的是通过 BIM 可对项目重点及难点部分进行可建性模拟，按月、日、时进行施工安装方案的分析优化，验证复杂建筑体系（如施工模板、玻璃装配、锚固等）的可建造性，从而提高施工计划的可行性。对项目管理方而言，可直观了解整个施工安装环节的时间节点、安装工序及疑点难点。而施工方也可进一步对原有安装方案进行优化和改善，以提高施工效率和施工方案的安全性。

（2）工程量自动计算

BIM 模型作为一个富含工程信息的数据库，可真实地提供造价管理所需的工程量数据。基于这些数据信息，计算机可快速对各种构件进行统计分析，大大减少了繁琐的人工操作和潜在错误，实现了工程量信息与设计文件的统一。通过 BIM 所获得准确的工程量统计，可用于设计前期的成本估算、方案比选、成本比较，以及开工前预算和竣工后决算。

（3）消除现场施工过程干扰或施工工艺冲突

随着建筑物规模和使用功能复杂程度的增加，设计、施工、甚至业主，对于机电管线综合的出图要求愈加强烈。利用 BIM 技术，通过搭建各专业 BIM 模型，设计师能够在虚拟三维环境下快速发现并及时排除施工中可能遇到的碰撞冲突，显著减少由此产生的变更申请单，更大大提高施工现场作业效率，降低了因施工不协调造成的成本增长和工期延误。

3. 施工进度模拟

施工进度模拟，即通过将 BIM 与施工进度计划相链接，把空间信息与时间信息整合在一个可视的 4D 模型中，直观、精确地反映整个施工过程。当前建筑工程项目管理中常以表示进度计划的甘特图，专业性强，但可视化程度低，无法清晰描述施工进度以及各种复杂关系（尤其是动态变化过程）。而通过基于 BIM 技术的施工进度模拟可直观、精确地反映整个施工过程，进而可缩短工期、降低成本、提高质量。

4. 运维仿真

（1）设备的运行监控

设备的运行监控，即采用 BIM 技术实现对建筑物设备的搜索、定位、信息查询等功能。在运维 BIM 模型中，通过对设备信息集成的前提下，运用计算机对 BIM 模型中的设备进行操作，可以快速查询设备的所有信息，如生产厂商、使用寿命期限、联系方式、运行维护情况以及设备所在位置等。通过对设备运行周期的预警管理，可以有效地防止事故的发生，利用终端设备和二维码，RFID 技术，迅速对发生故障的设备进行检修。

（2）能源运行管理

能源运行管理，即通过 BIM 模型对租户的能源使用情况进行监控与管理，赋予每个能源使用记录表传感功能，在管理系统中及时做好信息的收集处理，通过能源管理系统对能源消耗情况自动进行统计分析，并且可以对异常使用情况进行警告。

（3）建筑空间管理

建筑空间管理，即基于 BIM 技术业主通过三维可视化直观地查询定位到每个租户的空间位置以及租户的信息，如租户名称、建筑面积、租约区间、租金情况、物业管理情况；还可以实现租户的各种信息的提醒功能，同时根据租户信息的变化，实现对数据的及时调整和更新。

2.3.5　协调性

"协调"一直是建筑业工作中的重点内容，不管是施工单位还是业主及设计单位，无不在做着协调及相配合的工作。基于 BIM 进行工程管理，可以有助于工程各参与方进行组织协调工作。通过 BIM 建筑信息模型可在建筑物建造前期对各专业的碰撞问题进行协调，生成并提供协调数据。

1. 设计协调

设计协调指的是通过 BIM 三维可视化控件及程序自动检测，可对建筑物内机电管线和设备进行直观布置模拟安装，检查是否碰撞，找出问题所在及冲突矛盾之处，还可调整楼层净高、墙柱尺寸等。从而有效解决传统方法容易造成的设计缺陷，提升设计质量，减少后期修改，降低成本及风险。

2. 整体进度规划协调

整体进度规划协调指的是基于 BIM 技术，对施工进度进行模拟，同时根据最前线的经验和知识进行调整，极大地缩短施工前期的技术准备时间，并帮助各类各级人员对设计意图和施工方案获得更高层次的理解。以前施工进度通常是由技术人员或管理层敲定的，容易出现下级人员信息断层的情况。如今，BIM 技术的应用使得施工方案更高效、更完美。

3. 成本预算、工程量估算协调

成本预算、工程量估算协调指的是应用 BIM 技术可以为造价工程师提供各设计阶段准确的工程量、设计参数和工程参数，这些工程量和参数与技术经济指标结合，可以计算出准确的估算、概算，再运用价值工程和限额设计等手段对设计成果进行优化。同时，基于 BIM 技术生成的工程量不是简单的长度和面积的统计，专业的 BIM 造价软件可以进行精确的 3D 布尔运算和实体减扣，从而获得更符合实际的工程量数据，并且可以自动形成电子文档进行交换、共享、远程传递和永久存档。在准确率和速度上都较传统统计方法有很大的提高，有效降低了造价工程师的工作强度，提高了工作效率。

4. 运维协调

BIM 系统包含了多方信息，如厂家价格信息、竣工模型、维护信息、施工阶段安装深化图等，BIM 系统能够把成堆的图纸、报价单、采购单、工期图等统筹在一起，呈现出直观、实用的数据信息，可以基于这些信息进行运维协调。

运维管理主要体现在以下方面：

（1）空间协调管理

空间协调管理主要应用在照明、消防等各系统和设备空间定位。首先，应用 BIM 技术业主可获取各系统和设备空间位置信息，把原来编号或者文字表示变成三维图形位置，直观形象且方便查找。如通过 RFID 获取大楼的安保人员位置。其次，BIM 技术可应用于内部空间设施可视化，利用 BIM 建立一个可视三维模型，所有数据和信息可以从模型获取调用。如装修的时候，可快速获取不能拆除的管线、承重墙等建筑构件的相关属性。

（2）设施协调管理

设施协调管理主要体现在设施的装修、空间规划和维护操作。BIM 技术能够提供关于建筑项目的协调一致的、可计算的信息，该信息可用于共享及重复使用，从而可降低业主和运营商由于缺乏操作性而导致的成本损失。此外，基于 BIM 技术还可对重要设备进行远程控制，把原来商业地产中独立运行的各种设备通过 RFID 等技术汇总到统一的平台上进行管理和控制。通过远程控制，可充分了解设备的运行状况，为业主更好地进行运维管理提供良好条件。

（3）隐蔽工程协调管理

基于 BIM 技术的运维可以管理复杂的地下管网，如污水管、排水管、网线、电线以及相关管井，并且可以在图上直接获得相对位置关系。当改建或二次装修的时候可以避开现有管网位置，便于管网维修、更换设备和定位。内部相关人员可以共享这些电子信息，有变化可随时调整，保证信息的完整性和准确性。

（4）应急管理协调

通过 BIM 技术的运维管理对突发事件管理包括：预防、警报和处理。以消防事件为例，该管理系统可以通过喷淋感应器感应信息；如果发生着火事故，在商业广场的 BIM 信息模型界面中，就会自动触发火警警报；着火区域的三维位置和房间立即进行定位显示；控制中心可以及时查询相应的周围环境和设备情况，为及时疏散人群和处理灾情提供重要信息。

（5）节能减排管理协调

通过 BIM 结合物联网技术的应用，使得日常能源管理监控变得更加方便。通过安装具有传感功能的电表、水表、煤气表后，可以实现建筑能耗数据的实时采集、传输、初步分析、定时定点上传等基本功能，并具有较强的扩展性。系统还可以实现室内温湿度的远程监测，分析房间内的实时温湿度变化，配合节能运行管理。在管理系统中可以及时收集所有能源信息，并且通过开发的能源管理功能模块，对能源消耗情况进行自动统计分析，比如各区域、各户主的每日用电量，每周用电量等，并对异常能源使用情况进行警告或者标识。

2.3.6　优化性

整个设计、施工、运营的过程，其实就是一个不断优化的过程，没有准确的信息是做不出合理优化结果的。BIM 模型提供了建筑物存在的实际信息，包括几何信息、物理信息、规则信息，还提供了建筑物变化以后的实际存在。BIM 和与其配套的各种优化工具提供了对复杂项目进行优化的可能：把项目设计和投资回报分析结合起来，计算出设计变化对投资回报的影响，使得业主知道哪种项目设计方案更有利于自身的需求，对设计施工方案进行优化，可以带来显著的工期和造价改进。

2.3.7　可出图性

运用 BIM 技术，除了能够进行建筑平、立、剖及详图的输出外，还可以出碰撞报告及构件加工图等。

1. 施工图纸输出

通过将建筑、结构、电气、给水排水、暖通等专业的 BIM 模型整合后，进行管线碰撞检测，可以出综合管线图（经过碰撞检查和设计修改，消除了相应错误以后）、综合结构留洞图（预埋套管图）、碰撞检查报告和建议改进方案。

（1）建筑与结构专业的碰撞

建筑与结构专业的碰撞主要包括建筑与结构图纸中的标高、柱、剪力墙等的位置是否一致等。如图 2.3-8 所示，为梁与门之间的碰撞。

（2）设备内部各专业碰撞

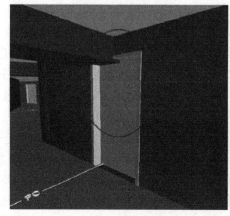

设备内部各专业碰撞内容主要是检测各专业与管线的冲突情况，如图 2.3-9 所示。

（3）建筑、结构专业与设备专业碰撞

建筑专业与设备专业的碰撞如设备与室内装修碰撞，如图 2.3-10 所示。结构专业与设备专业的碰撞如管道与梁柱冲突，如图 2.3-11所示。

（4）解决管线空间布局

基于 BIM 模型可调整解决管线空间布局问题如机房过道狭小、各管线交叉等问题。管线交叉及优化具体过程，如图 2.3-12 所示。

图 2.3-8　梁与门碰撞图

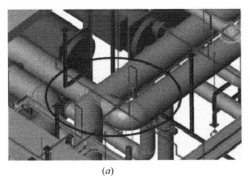
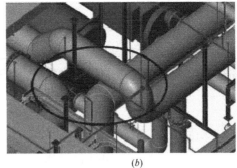

(a)   (b)

图 2.3-9 设备管道互相碰撞图

(a) 检测出的碰撞；(b) 优化后的管线

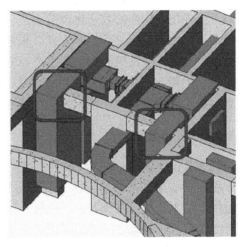

图 2.3-10 水管穿吊顶图   图 2.3-11 风管和梁碰撞图

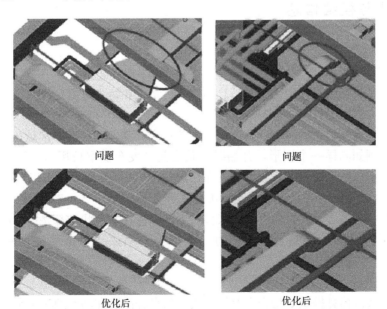

图 2.3-12 风管和梁及消防管道优化前后对比图

2. 构件加工指导

（1）出构件加工图

通过 BIM 模型对建筑构件的信息化表达，可在 BIM 模型上直接生成构件加工图，不仅能清楚地传达传统图纸的二维关系，而且对于复杂的空间剖面关系也可以清楚表达，同时还能够将离散的二维图纸信息集中到一个模型当中，这样的模型能够更加紧密地实现与预制工厂的协同和对接。

（2）构件生产指导

在生产加工过程中，BIM 信息化技术可以直观地表达出配筋的空间关系和各种参数情况，能自动生成构件下料单、派工单、模具规格参数等生产表单，并且能通过可视化的直观表达帮助工人更好地理解设计意图，可以形成 BIM 生产模拟动画、流程图、说明图等辅助培训的材料，有助于提高工人生产的准确性和质量效率。

（3）实现预制构件的数字化制造

借助工厂化、机械化的生产方式，采用集中、大型的生产设备，将 BIM 信息数据输入设备，就可以实现机械的自动化生产，这种数字化建造的方式可以大大提高工作效率和生产质量。例如，现在已经实现了钢筋网片的商品化生产，符合设计要求的钢筋在工厂自动下料、自动成形、自动焊接（绑扎），形成标准化的钢筋网片。

2.3.8　信息完备性

信息完备性体现在 BIM 技术可对工程对象进行 3D 几何信息和拓扑关系的描述以及完整的工程信息描述，如对象名称、结构类型、建筑材料、工程性能等设计信息；施工工序、进度、成本、质量以及人力、机械、材料资源等施工信息；工程安全性能、材料耐久性能等维护信息；对象之间的工程逻辑关系等。

2.4　BIM 与模型信息

2.4.1　信息的特性

在进行信息提交的过程中需要对信息的以下三个主要特性进行定义。

1. 状态

状态：定义提交信息的版本。随着信息在项目中流动，其状态通常是在一定的机制控制下变化的。例如同样一个图形，开始时的状态是"发布供审校用"，通过审校流程后，授权人士可以把该图形的状态修改为"发布供施工用"，最终项目结束以后将更新为"竣工图"。定义今后要使用的状态术语是标准化工作要做的第一步。对于每一组信息来说，界定其提交的状态是必须要做的事情，很多重要的信息在竣工状态都是需要的。另外一个应该决定的事情是该信息是否需要超过一个状态，例如"发布供施工用"和"竣工图"等。

2. 类型

类型：定义该信息提交后是否需要被修改。信息分静态和动态两种类型，静态信息代表项目过程中的某个时刻，而动态信息需要被不断更新以反应项目的各种变化。当静态信息被创建完成以后就不会再变化了，这样的例子包括许可证、标准图、技术明细以及检查报告等，后续也许还会有新的检查报告，但不会是原来检查报告的修改版本。动态信息比静态信息需要更为正式的信息管理，通常其访问频度也比较高，无论是行业规则还是质量系统都要求终端用户清楚了解信息的最新版本，同时维护信息的版本历史有些也是必须的。动态信息的例子包括平面布置、工作流程图、设备数据表、回路图等。当然，根据定义，所有处于设计周期之内的信息都是动态信息。

信息主要可分为静态、动态不需要维护历史版本、动态需要维护历史版本、所有版本都需要维护、只维护特定数目的前期版本等五种类型。

3. 保持

保持：定义该信息必须保留的时间。所有被指定为需要提交的信息都应该有一个业务用途，当该信息缺失的时候，会对业务产生后果，这个后果的严重性和发生后果的经常性是衡量该信息的重要性以及确定应该投入多大努力及费用保证该信息可用的主要指标。从另一方面考虑，如果由于该信息不可用并且没有产生什么后果的话，我们就得认真考虑为什么要把这个信息包括在提交要求里面了。当然，法律法规可能会要求维护并不具有实际操作价值的信息。

信息保持最少需要建立下面几个等级。

（1）基本信息：设施运营需要的信息，没有这些信息，运营和安全可能发生难以承受的风险，这类信息必须在设施的整个生命周期中加以保留。

（2）法律强制信息：运营阶段一般情况下不需要使用，但是当产生法律和合同责任时在一定周期内需要存档的信息，这类信息必须明确规定保持周期。

（3）阶段特定信息：在设施生命周期的某个阶段建立，在后续某个阶段需要使用，但长期运营并不需要的信息，这类信息必须注明被使用的设施阶段。

（4）临时信息：在后续生命周期阶段不需要使用的信息，这类信息不需要包括在信息提交要求中。

在决定每类信息的保持等级的时候，建议要同时定义信息的业务关键性等级，而不仅仅是给其一个"基础"的等级。

2.4.2　项目全生命周期信息

美国标准和技术研究院（National Institute of Standards and Technology，简称 NIST）根据工程项目信息使用的有关资料把项目的生命周期划分为如下 6 个阶段：

1. 规划和计划阶段

规划和计划是由物业的最终用户发起的，这个最终用户未必一定是业主。这个阶段需要的信息是最终用户根据自身业务发展的需要对现有设施的条件、容量、效率、运营成本和地理位置等要素进行评估，以决定是否需要购买新的物业或者改造已有物业。这个分析既包括财务方面的，也包括物业实际状态方面的。如果决定需要启动一个建设或者改造项目，下一步就是细化上述业务发展对物业的需求，这也是开始聘请专业咨询公司（建筑师、工程师等）的时间点，这个过程结束以后，设计阶段就开始了。

2. 设计阶段

设计阶段是把规划和计划阶段的需求转化为对这个设施的物理描述。从初步设计到施工图的设计是一个变化的过程，是建设产品从粗糙到细致的过程，在这个进程中需要对设计进行必要的管理，从性能、质量、功能、成本到设计标准、规程，都需要去管控设计阶段创建的大量信息，是物业生命周期所有后续阶段的基础。相当数量不同专业的专门人士在这个阶段介入设计过程，其中包括建筑师、土木工程师、结构工程师、机电工程师、室内设计师、预算造价师等，而且这些专业人士可能分属于不同的机构，因此他们之间的实时信息共享非常关键。

传统情形下，影响设计的主要因素包括设施计划、建筑材料、建筑产品和建筑法规，其中建筑法规包括土地使用、环境、设计规范、试验等。近年来，施工阶段的可建性和施工顺序问题，制造业的车间加工和现场安装方法，以及精益施工体系中的"零库存"设计方法被越来越多地引入设计阶段。

设计阶段的主要成果是施工图和明细表，典型的设计阶段通常在进行施工承包商招标的时候结束，但是对于 DB/EPC/IPD 等项目实施模式来说，设计和施工是两个连续进行的阶段。

3. 施工阶段

施工阶段是让对设施的物理描述变成现实的阶段。施工阶段的基本信息是设计阶段创建的描述将要建造的那个设施的信息，传统上通过图纸和明细表进行传递。施工承包商在此基础上增加产品来源、深化设计、加工、安装过程、施工排序和施工计划等信息。设计图纸和明细表的完整和准确是施工能够按时、按造价完成的基本保证。大量的研究和实践表明，富含信息的三维数字模型可以改善设计交给施工的工程图纸文档的质量、完整性和协调性。而使用结构化信息形式和标准信息格式可以使得施工阶段的应用软件，例如数控加工、施工计划软件等，直接利用设计模型。

4. 项目交付和试运行阶段

当项目基本完工最终用户开始入住或使用设施的时候，交付就开始了，这是由施工向运营转换的一个相对短暂的时间，但是通常这也是从设计和施工团队获取设施信息的最后机会。正是由于这个原因，从施工到交付和试运行的这个转换点被认为是项目生命周期最关键的节点。

（1）项目交付

项目交付即业主认可施工工作、交接必要的文档、执行培训、支付保留款、完成工程结算。主要的交付活动包括：建筑和产品系统启动、发放入住授权，设施开始使用、业主给承包商准备竣工查核事项表、运营和维护培训完成、竣工计划提交、保用和保修条款开始生效、最终验收检查完成、最后的支付完成和最终成本报告和竣工时间表生成。

（2）项目试运行

虽然每个项目都要进行交付，但并不是每个项目都会进行试运行。试运行是一个确保和记录所有的系统和部件都能按照明细和最终用户要求以及业主运营需要执行其相应功能的系统化过程。随着建筑系统越来越复杂，承包商越来越趋于专业化，传统的开启和验收方式已经被证明是不合适的了。

使用项目试运行方法，信息需求来源于项目早期的各个阶段。最早的计划阶段定义了业主和设施用户的功能、环境和经济要求；设计阶段通过产品研究和选择、计算和分析、草稿和绘图、明细表以及其他描述形式将需求转化为物理现实，这个阶段产生了大量信息被传递到施工阶段。连续试运行概念要求从项目概要设计阶段就考虑试运行需要的信息要求，同时在项目发展的每个阶段随时收集这些信息。

5. 项目运营和维护阶段

运营和维护阶段的信息需求包括设施的法律、财务和物理等方面。物理信息来源于交付和试运行阶段：设备和系统的操作参数，质量保证书，检查和维护计划，维护和清洁用的产品、工具、备件。法律信息包括出租、区划和建筑编号、安全和环境法规等。财务信息包括出租和运营收入，折旧计划，运维成本。此外，运维阶段也产生自己的信息，这些信息可以用来改善设施性能，以及支持设施扩建或清理的决策。运维阶段产生的信息包括运行水平、满住程度、服务请求、维护计划、检验报告、工作清单、设备故障时间、运营成本、维护成本等。

运营和维护阶段的信息的使用者包括业主、运营商（包括设施经理和物业经理）、住户、供应商和其他服务提供商等。

另外，还有一些在运营和维护阶段对设施造成影响的项目，例如住户增建、扩建改建、系统或设备更新等，每一个这样的项目都有自己的生命周期、信息需求和信息源，实施这些项目最大的挑战就是根据项目变化来更新整个设施的信息库。

6. 清理阶段

设施的清理有资产转让和拆除两种方式。

资产转让需要的关键的信息包括财务和物理性能数据：设施容量、出租率、土地价值、建筑系统和设备的剩余寿命、环境整治需求等。

拆除需要的信息包括材料数量和种类、环境整治需求、设备和材料的废品价值、拆除结构所需要的能量等，这里的有些信息需求可以追溯到设计阶段的计算和分析工作。

2.4.3 信息的传递与作用

美国标准和技术研究院（National Institute of Standards and Technology，简称 NIST）在"信息互用问题给固定资产行业带来的额外成本增加"的研究中对信息互用定义如下："协同企业之间或者一个企业内设计、施工、维护和业务流程系统之间管理和沟通电子版本的产品和项目数据的能力"。

信息的传递的方式主要有双向直接、单向直接、中间翻译和间接互用这四种方式。

（1）双向直接互用

双向直接互用，即两个软件之间的信息可相互转换及应用。这种信息互用方式效率高、可靠性强，但是实现起来也受到技术条件和水平的限制。

BIM 建模软件和结构分析软件之间信息互用是双向直接互用的典型案例。在建模软件中可以把结构的几何、物理、荷载信息都建立起来，然后把所有信息都转换到结构分析软件中进行分析，结构分析软件会根据计算结果对构件尺寸或材料进行调整以满足结构安全需要，最后再把经过调整修改后的数据转换回原来的模型中去，合并以后形成更新以后的 BIM 模型。

实际工作中在条件允许的情况下，应尽可能选择双项目信息互用方式。双向直接互用举例如图 2.4-1 所示。

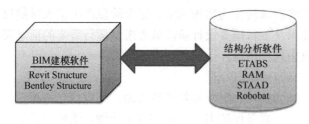

图 2.4-1　双向直接互用图

（2）单向直接互用

单向直接互用即数据可以从一个软件输出到另外一个软件，但是不能转换回来。典型的例子是 BIM 建模软件和可视化软件之间的信息互用，可视化软件利用 BIM 模型的信息做好效果图以后，不会把数据返回到原来的 BIM 模型中去。

单向直接互用的数据可靠性强，但只能实现一个方向的数据转换，这也是实际工作中建议优先选择的信息互用方式。单向直接互用举例如图 2.4-2 所示。

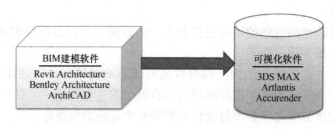

图 2.4-2　单向直接互用图

（3）中间翻译互用

中间翻译互用，即两个软件之间的信息互用需要依靠一个双方都能识别的中间文件来实现。这种信息互用方式容易引起信息丢失、改变等问题，因此在使用转换后的信息之前，需要对信息进行校验。

例如，DWG 是目前最常用的一种中间文件格式，典型的中间翻译互用方式是设计软件和工程算量软件之间的信息互用，算量软件利用设计软件产生的 DWG 文件中的几何属性信息，进行算量模型的建立和工程量统计。其信息互用的方式举例如图 2.4-3 所示。

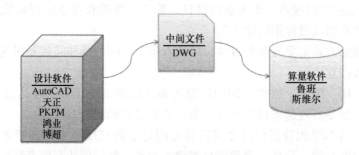

图 2.4-3　中间翻译互用图

（4）间接互用

信息间接互用，即通过人工方式把信息从一个软件转换到另外一个软件，有时需要人工重新输入数据，或者需要重建几何形状。

根据碰撞检查结果对 BIM 模型的修改是一个典型的信息间接互用方式，目前大部分碰撞检查软件只能把有关碰撞的问题检查出来，而解决这些问题则需要专业人员根据碰撞检查报告在 BIM 建模软件里面人工调整，然后输出到碰撞检查软件里面重新检查，直到问题彻底更正（图 2.4-4）。

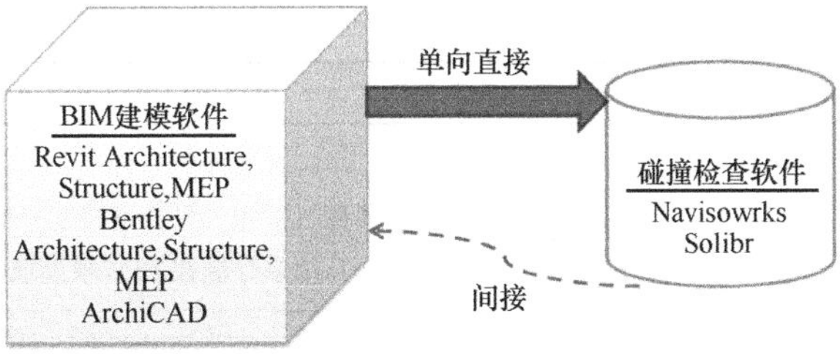

图 2.4-4 间接互用图

2.4.4 各阶段模型构件属性

　　建设项目全生命期各个阶段所需要的信息内容和深度都不同，各阶段信息的应用目标和方式也不相同，因此，模型构件所附带的信息或属性，也会随着模型在各个阶段的发展而变化，是一个动态深化的过程。

　　模型构件的属性可分为几何属性和非几何属性。几何属性所表达的是构件的几何形状特性以及空间位置特性，随着 LOD 的上升，模型构件的几何属性逐渐复杂化，对模型构件的几何描述逐渐精细化。非几何属性所表达的是构件除几何属性以外的信息和属性，例如材质、颜色、性能指标、施工记录等，针对不同阶段的不同应用，非几何属性的重点和精细化程度也不同。下面以地铁车站为例，展示了给水排水及消防系统在建设各个阶段模型构件属性的发展过程（附表 1～附表 4）。

2.5 BIM 的作用与价值

2.5.1 BIM 在勘察设计阶段的作用与价值

　　BIM 在勘察设计阶段的主要应用价值，如表 2.5-1 所示。

BIM 在勘察设计阶段的应用价值表　　　　　　　表 2.5-1

勘察设计 BIM 应用内容	勘察设计 BIM 应用价值分析
设计方案论证	设计方案比选与优化，提出性能、品质最优的方案
设计建模	三维模型展示与漫游体验，很直观 建筑、结构、机电各专业协同建模 参数化建模技术实现一处修改，相关联内容智能变更 避免错、漏、碰、缺发生
能耗分析	通过 IFC 或 gbxml 格式输出能耗分析模型 对建筑能耗进行计算、评估，进而开展能耗性能优化 能耗分析结果存储在 BIM 模型或信息管理平台中，便于后续应用
结构分析	通过 IFC 或 Structure Model Center 数据数据计算模型 开展抗震、抗风、抗火等结构性能设计 结构计算结果存储在 BIM 模型或信息管理平台中，便于后续应用

勘察设计 BIM 应用内容	勘察设计 BIM 应用价值分析
光照分析	建筑、小区日照性能分析 室内光源、采光、景观可视度分析 光照计算结果存储在 BIM 模型或信息管理平台中，便于后续应用
设备分析	管道、通风、负荷等机电设计中的计算分析模型输出 冷、热负荷计算分析 舒适度模拟 气流组织模拟 设备分析结果存储在 BIM 模型或信息管理平台中，便于后续应用
绿色评估	通过 IFC 或 gbxml 格式输出绿色评估模型 建筑绿色性能分析，其中包括：规划设计方案分析与优化；节能设计与数据分析；建筑遮阳与太阳能利用；建筑采光与照明分析；建筑室内自然通风分析；建筑室外绿化环境分析；建筑声环境分析；建筑小区雨水采集和利用 绿色分析结果存储在 BIM 模型或信息管理平台中，便于后续应用
工程量统计	BIM 模型输出土建、设备统计报表 输出工程量统计，与概预算专业软件集成计算 概预算分析结果存储在 BIM 模型或信息管理平台中，便于后续应用
其他性能分析	建筑表面参数化设计 建筑曲面幕墙参数化分格、优化与统计
管线综合	各专业模型碰撞检测，提前发现错、漏、碰、缺等问题，减少施工中的返工和浪费
规范验证	BIM 模型与规范、经验相结合，实现智能化的设计，减少错误，提高设计便利性和效率
设计文件编制	从 BIM 模型中出版二维图纸、计算书、统计表单，特别是详图和表达，可以提高施工图的出图效率，并能有效减少二维施工图中的错误

在我国的工程设计领域应用 BIM 的部分项目中，可发现 BIM 技术已获得比较广泛的应用，除上表中的"规范验证"外，其他方面都有应用，应用较多的方面大致如下：

（1）设计中均建立了三维设计模型，各专业设计之间可以共享三维设计模型数据，进行专业协同、碰撞检查，避免数据重复录入。

（2）使用相应的软件直接进行建筑、结构、设备等各专业设计，部分专业的二维设计图纸可以从三维设计模型自动生成。

（3）可以将三维设计模型的数据导入到各种分析软件，例如能耗分析、日照分析、风环境分析等软件中，快速地进行各种分析和模拟，还可以快速计算工程量并进一步进行工程成本的预测。

2.5.2 BIM 在施工阶段的作用与价值

1. BIM 对施工阶段技术提升的价值

BIM 对施工阶段技术提升的价值主要体现在以下四个方面：

（1）辅助施工深化设计或生成施工深化图纸；

（2）利用 BIM 技术对施工工序的模拟和分析；

（3）基于 BIM 模型的错漏碰缺检查；

（4）基于 BIM 模型的实时沟通方式。

2. BIM 对施工阶段管理和综合效益提升的价值

BIM 对施工阶段管理和综合效益提升的价值主要体现在以下两个方面：

（1）可提高总包管理和分包协调工作效率；

（2）可降低施工成本。

3. BIM 对工程施工的价值和意义

BIM 对工程施工的价值和意义见，如表 2.5-2 所示。

BIM 对工程施工的价值和意义表

表 2.5-2

工程施工 BIM 应用	工程施工 BIM 应用价值分析
支撑施工投标的 BIM 应用	（1）3D 施工工况展示 （2）4D 虚拟建造
支撑施工管理和工艺改进的单项功能 BIM 应用	（1）设计图纸审查和深化设计 （2）4D 虚拟建造，工程可建性模拟（样板对象） （3）基于 BIM 的可视化技术讨论和简单协同 （4）施工方案论证、优化、展示以及技术交底 （5）工程量自动计算 （6）消除现场施工过程干扰或施工工艺冲突 （7）施工场地科学布置和管理 （8）有助于构配件预制生产、加工及安装
支撑项目、企业和行业管理集成与提升的综合 BIM 应用	（1）4D 计划管理和进度监控 （2）施工方案验证和优化 （3）施工资源管理和协调 （4）施工预算和成本核算 （5）质量安全管理 （6）绿色施工 （7）总承包、分包管理协同工作平台 （8）施工企业服务功能和质量的拓展、提升
支撑基于模型的工程档案数字化和项目运维的 BIM 应用	（1）施工资料数字化管理 （2）工程数字化交付、验收和竣工资料数字化归档 （3）业主项目运维服务

2.5.3 BIM 在运营维护阶段的作用与价值

BIM 参数模型可以为业主提供建设项目中所有系统的信息，在施工阶段做出的修改将全部同步更新到 BIM 参数模型中形成最终的 BIM 竣工模型（As-builtmodel），该竣工模型作为各种设备管理的数据库为系统的维护提供依据。

此外，BIM 可同步提供有关建筑使用情况或性能、入住人员与容量、建筑已用时间以及建筑财务方面的信息；同时，BIM 可提供数字更新记录，并改善搬迁规划与管理。BIM 还促进了标准建筑模型对商业场地条件（例如零售业场地，这些场地需要在许多不同地点建造相似的建筑）的适应。有关建筑的物理信息（例如完工情况、承租人或部门分配、家具和设备库存）和关于可出租面积、租赁收入或部门成本分配的重要财务数据都更加易于管理和使用。稳定访问这些类型的信息可以提高建筑运营过程中的收益与成本管理水平。

综合应用 GIS 技术，将 BIM 与维护管理计划相链接，实现建筑物业管理与楼宇设备的实时监控相集成的智能化和可视化管理，及时定位问题来源。结合运营阶段的环境影响和灾害破坏，针对结构损伤、材料劣化及灾害破坏，进行建筑结构安全性、耐久性分析与预测。

2.5.4　BIM 在项目全生命周期的作用与价值

在传统的设计－招标－建造模式下，基于图纸的交付模式使得跨阶段时信息损失带来大量价值的损失，导致出错、遗漏，需要花费额外的精力来创建、补充精确的信息。而基于 BIM 模型的协同合作模型下，利用三维可视化、数据信息丰富的模型，各方可以获得更大投入产出比（图 2.5-1）。

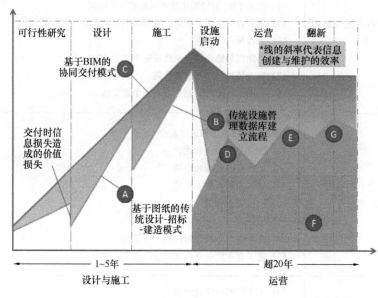

图 2.5-1　设施生命周期中各阶段的信息与效率图

美国 building SMART alliance（bSa）在 "BIM Project Execution Planning Guide Version 1.0" 中，根据当前美国工程建设领域的 BIM 使用情况总结了 BIM 的 20 多种主要应用（图 2.5-2）。从图中可以发现，BIM 应用贯穿了建筑的规划、设计、施工与运营四大阶段，多项应用是跨阶段的，尤其是基于 BIM 的"现状建模"与"成本预算"贯穿了建筑的全生命周期。

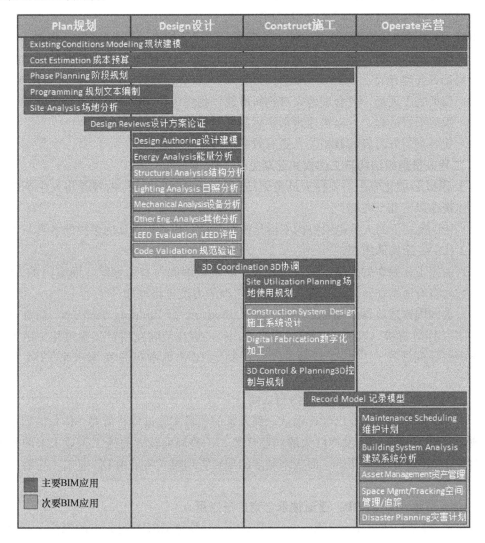

图 2.5-2 BIM 在建筑工程行业的 25 种应用图（bSa）

基于 BIM 技术无法比拟的优势和活力，现今 BIM 已被愈来愈多的专家应用在各式各样的工程项目中，涵盖了从简单的仓库到形式最为复杂的新建筑，随着建筑物的设计、施工、运营的推进，BIM 将在建筑的全生命周期管理中不断体现其价值。

2.5.5 BIM 技术给工程建设带来的变化

1. 更多业主要求应用 BIM

由于 BIM 的可视化平台可以让业主随时检查其设计是否符合业主的要求，且 BIM 技术所带来的价值优势是巨大的，如能缩短工期、在早期得到可靠的工程预算、得到高性能的项目结果、方便设备管理与维护等。

2. BIM 4D 工具成为施工管理新的技术手段

目前，大部分 BIM 软件开发商都将 4D 功能作为 BIM 软件不可或缺的一部分，甚至一些小型的软件开发公司专门开发 4D 软件工具。

BIM 4D 相对于传统 2D 图纸的施工管理模式的优势如下：

（1）优化进度计划，相比传统的甘特图，BIM 4D 可直观地模拟施工过程以检验施工进度计划是否合理有效

（2）模拟施工现场，更合理地安排物料堆放、物料运输路径，及大型机械位置

（3）跟踪项目进程，可以快速辨别实际进度是否提前或滞后

（4）使各参与方与各利益相关者更有效的沟通。

3. 工程人员组织结构与工作模式逐渐发生改变

由于 BIM 智能化应用，工程人员组织结构、工作模式及工作内容等将发生革命性的变化，体现在以下几个方面：

（1）IPD 模式下的人员组织机构不再是传统意义上的处于对立的单独的各参与方，而是协同工作的一个团队组织；

（2）由于工作效率的提高，某些工程人员的数量编制将有所缩减，而专门的 BIM 技术人员数量将有所增加、对于工程人员 BIM 培训的力度也将增加；

（3）美国国家建筑科学研究院（National Institute of Building seiences，简称 NIBs）定义了国家 BIM 标准（National BxM Standards），意在消除在项目实施过程中由于数据格式不统一等问题所产生的大量额外工作；制定 BIM 标准也是我国未来 BIM 发展的方向。

4. 一体化协作模式的优势逐渐得到认同

一些建筑业的领头企业已经逐渐认识到未来的项目实施过程将需要一体化的项目团队来完成，且 BIM 的应用将发挥巨大的利益优势。一些规模较大的施工企业未来的发展趋势将会设立其自己的设计团队，而越来越多的项目管理模式将采用 DB 模式，甚至 IPD 模式来完成。

5. 企业资源计划（ERP）逐渐被承包商广泛应用

企业资源计划（Enterprise Resource Planning，简称 ERP）是先进的现代企业管理模式，主要实施对象是企业，目的是将企业的各个方面的资源（包括人、财、物、产、供、销等因素）合理配置，以使之充分发挥效能，使企业在激烈的市场竞争中全方位地发挥能量，从而取得最佳经济效益。世界 500 强企业中有 80% 的企业都在用 ERP 软件作为其决策的工具和管理日常工作流程，其功效可见一斑。目前 ERP 软件也正在逐步被建筑承包商企业所采用，用作企业统筹管理多个建设项目的采购、账单、存货清单及项目计划等方面。一旦这种企业后台管理系统（Back office system）建立，将其与 CAD 系统、3D 系统、BIM 系统等整合在一起，将大大提升企业的管理水平，提高经济性。

6. 更多地服务于绿色建筑

由于气候变化、可持续发展、建设项目舒适度要求提高等方面的因素，建设绿色建筑已是一种趋势。BIM 技术可以为设计人员分析能耗、选择低环境影响的材料等方面提供帮助。

2.6 BIM 技术发展趋势

2.6.1 BIM 技术的深度应用趋势

1. BIM 技术与绿色建筑

绿色建筑是指在建筑的全寿命周期内，最大限度节约资源，节能、节地、节水、节材、保护环境和减少污染，提供健康适用、高效使用，与自然和谐共生的建筑。

BIM 的最重要意义在于它重新整合了建筑设计的流程，其所涉及的建筑生命周期管理（BLM），又恰好是绿色建筑设计的关注和影响对象。真实的 BIM 数据和丰富的构件信息给各种绿色分析软件以强大的数据支持，确保了结果的准确性；BIM 的某些特性（如参数化、构件库等）使建筑设计及后续流程针对上述分析的结果，有非常及时和高效的反馈；绿色建筑设计是一个跨学科，跨阶段的综合性设计过程，而 BIM 模型则刚好顺应需求，实现了单一数据平台上各个工种的协调设计和数据集中；BIM 的实施，能将建筑各项物理信息分析从设计后期显著提前，有助于建筑师在方案、甚至概念设计阶段进行绿色建筑相关的决策。

另外，BIM 技术提供了可视化的模型和精确的数字信息统计，将整个建筑的建造模型摆在人们面前，立体的三维感增加了人们的视觉冲击和图像印象。而绿色建筑则是根据现代的环保理念提出的，主要是运用高科技设备利用自然资源，实现人与自然的和谐共处。基于 BIM 技术的绿色建筑设计应用主要通过数字化的建筑模型、全方位的协调处理、环保理念的渗透三个方面来进行，实现绿色建筑的环保和节约资源的原始目标，对于整个绿色建筑的设计有很大的辅助作用。

总之，结合 BIM 进行绿色设计已经是一个受到广泛关注和认可的系统性方案，也让绿色建筑事业进入一个崭新的时代。

2. BIM 技术与信息化

信息化是指培养、发展以计算机为主的智能化工具为代表的新生产力，并使之造福于社会的历史过程。智能化生产工具与过去生产力中的生产工具不一样的是，它不是一件孤立分散的东西，而是一个具有庞大规模的、自上而下的、有组织的信息网络体系。这种网络性生产工具正在改变人们的生产方式、工作方式、学习方式、交往方式、生活方式、思维方式等，使人类社会发生极其深刻的变化。

随着我国国民经济信息化进程的加快，建筑业信息化早些年已经被提上了议事日程。住房城乡建设部明确指出"建筑业信息化是指运用信息技术，特别是计算机技术和信息安全技术等，改造和提升建筑业技术手段和生产组织方式，提高建筑企业经营管理水平和核心竞争力。提高建筑业主管部门的管理、决策和服务水平"。建筑业的信息化是国民经济信息化的基础之一，而管理的信息化又是实现全行业信息化的重中之重。因此，利用信息化改造建筑工程管理，是建筑业健康发展的必由之路。但是，我国建筑工程管理信息化无论从思想认识上，还是在专业推广中都还不成熟，仅有部分企业不同程度地、孤立地使用信息技术的某一部分，且仍没有实现信息的共享、交流与互动。

利用 BIM 技术对建筑工程进行管理，由业主方搭建 BIM 平台，组织业主、监理、设计、施工多方，进行工程建造的集成管理和全寿命周期管理。BIM 系统是一种全新的信息化管理系统，目前正越来越多地应用于建筑行业中。它要求参建各方在设计、施工、项目管理、项目运营等各个过程中将所有信息整合在统一的数据库中，通过数字信息仿真模拟建筑物所具有的真实信息，为建筑的全生命周期管理提供平台。在整个系统的运行过程中，要求业主方、设计方、监理方、总包方、分包方、供应方多渠道和多方位的协调，并通过网上文件管理协同平台进行日常维护和管理。BIM 是新兴的建筑信息化技术，同时也是未来建筑技术发展的大势所趋。

3. BIM 技术与 EPC

EPC 工程总承包（Engineering、Procurement、Construction，简称 EPC）是指工程总承包企业按照合同约定，承担工程项目的设计、采购、施工、试运行服务等工作，并对承包工程的质量、安全、工期、造价全面负责，它是以实现"项目功能"为最终目标，是我国目前推行总承包模式最主要的一种。跟传统设计和施工分离承包模式相比，业主方能够摆脱工程建设过程中的杂乱事务，避免人员与资金的浪费；总承包商能够有效减少工程变更、争议、纠纷和索赔的耗费，使资金、技术、管理各个环节衔接更加紧密；同时，更有利于提高分包商的专业化程度，从而体现 EPC 工程总承包方式的经济效益和社会效益。因此，EPC 总承包越来越被发包人、投资者所欢迎，也被政府有关部门所看重并大力推行。

近年来，随着国际工程承包市场的发展，EPC 总承包模式得到越来越广泛的应用。对技术含量高、各部分联系密切的项目，业主往往更希望由一家承包商完成项目的设计、采购、施工和试运行。根据美国设计建造学会（DBIA）的预测，到 2015 年，采用工程总承包模式的项目数将达到 55%，超过以往业主分别与设计单位和施工单位签订设计、施工合同为特征的传统建设模式。大型工程项目多采用 EPC 总承包模式，给业主和承包商带来了可观的便利和效益，同时也给项目管理程序和手段，尤其是项目信息的集成化管理提出了新的更高的要求，因为工程项目建设的成功与否在很大程度上取决于项目实施过程中参与各方之间信息交流的透明性和时效性是否能得到满足。工程管理领域的许多问题，如成本的增加、工期的延误等都与项目组织中的信息交流问题有关。传统工程管理组织中信息内容的缺失、扭曲以及传递过程的延误和信息获得成本过高等问题严重阻碍了项目参与各方的信息交流和沟通，也给基于 BIM 的工程项目管理预留了广阔的空间。把 EPC 项目生命周期所产生的大量图纸、报表数据融入以时间、费用为纬度进展的 4D、5D 模型中，利用虚拟现实技术辅助工程设计、采购、施工、试运行等诸多环节，整合业主、EPC 总承包商、分包商、供应商等各方的信息，增强项目信息的共享和互动，不仅是必要的而且是可能的。

与发达国家相比，中国建筑业的信息化水平还有较大的差距。根据中国建筑业信息化存在的问题，结合今后的发展目标及重点，住房城乡建设部印发的《2011—2015 年建筑业信息化发展纲要》明确提出，中国建筑业信息化的总体目标为："'十二五'期间，基本实现建筑企业信息系统的普及应用，加快建筑信息模型、基于网络的协同工作等新技术在工程中的应用，推动信息化标准建设，促进具有自主知识产权软件的产业化，形成一批信息技术应用达到国际先进水平的建筑企业。"同时提出，在专项信息技术应用上，"加快推广 BIM、协同设计、移动通信、无线射频、虚拟现实、4D 项目管理等技术在勘察设计、施工和工程项目管理中的应用，改进传统的生产与管理模式，提升企业的生产效率和管理水平"。

4. BIM技术与云计算

云计算是一种基于互联网的计算方式，以这种方式共享的软硬件和信息资源可以按需提供给计算机和其他终端使用。

BIM与云计算集成应用，是利用云计算的优势将BIM应用转化为BIM云服务，基于云计算强大的计算能力，可将BIM应用中计算量大且复杂的工作转移到云端，以提升计算效率；基于云计算的大规模数据存储能力，可将BIM模型及其相关的业务数据同步到云端，方便用户随时随地访问并与协作者共享；云计算使得BIM技术走出办公室，用户在施工现场可通过移动设备随时连接云服务，及时获取所需的BIM数据和服务等。

根据云的形态和规模，BIM与云计算集成应用将经历初级、中级和高级发展阶段。初级阶段以项目协同平台为标志，主要厂商的BIM应用通过接入项目协同平台，初步形成文档协作级别的BIM应用；中级阶段以模型信息平台为标志，合作厂商基于共同的模型信息平台开发BIM应用，并组合形成构件协作级别的BIM应用；高级阶段以开放平台为标志，用户可根据差异化需要从BIM云平台上获取所需的BIM应用，并形成自定义的BIM应用。

5. BIM技术与物联网

物联网是通过射频识别、红外感应器、全球定位系统、激光扫描器等信息传感设备，按约定的协议将物品与互联网相连进行信息交换和通信，以实现智能化识别、定位、跟踪、监控和管理的一种网络。

BIM与物联网集成应用，实质上是建筑全过程信息的集成与融合。BIM技术发挥上层信息集成、交互、展示和管理的作用，而物联网技术则承担底层信息感知、采集、传递、监控的功能。二者集成应用可以实现建筑全过程"信息流闭环"，实现虚拟信息化管理与实体环境硬件之间的有机融合。目前BIM在设计阶段应用较多，并开始向建造和运维阶段应用延伸。物联网应用目前主要集中在建造和运维阶段，二者集成应用将会产生极大的价值。

在工程建设阶段，二者集成应用可提高施工现场安全管理能力，确定合理的施工进度，支持有效的成本控制，提高质量管理水平。如临边洞口防护不到位、部分作业人员高处作业不系安全带等安全隐患在施工现场无处不在，基于BIM的物联网应用可实时发现这些隐患并报警提示。高空作业人员的安全帽、安全带、身份识别牌上安装的无线射频识别，可在BIM系统中实现精确定位，如果作业行为不符合相关规定，身份识别牌与BIM系统中相关定位会同时报警，管理人员可精准定位隐患位置，并采取有效措施避免安全事故发生。在建筑运维阶段，二者集成应用可提高设备的日常维护维修工作效率，提升重要资产的监控水平，增强安全防护能力，并支持智能家居。

BIM与物联网集成应用目前处于起步阶段，尚缺乏数据交换、存储、交付、分类和编码、应用等系统化、可实施操作的集成和实施标准，且面临着法律法规、建筑业现行商业模式、BIM应用软件等诸多问题，但这些问题将会随着技术的发展及管理水平的不断提高得到解决。BIM与物联网的深度融合与应用，势必将智能建造提升到智慧建造的新高度，开创智慧建筑新时代，这是未来建设行业信息化发展的重要方向之一。未来建筑智能化系统，将会出现以物联网为核心，以功能分类、相互通信兼容为主要特点的建筑"智慧化"的控制系统。

6. BIM 技术与数字加工

数字化是将不同类型的信息转变为可以度量的数字，将这些数字保存在适当的模型中，再将模型引入计算机进行处理的过程。数字化加工则是在应用已经建立的数字模型基础上，利用生产设备完成对产品的加工。

BIM 与数字化加工集成，意味着将 BIM 模型中的数据转换成数字化加工所需的数字模型，制造设备可根据该模型进行数字化加工。目前，主要应用在预制混凝土板生产、管线预制加工和钢结构加工 3 个方面。一方面，工厂精密机械自动完成建筑物构件的预制加工，不仅制造出的构件误差小，生产效率也可大幅提高；另一方面，建筑中的门窗、整体卫浴、预制混凝土结构和钢结构等许多构件，均可异地加工，再被运到施工现场进行装配，既缩短建造工期，也容易掌控质量。

例如，深圳平安金融中心为超高层项目，有十几万平方米风管加工制作安装量，如果采用传统的现场加工制作安装，不仅大量占用现场场地，而且受垂直运输影响，效率低下。为此，该项目探索基于 BIM 的风管工厂化预制加工技术，将制作工序移至场外，由专门的加工流水线高效切割完成风管制作，再运至现场指定楼层完成组合拼装。在此过程中依靠 BIM 技术进行预制分段和现场施工误差测控，大大提高了施工效率和工程质量。

未来，将以建筑产品三维模型为基础，进一步加入资料、构件制造、构件物流、构件装置以及工期、成本等信息，以可视化的方法完成 BIM 与数字化加工的融合。同时，更加广泛地发展和应用 BIM 技术与数字化技术的集成，进一步拓展信息网络技术、智能卡技术、家庭智能化技术、无线局域网技术、数据卫星通信技术、双向电视传输技术等与BIM 技术的融合。

7. BIM 技术与智能全站仪

施工测量是工程测量的重要内容，包括施工控制网的建立、建筑物的放样、施工期间的变形观测和竣工测量等内容。近年来，外观造型复杂的超大、超高建筑日益增多，测量放样主要使用全站型电子速测仪（简称全站仪）。随着新技术的应用，全站仪逐步向自动化、智能化方向发展。智能型全站仪由马达驱动，在相关应用程序控制下，在无人干预的情况下可自动完成多个目标的识别、照准与测量，且在无反射棱镜的情况下可对一般目标直接测距。

BIM 与智能型全站仪集成应用，是通过对软件、硬件进行整合，将 BIM 模型带入施工现场，利用模型中的三维空间坐标数据驱动智能型全站仪进行测量。二者集成应用，将现场测绘所得的实际建造结构信息与模型中的数据进行对比，核对现场施工环境与 BIM 模型之间的偏差，为机电、精装、幕墙等专业的深化设计提供依据。同时，基于智能型全站仪高效精确的放样定位功能，结合施工现场轴线网、控制点及标高控制线，可高效快速地将设计成果在施工现场进行标定，实现精确的施工放样，并为施工人员提供更加准确直观的施工指导。此外，基于智能型全站仪精确的现场数据采集功能，在施工完成后对现场实物进行实测实量，通过对实测数据与设计数据进行对比，检查施工质量是否符合要求。

与传统放样方法相比，BIM 与智能型全站仪集成放样，精度可控制在 3mm 以内，而一般建筑施工要求的精度在 1～2cm 以内，远超传统施工精度。传统放样最少要两人操作，BIM 与智能型全站仪集成放样，一人一天可完成几百个点的精确定位，效率是传统方法的 6～7 倍。

目前，国外已有很多企业在施工中将 BIM 与智能型全站仪集成应用进行测量放样，而我国尚处于探索阶段，只有深圳市城市轨道交通 9 号线、深圳平安金融中心和北京望京 SOHO 等少数项目应用。未来，二者集成应用将与云技术进一步结合，使移动终端与云端的数据实现双向同步；还将与项目质量管控进一步融合，使质量控制和模型修正无缝融入原有工作流程，进一步提升 BIM 应用价值。

8. BIM 技术与 GIS

地理信息系统是用于管理地理空间分布数据的计算机信息系统，以直观的地理图形方式获取、存储、管理、计算、分析和显示与地球表面位置相关的各种数据，英文缩写为 GIS。BIM 与 GIS 集成应用，是通过数据集成、系统集成或应用集成来实现的，可在 BIM 应用中集成 GIS，也可以在 GIS 应用中集成 BIM，或是 BIM 与 GIS 深度集成，以发挥各自优势，拓展应用领域。目前，二者集成在城市规划、城市交通分析、城市微环境分析、市政管网管理、住宅小区规划、数字防灾、既有建筑改造等诸多领域有所应用，与各自单独应用相比，在建模质量、分析精度、决策效率、成本控制水平等方面都有明显提高。

BIM 与 GIS 集成应用，可提高长线工程和大规模区域性工程的管理能力。BIM 的应用对象往往是单个建筑物，利用 GIS 宏观尺度上的功能，可将 BIM 的应用范围扩展到道路、铁路、隧道、水电、港口等工程领域。如邢汾高速公路项目开展 BIM 与 GIS 集成应用，实现了基于 GIS 的全线宏观管理、基于 BIM 的标段管理以及桥隧精细管理相结合的多层次施工管理。

BIM 与 GIS 集成应用，可增强大规模公共设施的管理能力。现阶段，BIM 应用主要集中在设计、施工阶段，而二者集成应用可解决大型公共建筑、市政及基础设施的 BIM 运维管理，将 BIM 应用延伸到运维阶段。如昆明新机场项目将二者集成应用，成功开发了机场航站楼运维管理系统，实现了航站楼物业、机电、流程、库存、报修与巡检等日常运维管理和信息动态查询。

BIM 与 GIS 集成应用，还可以拓宽和优化各自的应用功能。导航是 GIS 应用的一个重要功能，但仅限于室外。二者集成应用，不仅可以将 GIS 的导航功能拓展到室内，还可以优化 GIS 已有的功能。如利用 BIM 模型对室内信息的精细描述，可以保证在发生火灾时室内逃生路径是最合理的，而不再只是路径最短的。

随着互联网的高速发展，基于互联网和移动通信技术的 BIM 与 GIS 集成应用，将改变二者的应用模式，向着网络服务的方向发展。当前，BIM 和 GIS 不约而同地开始融合云计算这项新技术，分别出现了"云 BIM"和"云 GIS"的概念，云计算的引入将使 BIM 和 GIS 的数据存储方式发生改变，数据量级也将得到提升，其应用也会得到跨越式发展。

9. BIM 技术与 3D 扫描

3D 扫描是集光、机、电和计算机技术于一体的高新技术，主要用于对物体空间外形、结构及色彩进行扫描，以获得物体表面的空间坐标，具有测量速度快、精度高、使用方便等优点，且其测量结果可直接与多种软件接口。3D 激光扫描技术又被称为实景复制技术，采用高速激光扫描测量的方法，可大面积高分辨率地快速获取被测量对象表面的 3D 坐标数据，为快速建立物体的 3D 影像模型提供了一种全新的技术手段。3D 激光扫描技术可有效完整地记录工程现场复杂的情况，通过与设计模型进行对比，直观地反映出现场真实的施工情况，为工程检验等工作带来巨大帮助。同时，针对一些古建类建筑，3D 激光扫描技术可快速准确地形成电子化记录，形成数字化存档信息，方便后续的修缮改造等工作。此外，对于现场难以修改的施工现状，可通过 3D 激光扫描技术得到现场真实信息，为其量身定做装饰构件等材料。

BIM 与 3D 扫描技术的集成，是将 BIM 模型与所对应的 3D 扫描模型进行对比、转化和协调，达到辅助工程质量检查、快速建模、减少返工的目的，可解决很多传统方法无法解决的问题，目前正越来越多地被应用在建筑施工领域，在施工质量检测、辅助实际工程量统计、钢结构预拼装等方面体现出较大价值。例如，将施工现场的 3D 激光扫描结果与BIM 模型进行对比，可检查现场施工情况与模型、图纸的差别，协助发现现场施工中的问题，这在传统方式下需要工作人员拿着图纸、皮尺在现场检查，费时又费力。

再如，针对土方开挖工程中较难统计测算土方工程量的问题，可在开挖完成后对现场基坑进行 3D 激光扫描，基于点云数据进行 3D 建模，再利用 BIM 软件快速测算实际模型体积，并计算现场基坑的实际挖掘土方量。此外，通过与设计模型进行对比，还可以直观了解基坑挖掘质量等其他信息。上海中心大厦项目引入大空间 3D 激光扫描技术，通过获取复杂的现场环境及空间目标的 3D 立体信息，快速重构目标的 3D 模型及线、面、体、空间等各种带有 3D 坐标的数据，再现客观事物真实的形态特性。同时，将依据点云建立的 3D 模型与原设计模型进行对比，检查现场施工情况，并通过采集现场真实的管线及龙骨数据建立模型，作为后期装饰等专业深化设计的基础。BIM 与 3D 扫描技术的集成应用，不仅提高了该项目的施工质量检查效率和准确性，也为装饰等专业深化设计提供了依据。

10. BIM 技术与虚拟现实

虚拟现实，也被称作虚拟环境或虚拟真实环境，是一种三维环境技术，集先进的计算机技术、传感与测量技术、仿真技术、微电子技术等为一体，借此产生逼真的视、听、触、力等三维感觉环境，形成一种虚拟世界。虚拟现实技术是人们运用计算机对复杂数据进行的可视化操作，与传统的人机界面以及流行的视窗操作相比，虚拟现实在技术思想上有了质的飞跃。

BIM 技术的理念是建立涵盖建筑工程全生命周期的模型信息库，并实现各个阶段、不同专业之间基于模型的信息集成和共享。BIM 与虚拟现实技术集成应用，主要内容包括虚拟场景构建、施工进度模拟、复杂局部施工单位方案模拟、施工成本模拟、多维模型信息联合模拟以及交互式场景漫游，目的是应用 BIM 信息库，辅助虚拟现实技术更好地在建筑工程项目全生命周期中应用。

BIM 与虚拟现实技术集成应用，可提高模拟的真实性。传统的二维、三维表达方式，只能传递建筑物单一尺度的部分信息，使用虚拟现实技术可展示一栋活生生的虚拟建筑物，使人产生身临其境之感。并且，可以将任意相关信息整合到已建立的虚拟场景中，进行多维模型信息联合模拟。可以实时、任意视角查看各种信息与模型的关系，指导设计、施工，辅助监理、监测人员开展相关工作。

BIM 与虚拟现实技术集成应用，可有效支持项目成本管控。据不完全统计，一个工程项目大约有 30%的施工过程需要返工、60%的劳动力资源被浪费、10%的材料被损失浪费。不难推算，在庞大的建筑施工行业中每年约有万亿元的资金流失。BIM 与虚拟现实技术集成应用，通过模拟工程项目的建造过程，在实际施工前即可确定施工单位方案的可行性及合理性，减少或避免设计中存在的大多数错误；可以方便地分析出施工工序的合理性，生成对应的采购计划和财务分析费用列表，高效地优化施工方案；还可以提前发现设计和施工中的问题，对设计、预算、进度等属性及时更新，并保证获得数据信息的一致性和准确性。二者集成应用，在很大程度上可减少建筑施工行业中普遍存在的低效、浪费和返工现象，大大缩短项目计划和预算编制的时间，提高计划和预算的准确性。

BIM 与虚拟现实技术集成应用，可有效提升工程质量。在施工之前，将施工过程在计算机上进行三维仿真演示，可以提前发现并避免在实际施工中可能遇到的各种问题，如管线碰撞、构件安装等，以便指导施工和制订最佳施工方案，从整体上提高建筑施工效率，确保工程质量，消除安全隐患，并有助于降低施工成本与时间耗费。

BIM 与虚拟现实技术集成应用，可提高模拟工作中的可交互性。在虚拟的三维场景中，可以实时地切换不同的施工方案，在同一个观察点或同一个观察序列中感受不同的施工过程，有助于比较不同施工单位案的优势与不足，以确定最佳施工方案。同时，还可以对某个特定的局部进行修改，并实时地与修改前的方案进行分析比较。此外，还可以直接观察整个施工过程的三维虚拟环境，快速查看到不合理或者错误之处，避免施工过程中的返工。

虚拟施工技术在建筑施工领域的应用将是一个必然趋势，在未来的设计、施工中的应用前景广阔，必将推动我国建筑施工行业迈入一个崭新的时代。

11. BIM 技术与 3D 打印

3D 打印技术是一种快速成型技术，是以三维数字模型文件为基础，通过逐层打印或粉末熔铸的方式来构造物体的技术，综合了数字建模技术、机电控制技术、信息技术、材料科学与化学等方面的前沿技术。

BIM 与 3D 打印的集成应用，主要是在设计阶段利用 3D 打印机将 BIM 模型微缩打印出来，供方案展示、审查和进行模拟分析；在建造阶段采用 3D 打印机直接将 BIM 模型打印成实体构件和整体建筑，部分替代传统施工工艺来建造建筑。BIM 与 3D 打印的集成应用，可谓两种革命性技术的结合，为建筑从设计方案到实物的过程开辟了一条"高速公路"，也为复杂构件的加工制作提供了更高效的方案。目前，BIM 与 3D 打印技术集成应用有三种模式：基于 BIM 的整体建筑 3D 打印、基于 BIM 和 3D 打印制作复杂构件、基于 BIM 和 3D 打印的施工方案实物模型展示。

基于 BIM 的整体建筑 3D 打印。应用 BIM 进行建筑设计，将设计模型交付专用 3D 打印机，打印出整体建筑物。利用 3D 打印技术建造房屋，可有效降低人力成本，作业过程基本不产生扬尘和建筑垃圾，是一种绿色环保的工艺，在节能降耗和环境保护方面较传统工艺有非常明显的优势。

基于 BIM 和 3D 打印制作复杂构件。传统工艺制作复杂构件，受人为因素影响较大，精度和美观度不可避免地会产生偏差。而 3D 打印机由计算机操控，只要有数据支撑，便可将任何复杂的异型构件快速、精确地制造出来。BIM 与 3D 打印技术集成进行复杂构件制作，不再需要复杂的工艺、措施和模具，只需将构件的 BIM 模型发送到 3D 打印机，短时间内即可将复杂构件打印出来，缩短了加工周期，降低了成本，且精度非常高，可以保障复杂异型构件几何尺寸的准确性和实体质量。

基于 BIM 和 3D 打印的施工单位案实物模型展示。用 3D 打印制作的施工方案微缩模型，可以辅助施工人员更为直观地理解方案内容，携带、展示不需要依赖计算机或其他硬件设备，还可以 360°全视角观察，克服了打印 3D 图片和三维视频角度单一的缺点。

随着各项技术的发展，现阶段 BIM 与 3D 打印技术集成存在的许多技术问题将会得到解决，3D 打印机和打印材料价格也会趋于合理，应用成本下降会扩大 3D 打印技术的应用范围，提高施工行业的自动化水平。虽然在普通民用建筑大批量生产的效率和经济性方面，3D 打印建筑较工业化预制生产没有优势，但在个性化、小数量的建筑上，3D 打印的优势非常明显。随着个性化定制建筑市场的兴起，3D 打印建筑在这一领域的市场前景非常广阔。

12. BIM 技术与构件库

当前，设计行业正在进行第二次技术变革，基于 BIM 理念的三维化设计已经被越来越多的设计院、施工企业和业主所接受，BIM 技术是解决建筑行业全生命周期管理，提高设计效率和设计质量的有效手段。住房城乡建设部在《2011-2015 年建筑业信息化发展纲要》中明确提出，在"十二五"期间将大力推广 BIM 技术等在建筑工程中的应用，国内外的 BIM 实践也证明，BIM 能够有效解决行业上下游之间的数据共享与协作问题。目前国内流行的建筑行业 BIM 类软件均是以搭积木方式实现建模，是以构件（比如 Revit 称之为"族"、PDMS 称之为"元件"）为基础。含有 BIM 信息的构件不但可以为工业化制造、计算选型、快速建模、算量计价等提供支撑，也为后期运营维护提供必不可少的信息数据。信息化是工程建设行业发展的必然趋势，设备数据库如果能够有效地和 BIM 设计软件、物联网等融合，无论是工程建设行业运作效率的提高，还是对对设备厂商的设备推广，都会起到很大的促进作用。

BIM 设计时代已经到来，工程建设工业化是大势所趋，构件是建立 BIM 模型和实现工业化建造的基础，BIM 设计效率的提高取决于 BIM 构件库的完备水平，对这一重要知识资产的规范化管理和使用，是提高设计院设计效率，保障交付成果的规范性与完整性的重要方法。因此，高效的构件库管理系统是企业 BIM 化设计的必备利器。

13. BIM 技术与装配式建筑

装配式建筑是用预制的构件在工地装配而成的建筑，是我国建筑结构发展的重要方向之一，它有利于我国建筑工业化的发展，提高生产效率节约能源，发展绿色环保建筑，并且有利于提高和保证建筑工程质量。与现浇施工工法相比，装配式 RC 结构有利于绿色施工，因为装配式施工更能符合绿色施工的节地、节能、节材、节水和环境保护等要求，降低对环境的负面影响，包括降低噪声、防止扬尘、减少环境污染、清洁运输、减少场地干扰、节约水、节电、节材等资源和能源，遵循可持续发展的原则。而且，装配式结构可以连续地按顺序完成工程的多个或全部工序，从而减少进场的工程机械种类和数量，消除工序衔接的停闲时间，实现立体交叉作业，减少施工人员，从而提高工效、降低物料消耗、减少环境污染，为绿色施工提供保障。另外，装配式结构在较大程度上减少建筑垃圾（约占城市垃圾总量的 30%～40%），如废钢筋、废铁丝、废竹木材、废弃混凝土等。

2013 年 1 月 1 日，国务院办公厅转发《绿色建筑行动方案》，明确提出将"推动建筑工业化"列为十大重要任务之一，同年 11 月 7 日，全国政协主席俞正声主持全国政协双周协商座谈会，建言"建筑产业化"，这标志着推动建筑产业化发展已经成为最高级别国家共识，也是国家首次将建筑产业化落实到政策扶持的有效举措。随着政府对建筑产业化的不断推进，建筑信息化水平低已经成为建筑产业化发展的制约因素，如何应用 BIM 技术提高建筑产业信息化水平，推进建筑产业化向更高阶段发展，已经成为当前一个新的研究热点。

利用 BIM 技术能有效提高装配式建筑的生产效率和工程质量，将生产过程中的上下游企业联系起来，真正实现以信息化促进产业化。借助 BIM 技术三维模型的参数化设计，使得图纸生成修改的效率有了大幅提高，克服了传统拆分设计中的图纸量大、修改困难等难题；钢筋的参数化设计提高了钢筋设计精确性，加大了可施工性。加上时间进度的 4D 模拟，进行虚拟化施工，提高了现场施工管理的水平，降低了施工工期，减少了图纸变更和施工现场的返工，节约投资。因此，BIM 技术的使用能够为预制装配式建筑的生产提供有效帮助，使得装配式工程精细化这一特点更易实现，进而推动现代建筑产业化的发展，促进建筑业发展模式的转型。

2.6.2 BIM 技术的发展趋势

随着 BIM 技术的发展和完善，BIM 的应用还将不断扩展，BIM 将永久性地改变项目设计、施工和运维管理方式。随着传统低效的方法逐渐退出历史舞台，目前许多工作岗位、任务和职责将成为过时的东西。报酬应当体现价值创造，而当前采用的研究规模、酬劳、风险以及项目交付的模型应加以改变，才能适应新的情况。在这些变革中，可能将发生的包括：

（1）市场的优胜劣汰将产生一批已经掌握 BIM 并能够有效提供整合解决方案的公司，它们基于以往的成功经验来参与竞争，赢得新的工程。这将包括设计师、施工企业、材料制造商、供应商、预制件制造商以及专业顾问。

（2）专业的认证将有助于把真正有资格的 BIM 从业人员从那些对 BIM 一知半解的人当中区分开来。教育机构将把协作建模融入其核心课程，以满足社会对 BIM 人才的需求。同时，企业内部和外部的培训项目也将进一步普及。

（3）尽管当前 BIM 应用主要集中在建筑行业，具备创新意识的公司正将其应用于土木工程的项目中。同时，随着人们对它带给各类项目的益处逐渐得到广泛认可，其应用范围将继续快速扩展。

（4）业主将期待更早地了解成本、进度计划以及质量。这将促进生产商、供应商、预制件制造商和专业承包商尽早使用 BIM 技术。

（5）新的承包方式将出现，以支持一体化项目交付（基于相互尊重和信任、互惠互利、协同决策以及有限争议解决方案的原则）。

（6）BIM 应用将有力促进建筑工业化发展。建模将使得更大、更复杂的建筑项目预制件成为可能。更低的劳动力成本，更安全的工作环境，减少原材料需求以及坚持一贯的质量，这些将为该趋势的发展带来强大的推动力，使其具备经济性、充足的劳力以及可持续性激励。项目重心将由劳动密集型向技术密集型转移，生产商将采用灵活的生产流程，提升产品定制化水平。

（7）随着更加完备的建筑信息模型融入现有业务，一种全新内置式高性能数据仪在不久即可用于建筑系统及产品。这将形成一个对设计方案和产品选择产生直接影响的反馈机制。通过监测建筑物的性能与可持续目标是否相符，以促进帮助绿色设计及绿色建筑全寿命期的实现。

课 后 习 题

一、单项选择题

1. 下列对 BIM 的含义理解不正确的是（　　）。

A. BIM 是以三维数字技术为基础，集成了建筑工程项目各种相关信息的工程数据模型，是对工程项目设施实体与功能特性的数字化表达

B. BIM 是一个完善的信息模型，能够连接建筑项目生命期不同阶段的数据、过程和资源，是对工程对象的完整描述，提供可自动计算、查询、组合拆分的实时工程数据，可被建设项目各参与方普遍使用

C. BIM 具有单一工程数据源，可解决分布式、异构工程数据之间的一致性和全局共享问题，支持建设项目生命期中动态的工程信息创建、管理和共享，是项目实时的共享数据平台

D. BIM 技术是一种仅限于三维的模型信息集成技术，可以使各参与方在项目从概念产生到完全拆除的整个生命周期内都能够在模型中操作信息和在信息中操作模型

2. 下列属于 BIM 技术在业主方的应用优势的是（　　）。

A. 实现可视化设计、协同设计、性能化设计、工程量统计和管线综合

B. 实现规划方案预演、场地分析、建筑性能预测和成本估算。

C. 实现施工进度模拟、数字化建造、物料跟踪、可视化管理和施工配合

D. 实现虚拟现实和漫游、资产、空间等管理、建筑系统分析和灾害应急模拟

3. 下列哪个国家强制要求在建筑领域使用 BIM 技术（　　）。

A. 美国　　　　　　B. 英国　　　　　　C. 日本　　　　　　D. 韩国

4. 下列对 IFC 理解正确的是（　　）。

A. IFC 是一个包含各种建设项目设计、施工、运营各个阶段所需要的全部信息的一种基于对象的、公开的标准文件交换格式

B. IFC 是对某个指定项目以及项目阶段、某个特定项目成员、某个特定业务流程所需要交换的信息以及由该流程产生的信息的定义

C. IFC 是对建筑资产从建成到退出使用整个过程中对环境影响的评估

D. IFC 是一种在建筑的合作性设计施工和运营中基于公共标准和公共工作流程的开放资源的工作方式

5. 下列关于国内外 BIM 发展状态说法不正确的是（　　）。

A. 美国是较早启动建筑业信息化研究的国家，发展至今，BIM 研究与应用都走在世界前列

B. 与大多数国家相比，新加坡政府要求强制使用 BIM

C. 北欧国家包括挪威、丹麦、瑞典和芬兰，是一些主要的建筑业信息技术的软件厂商所在地，如 Tekla 和 Solibri，而且对发源于邻近匈牙利的 ArchiCAD 的应用率也很高

D. 近来 BIM 在国内建筑业形成一股热潮，除了前期软件厂商的大声呼吁外，政府相关单位、各行业协会与专家、设计单位、施工企业、科研院校等也开始重视并推广 BIM

6. (   )指的是通过参数更改技术使用户对建筑设计或文档部分作的任何改动，都可以自动在其他相关联的部分反映出来。

A. 参数化模拟　　　　　　　　　　B. 参数化图元

C. 参数化修改引擎　　　　　　　　D. 参数化保存数据

7. BIM 的参数化设计分为参数化图元和(   )。

A. 参数化操作　　　　　　　　　　B. 参数化修改引擎

C. 参数化提取数据　　　　　　　　D. 参数化保存数据

8. 施工仿真的应用内容不包括(   )。

A. 施工方案模拟、优化

B. 施工变更管理

C. 工程量自动计算

D. 消除现场施工过程干扰或施工工艺冲突

9. 运维仿真的应用内容不包括(   )。

A. 碰撞检查　　　　　　　　　　　B. 设备的运行监控

C. 能源运行管理　　　　　　　　　D. 建筑空间管理

10. 通过 BIM 三维可视化控件及程序自动检测，可对建筑物内机电管线和设备进行直观布置模拟安装，检查是否碰撞，找出问题所在及冲突矛盾之处，从而提升设计质量，减少后期修改，降低成本及风险。上述特性指的是(   )。

A. 设计协调　　　　　　　　　　　B. 整体进度规划协调

C. 成本预算、工程量估算协调　　　D. 运维协调

11. 以下说法不正确的是(   )。

A. 运用 BIM 技术，除了能够进行建筑平、立、剖及详图的输出外，还可以出碰撞报告及构件加工图等

B. 建筑与设备专业的碰撞主要包括建筑与结构图纸中的标高、柱、剪力墙等的位置是否不一致等

C. 基于 BIM 模型可调整解决管线空间布局问题如机房过道狭小、各管线交叉等问题

D. 借助工厂化、机械化的生产方式，将 BIM 信息数据输入设备，就可以实现机械的自动化生产，这种数字化建造的方式可以大大提高工作效率和生产质量

12. 以下说法不正确的是(   )。

A. 一体化指的是基于 BIM 技术可进行从设计到施工再到运营贯穿了工程项目的全生命周期的一体化管理

B. 参数化建模指的是通过数字（常量）建立和分析模型，简单地改变模型中的数值就能建立和分析新的模型

C. 信息完备性体现在 BIM 技术可对工程对象进行 3D 几何信息和拓扑关系的描述以及完整的工程信息描述

D. BIM 及与其配套的各种优化工具提供了对复杂项目进行优化的可能，把项目设计

和投资回报分析结合起来，计算出设计变化对投资回报的影响，可以带来显著的工期和造价改进

13. 在进行信息提交的过程中需要对信息的三个主要特性进行定义，其中不包括(　　)。

A. 状态　　　　　　B. 作用　　　　　　C. 类型　　　　　　D. 保持

14. 下列选项对信息保持等级描述不正确的是(　　)。

A. 基本信息即设施运营需要的信息，这类信息必须在设施的整个生命周期中加以保留

B. 法律强制信息即运营阶段一般情况下不需要使用，但是当产生法律和合同责任时在一定周期内需要存档的信息，这类信息不需要明确规定保持周期

C. 阶段特定信息即在设施生命周期的某个阶段建立，在后续某个阶段需要使用，但长期运营并不需要的信息，这类信息必须注明被使用的设施阶段

D. 临时信息即在后续生命周期阶段不需要使用的信息，这类信息不需要包括在信息提交要求中

15. 数据从一个软件输出到另外一个软件，但是不能转换回来，如 BIM 建模软件和可视化软件之间的信息互用，可视化软件利用 BIM 模型的信息做好效果图以后，不会把数据返回到原来的 BIM 模型中，上述描述指的是(　　)。

A. 信息双向直接互用　　　　　　　B. 信息单向直接互用

C. 信息中间翻译互用　　　　　　　D. 信息间接互用

16. 下列选项对各阶段模型构件属性描述不正确的是(　　)。

A. 建设项目全生命期各个阶段所需要的信息内容和深度都不同

B. 几何属性所表达的是构件的几何形状特性以及空间位置特性

C. 非几何属性所表达的是构件除几何属性以外的信息和属性，例如材质、颜色、性能指标、施工记录等

D. 不同阶段的几何和非几何信息的精细化程度不会改变

17. 在勘察设计阶段中基于 BIM 技术的工程量统计不包括(　　)。

A. BIM 模型输出土建、设备统计报表

B. 基于 BIM 技术输出工程量统计，与概预算专业软件集成计算

C. 建筑绿色性能分析

D. 在 BIM 模型或信息管理平台中存储概预算分析结果

18. 建筑工程信息模型的信息应包含几何信息和(　　)。

A. 非几何信息　　　　　　　　　　B. 属性信息

C. 空间信息　　　　　　　　　　　D. 时间信息

19. 支撑基于模型的工程档案数字化和项目运维的 BIM 应用不包括(　　)。

A. 施工资料数字化管理

B. 工程数字化交付、验收和竣工资料数字化归档

C. 3D 施工工况展示

D. 业主项目运维服务

20. 下列选项说法不正确的是(　　)。

A. BIM 模型可以为业主提供建设项目中所有系统的信息，在施工阶段做出的修改将全部同步更新到 BIM 参数模型中形成最终的 BIM 竣工模型，该竣工模型作为各种设备管理的数据库为系统的维护提供依据

B. 综合应用 GIS 技术，将 BIM 与维护管理计划相链接，可实现建筑物业管理与楼宇设备的实时监控相集成的智能化和可视化管理，及时定位问题来源

C. 基于 BIM 模型的协同合作模型下，利用三维可视化、数据信息丰富的模型，各方可以获得更大投入产出比

D. BIM 各应用只作用于项目全生命周期中某个阶段的，不具备跨阶段应用的条件

二、多项选择题

1. 下列选项属于 BIM 技术的特点的是(   )。
   A. 可视化　　　　　　　　　B. 参数化
   C. 一体化　　　　　　　　　D. 仿真性
   E. 全能性

2. 对建筑物进行性能分析主要包括(   )。
   A. 能耗分析　　　　　　　　B. 光照分析
   C. 结构分析　　　　　　　　D. 设备分析
   E. 绿色评估

3. 运维管理主要包括(   )。
   A. 空间协调管理　　　　　　B. 时间协调管理
   C. 设施协调管理　　　　　　D. 隐蔽工程协调管理
   E. 应急管理协调　　　　　　F. 节能减排管理协调

4. 信息类型主要包括(   )。
   A. 静态　　　　　　　　　　B. 动态不需要维护过去版
   C. 动态需要维护版本历史　　D. 所有版本都需要维护
   E. 只维护特定数目的前期版本

5. 在项目交付和试运行阶段，业主认可施工工作、交接必要的文档、执行培训、支付保留款、完成工程结算，主要的交付活动包括(   )。
   A. 建筑和产品系统启动　　　　B. 发放入住授权，设施开始使用
   C. 业主给承包商准备竣工查核事项表　D. 运营和维护培训完成
   E. 资产转让　　　　　　　　　F. 竣工计划提交
   G. 保用和保修条款开始生效

6. 项目全生命周期主要包括(   )。
   A. 规划和计划阶段　　　　　B. 设计阶段
   C. 施工阶段　　　　　　　　D. 项目交付和试运行阶段
   E. 项目运营和维护阶段　　　F. 清理阶段

7. 参数化几何造型的技术特点包括(   )。
   A. 使用新一代行为建模技术，实现全智能化设计，捕捉设计参数和目标
   B. 目标驱动设计，用户可以定义要解决的问题，给出动作特征、可重复利用的分析特征，可实现多参数的可行性研究和多标准、多参数优化研究

C. 全关联的、单一的数据结构，具有在系统中做动态修改的能力，使设计、制造的各阶段并行工作，数据修改可自动关联

D. 以功能为基础，用户可使用外壳、填充体等智能化的功能特征进行复杂形体零件的三维造型和参数化设计，并可同时获得二维参数化图形，特别适用系列产品的变量化设计

8. 下列选项体现的是 BIM 在勘察设计阶段的应用价值的有（　　）。

A. 设计方案论证　　　　　　　　B. 设计建模

C. 结构分析　　　　　　　　　　D. 物料管理

E. 规范验证

9. 下列选项属于支撑施工投标的 BIM 应用的价值的是（　　）。

A. 3D 施工工况展示　　　　　　　B. 4D 虚拟建造

C. 施工场地科学布置和管理　　　　D. 设计图纸审查和深化设计

10. BIM 技术给工程建设带来的变化主要包括（　　）。

A. 更多业主要求应用 BIM

B. BIM 4D 工具成为施工管理新的技术手段

C. 工程人员组织结构与工作模式逐渐发生改变

D. 一体化协作模式的优势逐渐得到认同

E. 企业资源计划（ERP）逐渐被承包商广泛应用

F. 更多地服务于绿色建筑

参考答案

一、单项选择题

1. D　　2. B　　3. B　　4. A　　5. B　　6. C　　6. B　　8. B　　9. A　　10. A

11. B　12. B　13. B　14. B　15. B　16. D　17. C　18. A　　19. C　20. D

二、多项选择题

1. ABCD　　2. ABDE　　3. ACDEF　　4. ABCDE　　5. ABCDFG

6. ABCDEF　　7. ABCD　　8. ABCE　　9. AB　　　　10. ABCDEF

第 3 章 BIM 建模环境及应用软件体系

本章导读

　　本章主要对 BIM 建模环境及应用软件做出全面系统地介绍。首先介绍了 BIM 应用软件框架体系，对 BIM 应用软件进行定义及分类，而后对 BIM 应用软件中的基础建模软件及工具软件做出具体介绍，包括对模型创建软件的分类划分及 BIM 建模软件的选择等。接下来，具体介绍了工程建设过程的招标阶段、深化设计阶段及施工阶段中各 BIM 工具软件的应用情况。最后简单介绍了当前国内外其他一些常用的 BIM 软件。

本章二维码

12. BIM 应用
软件之
REVIT

13. BIM 应用
软件之
Bentley

14. BIM 应用
软件之
CATIA

15. BIM 应用
软件之
BIMSD

16. 工程实施各
阶段中的 BIM
软件应用

3.1　BIM 应用软件框架

3.1.1　BIM 应用软件的发展与形成

1. 发展的起点

BIM 软件的发展离不开计算机辅助建筑设计（Computer-Aided Architectural Design，简称 CAAD）软件的发展。1958 年，美国的埃勒贝建筑师联合事务所（Ellerbe Associates）装置了一台 Bendix G15 的电子计算机，进行了将电子计算机运用于建筑设计的首次尝试。1963 年，美国麻省理工学院的博士研究生伊凡·萨瑟兰（Ivan Sutherland）发表了他的博士学位论文《Sketchpad：一个人机通信的图形系统》，并在计算机的图形终端上实现了用光笔绘制、修改图形和图形的缩放。这项工作被公认为计算机图形学方面的开创性工作，也为以后计算机辅助设计技术的发展奠定了理论基础。

2. 20 世纪 60 年代

20 世纪 60 年代是信息技术应用在建筑设计领域的起步阶段。当时比较有名的 CAAD 系统首推索德（Souder）和克拉克（Clark）研制的 Coplanner 系统，该系统可用于估算医院的交通问题，以改进医院的平面布局。当时的 CAAD 系统应用的计算机为大型机，体积庞大，图形显示以刷新式显示器为基础，绘图和数据库管理的软件比较原始，功能有限，价格也十分昂贵。应用者很少，整个建筑界仍然使用"趴图板"方式搞建筑设计。

3. 20 世纪 70 年代

随着 DEC 公司的 PDP 系列 16 位计算机问世，计算机的性价比大幅度提高，这大大推动了计算机辅助建筑设计的发展。美国波士顿出现了第一个商业化的 CAAD 系统——ARK-2，该系统运行在 PDP15/20 计算机上，可以进行建筑方面的可行性研究、规划设计、平面图及施工图设计、技术指标及设计说明的编制等。这时出现的 CAAD 系统以专用型的系统为多，同时还有一些通用性的 CAAD 系统，例如 Computer Vision、CADAM 等，被用作计算机制图。

这一时期 CAAD 的图形技术还是以二维为主，用传统的平面图、立面图、剖面图来表达建筑设计，以图纸为媒介进行技术交流。

4. 20 世纪 80 年代

20 世纪 80 年代对信息技术发展影响最大的是微型计算机的出现，由于微型计算机的价格已经降到人们可以承受的程度，建筑师们将设计工作由大型机转移到微机上。基于 16 位微机开发的一系列设计软件系统就是在这样的环境下出现的，AutoCAD、MicroStation、ArchiCAD 等软件都是应用于 16 位微机上具有代表性的软件。

5. 20 世纪 90 年代

20 世纪 90 年代以来是计算机技术高速发展的年代，其特征技术包括：高速而且功能强大的 CPU 芯片、高质量的光栅图形显示器、海量存储器、因特网、多媒体、面向对象技术等。随着计算机技术的快速发展，计算机技术在建筑业得到了空前的发展和广泛的应用，开始涌现出大量的建筑类软件。随着建筑业的发展趋势以及项目各参与方对工程项目新的更高的需求日益增加，BIM 技术应用已然成为建筑行业发展的趋势，各种 BIM 应用软件随即应运而生。

3.1.2 BIM 应用软件的分类

BIM 应用软件是指基于 BIM 技术的应用软件，亦即支持 BIM 技术应用的软件。一般来讲，它应该具备以下 4 个特征，即面向对象、基于三维几何模型、包含其他信息和支持开放式标准。

伊士曼（Eastman）等将 BIM 应用软件按其功能分为三大类，即 BIM 环境软件、BIM 平台软件和 BIM 工具软件。在本书中，我们习惯将其分为 BIM 基础软件、BIM 工具软件和 BIM 平台软件。

1. BIM 基础软件

BIM 基础软件是指可用于建立能为多个 BIM 应用软件所使用的 BIM 数据的软件。例如，基于 BIM 技术的建筑设计软件可用于建立建筑设计 BIM 数据，且该数据能被用在基于 BIM 技术的能耗分析软件、日照分析软件等 BIM 应用软件中。除此以外，基于 BIM 技术的结构设计软件及设备设计（MEP）软件也包含在这一大类中。目前实际过程中使用的这类软件的例子，如美国 Autodesk 公司的 Revit 软件，其中包含了建筑设计软件、结构设计软件及 MEP 设计软件；匈牙利 Graphisoft 公司的 ArchiCAD 软件等。

2. BIM 工具软件

BIM 工具软件是指利用 BIM 基础软件提供的 BIM 数据，开展各种工作的应用软件。例如，利用建筑设计 BIM 数据，进行能耗分析的软件、进行日照分析的软件、生成二维图纸的软件等。目前实际过程中使用这类软件的例子，如美国 Autodesk 公司的 Ecotect 软件，我国的软件厂商开发的基于 BIM 技术的成本预算软件等。有的 BIM 基础软件除了提供用于建模的功能外，还提供了其他一些功能，所以本身也是 BIM 工具软件。例如，上述 Revit 软件还提供了生成二维图纸等功能，所以它既是 BIM 基础软件，也是 BIM 工具软件。

3. BIM 平台软件

BIM 平台软件是指能对各类 BIM 基础软件及 BIM 工具软件产生的 BIM 数据进行有效的管理，以便支持建筑全生命期 BIM 数据的共享应用的应用软件。该类软件一般为基于 Web 的应用软件，能够支持工程项目各参与方及各专业工作人员之间通过网络高效地共享信息。目前实际过程中使用这类软件的例子，如美国 Autodesk 公司 2012 年推出的 BIM 360 软件。该软件作为 BIM 平台软件，包含一系列基于云的服务，支持基于 BIM 的模型协调和智能对象数据交换。又如匈牙利 Graphisoft 公司的 Delta Server 软件，也提供了类似功能。

当然，各大类 BIM 应用软件还可以再细分。例如，BIM 工具软件可以再细分为基于 BIM 技术的结构分析软件、基于 BIM 技术的能耗分析软件、基于 BIM 技术的日照分析软件、基于 BIM 的工程量计算软件等。

3.1.3 现行 BIM 应用软件分类框架

针对建筑全生命期中 BIM 技术的应用，以软件公司提出的现行 BIM 应用软件分类框架为例做具体说明（图 3.1）。图中包含的应用软件类别的名称，绝大多数是传统的非

BIM 应用软件已有的，例如，建筑设计软件、算量软件、钢筋翻样软件等。这些类别的应用软件与传统的非 BIM 应用软件所不同的是，它们均是基于 BIM 技术的。另外，有的应用软件类别的名称与传统的非 BIM 应用软件根本不同，包括 4D 进度管理软件、5D BIM 施工管理软件和 BIM 模型服务器软件。

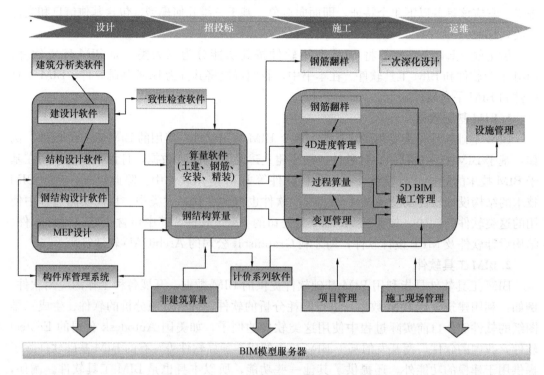

图 3.1　现行 BIM 应用软件分类框架图

其中，4D 进度管理软件是在三维几何模型上，附加施工时间信息（例如，某结构构件的施工时间为某时间段）形成 4D 模型，进行施工进度管理。这样可以直观地展示随着施工时间三维模型的变化，用于更直观地展示施工进程，从而更好地辅助施工进度管理。5D BIM 施工管理软件则是在 4D 模型的基础上，增加成本信息（例如，某结构构建的建造成本），进行更全面的施工管理。这样一来，施工管理者就可以方便地获得在施工过程中，项目对包括资金在内施工资源的动态需求，从而更好地进行资金计划、分包管理等工作，以确保施工过程的顺利进行。BIM 模型服务器软件即是上述提到的 BIM 平台软件，用于进行 BIM 数据的管理。

3.2　BIM 基础建模软件

3.2.1　BIM 基础软件介绍

BIM 基础软件主要是建筑建模工具软件，其主要目的是进行三维设计，所生成的模型是后续 BIM 应用的基础。

在传统二维设计中，建筑的平、立、剖面图是分开进行设计的，往往存在不一致的情况。同时，其设计结果是 CAD 中的线条，计算机无法进行进一步的处理。

三维设计软件改变了这种情况，通过三维技术确保只存在一份模型，平、立、剖面图都是三维模型的视图，解决了平、立、剖不一致的问题。同时，其三维构件也可以通过三维数据交换标准被后续 BIM 应用软件所应用。

BIM 基础软件具有以下特征：

（1）基于三维图形技术。支持对三维实体进行创建和编辑。

（2）支持常见建筑构件库。BIM 基础软件包含梁、墙、板、柱、楼梯等建筑构件，用户可以应用这些内置构件库进行快速建模。

（3）支持三维数据交换标准。BIM 基础软件建立的三维模型，可以通过 IFC 等标准输出，为其他 BIM 应用软件使用。

3.2.2 BIM 模型创建软件

1. BIM 概念设计软件

BIM 概念设计软件用在设计初期，是在充分理解业主设计任务书和分析业主的具体要求及方案意图的基础上，将业主设计任务书里面基于数字的项目要求转化成基于几何形体的建筑方案，此方案用于业主和设计师之间的沟通和方案研究论证。论证后的成果可以转换到 BIM 核心建模软件里面进行设计深化，并继续验证所设计的方案能否满足业主的要求。目前主要的 BIM 概念软件有 SketchUp Pro 和 Affinity 等。

SketchUp 是诞生于 2000 年 3D 的设计软件，因其上手快速，操作简单而被誉为电子设计中的"铅笔"。2006 年被 Google 收购后推出了更为专业的版本 SketchUp Pro，它能够快速创建精确的 3D 建筑模型，为业主和设计师提供设计、施工验证和流线，角度分析，方便业主与设计师之间的交流协作。

Affinity 是一款注重建筑程序和原理图设计的 3D 设计软件，在设计初期通过 BIM 技术，将时间和空间相结合的设计理念融入建筑方案的每一个设计阶段中，结合精确的 2D 绘图和灵活的 3D 模型技术，创建出令业主满意的建筑方案。

其他的概念设计软件还有 Tekla Structure 和 5D 概念设计软件 Vico Office 等。

2. BIM 核心建模软件

BIM 核心建模软件的英文通常叫"BIM Authoring Software"，是 BIM 应用的基础，也是在 BIM 的应用过程中碰到的第一类 BIM 软件，简称"BIM 建模软件"。

BIM 核心建模软件公司主要有 Autodesk、Bentley、Graphisoft/Nemetschek AG 以及 Gery Technology 公司等（表 3.2）。各自旗下的软件有：

BIM 核心建模软件表 表 3. 2

公司	Autodesk	Bentley	NeMetschek Graphisoft	Gery Technology Dassault
软件	Revit Architecture	Bentley Architecture	Archie CAD	Digital Project
	Revit Structural	Bentley Structural	AllPLAN	CATIA
	Revit MEP	Bentley Buiding Mechanical Systems	Vector works	—

（1）Autodesk 公司的 Revit 是运用不同的代码库及文件结构区别于 AutoCAD 的独立软件平台。Revit 采用全面创新的 BIM 概念，可进行自由形状建模和参数化设计，并且还能够对早期设计进行分析。借助这些功能可以自由绘制草图，快速创建三维形状，交互地处理各个形状。可以利用内置的工具进行复杂形状的概念澄清，为建造和施工准备模型。随着设计的持续推进，软件能够围绕最复杂的形状自动构建参数化框架，提供更高的创建控制能力、精确性和灵活性。从概念模型到施工文档的整个设计流程都在一个直观环境中完成。并且该软件还包含了绿色建筑可扩展标记语言模式（Green Building XML，即 gbXML），为能耗模拟、荷载分析等提供了工程分析工具，并且与结构分析软件 RO-BOT、RISA 等具有互用性，与此同时，Revit 还能利用其他概念设计软件、建模软件（如 Sketch-up）等导出的 DXF 文件格式的模型或图纸输出为 BIM 模型。

（2）Bentley 公司的 Bentley Architecture 是集直觉式用户体验交互界面、概念及方案设计功能、灵活便捷的 2D/3D 工作流建模及制图工具、宽泛的数据组及标准组件库定制技术于一身的 BIM 建模软件，是 BIM 应用程序集成套件的一部分，可针对设施的整个生命周期提供设计、工程管理、分析、施工与运营之间的无缝集成。在设计过程中，不但能让建筑师直接使用许多国际或地区性的工程业界的规范标准进行工作，更能通过简单的自定义或扩充，以满足实际工作中不同项目的需求，让建筑师能拥有进行项目设计、文件管理及展现设计所需的所有工具。目前在一些大型复杂的建筑项目、基础设施和工业项目中应用广泛。

（3）ArchiCAD 是 GraphiSoft 公司的产品，其基于全三维的模型设计，拥有强大的平、立、剖面施工图设计、参数计算等自动生成功能，以及便捷的方案演示和图形渲染，为建筑师提供了一个无与伦比的"所见即所得"的图形设计工具。它的工作流是集中的，其他软件同样可以参与虚拟建筑数据的创建和分析。ArchiCAD 拥有开放的架构并支持 IFC 标准，它可以轻松地与多种软件连接并协同工作。以 ArchiCAD 为基础的建筑方案可以广泛地利用虚拟建筑数据并覆盖建筑工作流程的各个方面。作为一个面向全球市场的产品，ArchiCAD 可以说是最早的一个具有市场影响力的 BIM 核心建模软件之一。

（4）Digital Project 是 Gery Technology 公司在 CATIA 基础上开发的一个面向工程建设行业的应用软件（二次开发软件），它能够设计任何几何造型的模型，支持导入特制的复杂参数模型构件，如支持基于规则的设计复核的 Knowledge Expert 构件；根据所需功能要求优化参数设计的 Project Engineer-ing Optimizer 构件；跟踪管理模型的 Project Man-ager 构件。另外，Digital Project 软件支持强大的应用程序接口；对于建立了本国建筑业建设工程项目编码体系的许多发达国家，如美国、加拿大等，可以将建设工程项目编码如美国所采用的 Uniformat 和 Mas-terformat 体系导入 Digital Project 软件，以方便工程预算。

因此，对于一个项目或企业 BIM 核心建模软件技术路线的确定，可以考虑如下基本原则：

（1）民用建筑可选用 Autodesk Revit；

（2）工厂设计和基础设施可选用 Bentley；

（3）单专业建筑事务所选择 ArchiCAD、Revit、Bentley 都有可能成功；

（4）项目完全异形、预算比较充裕的可以选择 Digital Project。

3.2.3 BIM 建模软件的选择

在 BIM 实施中会涉及许多相关软件，其中最基础、最核心的是 BIM 建模软件。建模软件是 BIM 实施中最重要的资源和应用条件，无论是项目型 BIM 应用或是企业 BIM 实施，选择好 BIM 建模软件都是第一步重要工作。应当指出，不同时期由于软件的技术特点和应用环境以及专业服务水平的不同，选用 BIM 建模软件也有很大的差异。而软件投入又是一项投资大、技术性强，主观难于判断的工作。因此在选用软件上应采取相应的方法和程序，以保证软件的选用符合项目或企业的需要。对具体建模软件进行分析和评估，一般经过初选、测试及评价、审核批准及正式引用等阶段。

1. 初选

初选应考虑的因素：

（1）建模软件是否符合企业的整体发展战略规划；

（2）建模软件对企业业务带来的收益可能产生的影响；

（3）建模软件部署实施的成本和投资回报率估算；

（4）企业内部设计专业人员接受的意愿和学习难度等。

在此基础上，形成建模软件的分析报告。

2. 测试及评价

由信息管理部门负责并召集相关专业参与，在分析报告的基础上选定部分建模软件进行使用测试，测试的过程包括：

（1）建模软件的性能测试，通常由信息部门的专业人员负责；

（2）建模软件的功能测试，通常由抽调的部分设计专业人员进行；

（3）有条件的企业可选择部分试点项目，进行全面测试，以保证测试的完整性和可靠性。

在上述测试工作基础上，形成 BIM 应用软件的测试报告和备选软件方案。

在测试过程中，评价指标包括：

1）功能性：是否适合企业自身的业务需求，与现有资源的兼容情况比较；

2）可靠性：软件系统的稳定性及在业内的成熟度的比较；

3）易用性：从易于理解、易于学习、易于操作等方面进行比较；

4）效率：资源利用率等的比较；

5）维护性：对软件系统是否易于维护，故障分析，配置变更是否方便等进行比较；

6）可扩展性：应适应企业未来的发展战略规划；

7）服务能力：软件厂家的服务质量、技术能力等。

3. 审核批准及正式应用

由企业的信息管理部门负责，将 BIM 软件分析报告、测试报告、备选软件方案，一并上报给企业的决策部门审核批准，经批准后列入企业的应用工具集，并全面部署。

4. BIM 软件定制开发

个别有条件的企业，可结合自身业务及项目特点，注重建模软件功能定制开发，提升建模软件的有效性。

3.3　常见的 BIM 工具软件

BIM 工具软件是 BIM 软件的重要组成部分，常见 BIM 工具软件的初步分类如图 3.3 所示，常见 BIM 工具软件的举例如表 3.3 所示。

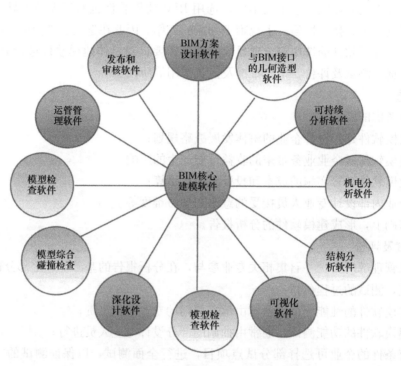

图 3.3　BIM 软件分类图

BIM 软件分类及具体软件举例表　　　　　　　　　　　　　　　　表 3.3

BIM 核心建模软件	常见 BIM 工具软件	功　能
BIM 方案设计软件	Onuma Planning System Affiniry	把业主设计任务书里面基于数字的项目要求转化成基于几何形体的建筑方案
BIM 接口的几何造型软件	Sketchup、Rhino、FormZ	其成果可以作为 BIM 核心建模软件的输入
BIM 可持续（绿色）分析软件	Echotect、IES、Green Building Studio、PKPM	利用 BIM 模型的信息对项目进行日照、风环境、热工、噪声等方面的分析
BIM 机电分析软件	Designmaster、IES、Vlrtual Environment、Trane Trace	—
BIM 结构分析软件	ETABS、STAAD. Robot PKPM	结构分析软件和 BIM 核心建模软件两者之间可以实现双向信息交换
BIM 可视化软件	3Ds Max、Artlantis、AccuRender、Lightscape	减少建模工作量、提高精度与设计（实物）的吻合度、可快速产生可视化效果

BIM 核心建模软件	常见 BIM 工具软件	功　　能
二维绘图软件	AutoCAD、Microstation	配合现阶段 BIM 软件的直接输出还不能满足市场对施工图的要求
BIM 发布审核软件	Autodesk Design Review Adobe PDF、Adobe PDF Adobe 3D PDF	把 BIM 成果发布成静态或轻型的，供参与方进行审核或利用
BIM 模型检查软件	Solihri Model Checkcr	用来检查模型本身的质量和完整性
BIM 深化设计软件	Xsteel、utodesk Navisworks、Bentley Project-wise、Navigat-Or、Solibri Modcl Checker	检查冲突与碰撞、模拟分析施工过程评估建造是否可行优化施工进度、三维漫游等
BIM 造价管理软件	Innovaya、Solibri 鲁班软件	利用 BIM 模型提供的信息进行工程量统计和造价分析
协同平台软件	Bentley ProjectWise、FTP Sites	将项目全寿命周期中的所有信息进行集中、有效的管理，提升工作效率及生产力
BIM 运营管理软件	ArchiBUS	提高工作场所利用率，建立空间使用标准和基准，建立和谐的内部关系，减少纷争

3.4　工程实施各阶段中的 BIM 软件应用

3.4.1　招投标阶段的 BIM 工具软件应用

1. 算量软件

招投标阶段的 BIM 工具软件主要是各个专业的算量软件。基于 BIM 技术的算量软件是在中国最早得到规模化应用的 BIM 应用软件，也是最成熟的 BIM 应用软件之一。

算量工作是招投标阶段最重要的工作之一，对建筑工程建设的投资方及承包方均具有重大意义。在算量软件出现之前，预算员按照当地计价规则进行手工列项，并依据图纸进行工程量统计及计算，工作量很大。人们总结出分区域、分层、分段、分构件类型、分轴线号等多种统计方法，但工程量统计依然是效率低下，并且容易发生错误。

基于 BIM 技术的算量软件能够自动按照各地清单、定额规则，利用三维图形技术，进行工程量自动统计、扣减计算，并进行报表统计的阶段，大幅度提高了预算员的工作效率。

按照技术实现方式区分，基于 BIM 技术的算量软件分为两类：基于独立图形平台的和基于 BIM 基础软件进行二次开发的。这两类软件的操作习惯有较大的区别，但都具有以下特征：

（1）基于三维模型进行工程量计算。在算量软件发展的前期，曾经出现基于平面及高度的 2.5 维计算方式，目前已经逐步被三维技术方式所替代。值得注意的是，为了快速建立三维模型，并且与之前的用户习惯保持一致，多数算量软件依然以平面为主要视图进行模型的构建，并且使用三维的图形算法，可以处理复杂的三维构件的计算。

（2）支持按计算规则自动算量。其他的 BIM 应用软件，包括基于 BIM 技术的设计软件，往往也具备简单的汇总、统计功能，基于 BIM 技术的算量软件与其他 BIM 应用软件的主要区别在于，是否可以自动处理工程量计算规则。计算规则即各地清单、定额规范中规定的工程量统计规则，比如小于一定规格的墙洞将不列入墙工程量统计，也包括墙、梁、柱等各种不同构件之间的重叠部分的工程量如何进行扣减及归类，全国各地、甚至各个企业均有可能采取不同的规则。计算规则的处理是算量工作中最为繁琐及复杂的内容，目前专业的算量软件一般都比较好地自动处理了计算规则，并且大多内置了各种计算规则库。同时，算量软件一般还提供工程量计算结果的计算表达式反查、与模型对应确认等专业功能，让用户复核计算规则的处理结果，这也是基础的 BIM 应用软件不能提供的。

（3）支持三维模型数据交换标准。算量软件以前只作为一个独立的应用，包含建立三维模型、进行工程量统计、输出报表等完整的应用。随着 BIM 技术的日益普及，算量软件导入上游的设计软件建立的三维模型、将所建立三维模型及工程量信息输出到施工阶段的应用软件，进行信息共享以减少重复工作，已经逐步成为人们对算量软件的一个基本要求。

以某软件为例，算量软件主要功能如下：

（1）设置工程基本信息及计算规则。计算规则设置分梁、墙、板、柱等建筑构件进行设置。算量软件都内置了全国各地的清单及定额规则库，用户一般情况下可以直接选择地区进行设置规则。

（2）建立三维模型。建立三维模型包括手工建模、CAD 识别建模、从 BIM 设计模型导入等多种模式。

（3）进行工程量统计及报表输出。目前多数的算量软件已经实现自动工程量统计，并且预设了报表模板，用户只需要按照模板输出报表。

目前国内招投标阶段的 BIM 应用软件主要包括广联达、鲁班、神机妙算、清华斯维尔等公司的产品，如表 3.4-1 所示。

国内招投标阶段的常用 BIM 应用软件表　　　　　　　表 3.4-1

序号	名称	说　　明	软件产品
1	土建算量软件	统计工程项目的混凝土、模板、砌体、门窗的建筑及结构部分的工程量	广联达土建算量 GCL 鲁班土建算量 LubanAR 斯维尔三维算量 THS-3DA 神机妙算算量 筑业四维算量等
2	钢筋算量软件	由于钢筋算量的特殊性，钢筋算量一般单独统计。国内的钢筋算量软件普遍支持平法表达，能够快速建立钢筋模型	广联达钢筋算量 GGJ 鲁班钢筋算量 LubanST 斯维尔三维算量 THS-3DA 筑业四维算量 神机妙算算量钢筋模块等
3	安装算量软件	统计工程项目的机电工程量	广联达安装算量 GQI 鲁班安装算量 LubanMEP 斯维尔安装算量 THS-3DM 神机妙算算量安装版等

序号	名称	说　　明	软 件 产 品
4	精装算量软件	统计工程项目室内装修，包括墙面、地面、天花等装饰的精细计量	广联达精装算量 GDQ 筑业四维算量等
5	钢结构算量软件	统计钢结构部分的工程量	鲁班钢结构算量 YC 广联达钢结构算量 京蓝钢结构算量等

2. 造价软件

国内主流的造价类软件主要分为计价和算量两类软件，其中计价类的软件主要有广联达、鲁班、斯维尔、神机妙算和品茗等公司的产品，由于计价类软件需要遵循各地的定额规范，鲜有国外软件竞争。而国内算量软件大部分为基于自主开发平台，如广联达算量、斯维尔算量；有的基于 AutoCAD 平台，如鲁班算量、神机妙算算量。这些软件均基于三维技术，可以自动处理算量规则，但在与设计类软件及其他类软件的数据接口方面普遍处于起步阶段，大多数属于准 BIM 应用软件范畴。

3.4.2　深化设计阶段的 BIM 工具软件应用

深化设计是在工程施工过程中，在设计院提供的施工图设计基础上进行详细设计以满足施工要求的设计活动。BIM 技术因为其直观形象的空间表达能力，能够很好地满足深化设计关注细部设计、精度要求高的特点，基于 BIM 技术的深化设计软件得到越来越多的应用，也是 BIM 技术应用最成功的领域之一。基于 BIM 技术的深化设计软件包括机电深化设计、钢结构深化设计、模板脚手架深化设计、幕墙深化设计、碰撞检查等软件。

1. 机电深化设计软件

机电深化设计是在机电施工图的基础上进行二次深化设计，包括安装节点详图、支吊架的设计、设备的基础图、预留孔图、预埋件位置和构造补充设计，以满足实际施工要求。国内外常用 Mechanical、Electrical & Plumbing（简称 MEP），即机械、电气、管道，作为机电专业的简称。

机电深化主要包括专业深化设计与建模、管线综合、多方案比较、设备机房深化设计、预留预埋设计、综合支吊架设计、设备参数复核计算等，详细内容请参见 6.2 章节。

机电深化设计的难点在于复杂的空间关系，特别是在地下室、机房及周边的管线密集区域的处理尤其困难。传统的二维设计在处理这些问题时严重依赖于工程师的空间想象力和经验，经常由于设计不到位、管线发生碰撞而导致施工返工，造成人力物力的浪费、工程质量的降低及工期的拖延。

基于 BIM 技术的机电深化设计软件的主要特征包括以下方面：

（1）基于三维图形技术。很多机电深化设计软件，包括 AutoCAD MEP、MagiCAD 等，为了兼顾用户过去的使用习惯，同时具有二维及三维的建模能力，但内部完全应用三维图形技术。

（2）可以建立机电包括通风空调、给水排水、电气、消防等多个专业管线、通头、末端等构件。多数机电深化软件，如 AutoCAD MEP、MagiCAD 都内置支持参数化方式建立常见机电构件；Revit MEP 还提供了族库等功能，供用户扩展系统内置构件库，能够处理内置构件库不能满足的构件形式。

（3）设备库的维护。常见的机电设备种类繁多，具有庞大的数量，对机电设备进行选择，并确定其规格、型号、性能参数，是机电深化设计的重要内容之一。优秀的机电深化软件往往提供可扩展的机电设备库，并允许用户对机电设备库进行维护。

（4）支持三维数据交换标准。机电深化设计软件需要从建筑设计软件导入建筑模型以辅助建模；同时，还需要将深化设计结果导出到模型浏览、碰撞检查等其他 BIM 应用软件中。

（5）内置支持碰撞检查功能。建筑项目设计过程中，大部分冲突及碰撞发生在机电专业。越来越多的机电深化设计软件内置支持碰撞检查功能，将管线综合的碰撞检查、整改及优化的整个流程在同一个机电深化设计软件中实现，使得用户的工作流程更加顺畅。

（6）绘制出图。国内目前的设计依据还是二维图纸，深化设计的结果必须表达为二维图纸，现场施工工人也习惯于参考图纸进行施工，因此，深化设计软件需要提供绘制二维图纸的功能。

（7）机电设计校验计算。机电深化设计过程中，往往需要对设备位置、系统的线路、管道和风管等相应移位或长度进行调整，会导致运行时电气线路压降、管道管路阻力、风管的风量损失和阻力损失等发生变化。机电深化设计软件应该提供校验计算功能，核算设备能力是否满足要求，如果能力不能满足或能力有过量富余时，则需对原有设计选型的设备规格中的某些参数进行调整。例如，管道工程中水泵的扬程、空调工程中风机的风量，电气工程中电缆截面积等。

目前国内应用的基于 BIM 技术的机电深化设计软件主要包括国外的 MagiCAD、Revit MEP、AutoCAD MEP 以及国内的天正、鸿业、理正、PKPM 等 MEP 软件，如表 3.4-2 所示。

常用的基于 BIM 技术的机电深化设计软件表　　　　表 3.4-2

序号	软件名称	说　明
1	MagiCAD	基于 AutoCAD 及 Revit 双平台运行；MagiCAD 软件在专业性上很强，功能全面，提供了风系统、水系统、电气系统、电气回路、系统原理图设计、房间建模、舒适度及能耗分析、管道综合支吊架设计等模块，提供剖面、立面出图功能，并在系统中内置了超过 100 万个设备信息
2	Revit MEP	在 Revit 平台基础上开发；主要包含暖通风道及管道系统、电力照明、给水排水等专业。与 Revit 平台操作一致，并且与建筑专业 Revit Architecture 数据可以互联互通
3	AutoCAD MEP	在 AutoCAD 平台基础上开发；操作习惯与 CAD 保持一致，并提供剖面、立面出图功能
4	天正给排水系统 T-WT 天正暖通系统 T-HVAC	基于 AutoCAD 平台研发；包含给排水及暖通两个专业，含管件设计、材料统计、负荷计算、水路、水利计算等功能
5	理正电气 理正给排水 理正暖通	基于 AutoCAD 平台研发；包含电气、给水排水、暖通等专业。包含建模、生成统计表、负荷计算等功能。但是，理正机电软件目前并不支持 IFC 标准

序号	软件名称	说　明
6	鸿业给排水系列软件 鸿业暖通空调设计软件 HYACS	基于 AutoCAD 平台研发；鸿业软件专业区分比较细，分为多个软件。包含给水排水、暖通空调等专业的软件
7	PKPM 设备系列软件	基于自主图形平台研发；专业划分比较细，分为多个专业软件组成了设备系列软件。主要包括给水排水绘图软件（WPM）、室外给水排水设计软件（WNET）、建筑采暖设计软件（HPM）、室外热网设计软件（HNET）、建筑电气设计软件（EPM）、建筑通风空调设计软件（CPM）等

这些软件均基于三维技术，其中 MagiCAD、Revit MEP、AutoCAD MEP 等软件支持 IFC 文件的导入、导出，支持模型与其他专业以及其他软件进行数据交换，而天正、理正、鸿业、PKPM 设备软件等软件在支持 IFC 数据标准和模型数据交换能力方面有待进一步加强。

2. 钢结构深化设计软件

钢结构深化设计的目的主要体现在以下方面：

（1）材料优化。通过深化设计计算杆件的实际应力比，对原设计截面进行改进，以降低结构的整体用钢量。

（2）确保安全。通过深化设计对结构的整体安全性和重要节点的受力进行验算，确保所有的杆件和节点满足设计要求，确保结构使用安全。

（3）构造优化。通过深化设计对杆件和节点进行构造的施工优化，使杆件和节点在实际的加工制作和安装过程中变得更加合理，提高加工效率和加工安装精度。

（4）通过深化设计，对栓接接缝处的连接板进行优化、归类、统一，减少品种、规格，使杆件和节点进行归类编号，形成流水加工，大大提高加工进度。

钢结构深化设计因为其突出的空间几何造型特性，平面设计软件很难满足要求，BIM 应用软件出现后，在钢结构深化设计领域得到快速的应用。

基于 BIM 技术的钢结构深化设计软件的主要特征包括以下方面：

（1）基于三维图形技术。因为钢结构的构件具有显著的空间布置特点，钢结构深化设计软件需要基于三维图形进行建模及计算。并且，与其他基于平面视图建模的基于 BIM 技术的设计软件不同，多数钢结构都是基于空间进行建模的。

（2）支持参数化建模，可以用参数化方式建立钢结构的杆件、节点、螺栓。如杆件截面形态包括工字、L 型、口字等多种形状，用户只需要选择截面形态，并且设置截面长、宽等参数信息就可以确定构件的几何形状，而不需要处理杆件的每个零件。

（3）支持节点库。节点的设计是钢结构设计中比较繁琐的过程。优秀的钢结构设计软件，如 Tekla，内置支持常见的节点连接方式，用户只需要选择需要连接的杆件，并设置节点连接的方式及参数，系统就可以自动建立节点板、螺栓，大量节省用户的建模时间。

（4）支持三维数据交换标准。钢结构机电深化设计软件与建筑设计导入其他专业模型以辅助建模；同时，还需要将深化设计结果导出到模型浏览、碰撞检测等其他 BIM 应用软件中。

（5）绘制出图。国内目前设计依据还是二维图纸，钢结构深化设计的结果必须表达为二维图纸，现场施工工人也习惯于参考图纸进行施工。因此，深化设计软件需要提供绘制二维图纸功能。

目前常用的钢结构深化设计软件多为国外软件，国内软件很少，如表3.4-3所示。

常用的钢结构深化设计软件表　　　　表3.4-3

软件名称	国　家	主　要　功　能
BoCAD	德国	三维建模，双向关联，可以进行较为复杂的节点、构件的建模
Tekla (Xsteel)	芬兰	三维钢结构建模，进行零件、安装、总体布置图及各构件参数，零件数据、施工详图自动生成，具备校正检查的功能
Strucad	英国	三维构件建模，进行详图布置等。复杂空间结构建模困难，复杂节点、特殊构件难以实现
SDS/2	美国	三维构件建模，按照美国标准设计的节点库
STS钢结构设计软件	中国	PKPM钢结构设计软件（STS）主要面向的市场是设计院客户

以Tekla为例，钢结构深化设计的主要步骤如下：

（1）确定结构整体定位轴线。建立结构的所有重要定位轴线，帮助后续的构件建模进行快速定位。同工程所有的深化设计必须使用同一个定位轴线。

（2）建立构件模型。每个构件在截面库中选取钢柱或钢梁截面，进行柱、梁等构件的建模。

（3）进行节点设计。钢梁及钢柱创建好后，在节点库中选择钢结构常用节点，采用软件参数化节点能快速、准确建立构件节点。当节点库中无该节点类型，而在该工程中又存在大量的该类型节点，可在软件中创建人工智能参数化节点，以达到设计要求。

（4）进行构件编号。软件可以自动根据预先前给定的构件编号规则，按照构件的不同截面类型对各构件及节点进行整体编号命名及组合，相同构件及板件所命名称相同。

（5）出构件深化图纸。软件能根据所建的三维实体模型导出图纸，图纸与三维模型保持一致，当模型中构件有所变更时，图纸将自动进行调整，保证了图纸的正确性。

3. 幕墙深化设计软件

幕墙深化设计主要是对建筑的幕墙进行细化补充设计及优化设计，如幕墙收口部位的设计、预埋件的设计、材料用量优化、局部的不安全及不合理做法的优化等。幕墙设计非常繁琐，深化设计人员对基于BIM技术的设计软件呼声很高，市场需求较大。

4. 碰撞检查软件

碰撞检查，也叫多专业协同、模型检测，是一个多专业协同检查过程，将不同专业的模型集成在同一平台中并进行专业之间的碰撞检查及协调。碰撞检查主要发生在机电的各个专业之间，机电与结构的预留预埋、机电与幕墙、机电与钢筋之间的碰撞也是碰撞检查的重点及难点内容。在传统的碰撞检查中，用户将多个专业的平面图纸叠加，并绘制负责部位的剖面图，判断是否发生碰撞。这种方式效率低下，很难进行完整的检查，往往在设计中遗留大量的多专业碰撞及冲突问题，是造成工程施工过程中返工的主要因素之一。基于BIM技术的碰撞检查具有显著的空间能力，可以大幅度提升工作的效率，是BIM技术应用中的成功应用点之一。

基于BIM技术的碰撞检查软件具有以下主要特征：

（1）基于三维图形技术。碰撞检查软件基于三维图形技术，能够应对二维技术难以处理的空间维度冲突，这是显著提升碰撞检查效率的主要原因。

（2）支持三维模型的导入。碰撞检查软件自身并不建立模型，需要从其他三维设计软件，如 Revit、ArchiCAD、MagiCAD、Tekla、Bentley 等建模软件导入三维模型。因此，广泛支持三维数据交换格式是碰撞检查软件的关键能力。

（3）支持不同的碰撞检查规则，比如同文件的模型是否参加碰撞，参与碰撞的构件的类型等。碰撞检查规则可以帮助用户精细控制碰撞检查的范围。

（4）具有高效的模型浏览效率。碰撞检查软件集成了各个专业的模型，比单专业的设计软件需要支持的模型更多，对模型的显示效率及功能要求更高。

（5）具有与设计软件交互能力。碰撞检查的结果如何返回到设计软件中，帮助用户快速定位发生碰撞的问题并进行修改，是用户关注的焦点问题。目前碰撞检查软件与设计软件的互动分为两种方式：

①通过软件之间的通信，在同一台计算机上的碰撞检查软件与设计软件进行直接通信，在设计软件中定位发生碰撞的构件；

②通过碰撞结果文件。碰撞检测的结果导出为结果文件，在设计软件中可以加载该结果文件，定位发生碰撞的构件。目前常见碰撞检查软件包括 Autodesk 的 Navisworks、美国天宝公司的 TeklaBIMSight、芬兰的 Solibri 等，如表 3.4-4 所示。国内软件包括广联达公司的 BIM 审图软件及鲁班 BIM 解决方案中的碰撞检查模块等。目前多数的机电深化设计软件也包含了碰撞检查模块，比如 MagiCAD、Revit MEP 等。

常用基于 BIM 技术的碰撞检测软件表　　　　　　　　表 3.4-4

序号	软件名称	说　　明
1	Navisworks	支持市面上常见的 BIM 建模工具，包括 Revit、Bentley、ArchiCAD、Magi-CAD、Tekla 等。"硬碰撞"效率高，应用成熟
2	Solibri	与 ArchiCAD、Tekla、MagiCAD 接口良好，也可以导入支持 IFC 的建模工具。Solibri 具有灵活的规则设置，可以通过扩展规则检查模型的合法性及部分的建筑规范，如无障碍设计规范等
3	TeklaBIMSight	与 Tekla 钢结构深化设计集成接口好，也可以通过 IFC 导入其他建模工具生成的模型
4	广联达 BIM 审图软件	对广联达算量软件有很好的接口，与 Revit 有专用插件接口，支持 IFC 标准，可以导入 ArchiCAD、MagiCAD、Tekla 等软件的模型数据。除了"硬碰撞"，还支持模型合法性检测等"软碰撞"功能
5	鲁班碰撞检查	属于鲁班 BIM 解决方案中的一个模块，支持鲁班算量建模结果
6	MagiCAD 碰撞检查模块	属于 MagiCAD 的一个功能模块，将碰撞检查与调整优化集成在同一个软件中，处理机电系统内部碰撞效率很高
7	Revit MEP 碰撞检查功能模块	Revit 软件的一个功能，将碰撞检查与调整优化集成在同一个软件中，处理机电系统内部碰撞效率很高

碰撞检查软件除了判断实体之间的碰撞（也被称作"硬碰撞"），也有部分软件进行了模型是否符合规范、是否符合施工要求的检测（也被称为"软碰撞"），比如芬兰的 Solibri 软件在软碰撞方面功能丰富，Solibri 提供了缺陷检测、建筑与结构的一致性检测、部分建筑规范如无障碍规范的检测等。目前，软碰撞检查还不如硬碰撞检查成熟，却是将来发展的重点。

3.4.3　施工阶段的 BIM 工具软件应用

1. 施工阶段用于技术的 BIM 工具软件应用

施工阶段的 BIM 工具软件是新兴的领域，主要包括施工场地、模板及脚手架建模软件、钢筋翻样、变更计量、5D 管理等软件。

（1）施工场地布置软件

施工场地布置是施工组织设计的重要内容，在工程红线内，通过合理划分施工区域，减少各项施工的相互干扰，使得场地布置紧凑合理，运输更加方便，能够满足安全防火、防盗的要求。

BIM 技术的施工场地布置是基于 BIM 技术提供内置的构件库进行管理的，用户可以用这些构件进行快速建模，并且可以进行分析及用料统计。基于 BIM 技术的施工场地布置软件具有以下特征：

① 基于三维建模技术。

② 提供内置的、可扩展的构件库。基于 BIM 技术的施工场地布置软件提供施工现场的场地、道路、料场、施工机械等内置的构件库，用户可以和工程实体设计软件一样，使用这些构件库在场地上布置并设置参数，快速建立模型。

③ 支持三维数据交换标准。场地布置可以通过三维数据交换导入拟建工程实体，也可以将场地布置模型导出到后续的 BIM 工具软件中。

目前，国内已经发布的三维场地布置软件包括广联达三维场地布置软件、PKPM 场地布置软件等，如表 3.4-5 所示。

常用的基于 BIM 技术的主要三维场地布置软件表　　表 3.4-5

序号	软 件 名 称	说　　明
1	广联达三维场地布置软件 3D-GCP	支持二维图纸识别建模，内置施工现场的常用构件，如板房、料场、塔吊、施工电梯、道路、大门、围栏、标语牌、旗杆等，建模效率高
2	斯维尔平面图制作系统	基于 CAD 平台开发，属于二维平面图绘制工具，不是严格意义上的 BIM 工具软件
3	PKPM 三维现场平面图软件	PKPM 三维现场平面图软件支持二维图纸识别建模，内置施工现场的常用构件和图库，可以通过拉伸、翻样支持较复杂的现场形状，如复杂坑的建模。包括贴图、视频制作功能

下面以一个三维场地布置软件为例，施工现场的布置软件主要操作流程如下：

①导入二维场地布置图。本步骤为可选步骤，导入场地布置图可以快速精准地定位构件，大幅度提高工作效率。

②利用内置构件库快速生成三维现场布置模型。内置的场地布置模型包括场地、道路、施工机械布置、临水临电布置等。

③进行合理性检查，包括塔吊冲突分析、违规提醒等。

④输出临时设施工程量统计。通过软件可以快速统计施工场地中临时设施工程量，并输出。

（2）模板脚手架设计软件

模板脚手架的设计是施工项目重要的周转性施工措施。因为模板脚手架设计的细节繁多，一般施工单位难以进行精细设计。基于 BIM 技术的模板脚手架软件在三维图形技术基础上，进行模板脚手架高效设计及验算，提供准确用量统计，与传统方式相比，大幅度提高了工作效率。如图 3.4-1 所示，是利用广联达模板脚手架软件完成模板脚手架设计的一个典型例子。

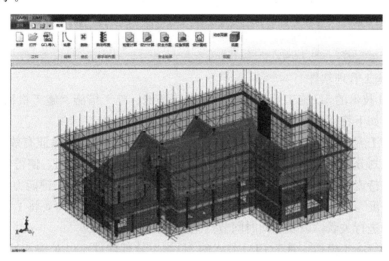

图 3.4-1 利用广联达模板脚手架软件完成的一个典型例子图

基于 BIM 技术的模板脚手架软件具有以下特征：

①基于三维建模技术。

②支持三维数据交换标准。工程实体模型需要通过三维数据交换标准从其他设计软件导入。

③支持模板、脚手架自动排布。

④支持模板、脚手架的自动验算及自动材料统计。

目前常见的模板脚手架软件包括广联达模板脚手架软件、PKPM 模板脚手架软件、筑业脚手架、模板施工安全设施计算软件、恒智天成建筑安全设施计算软件等，如表 3.4-6 所示。

常用的基于 BIM 技术的主要模板脚手架软件表 表 3.4-6

序号	软件名称	说 明
1	广联达模板脚手架设计软件	支持二维图纸识别建模，也可以导入广联达算量产生的实体模型辅助建模。具有自动生成模架、设计验算及生成计算书功能
2	PKPM 模板脚手架设计软件	脚手架设计软件可建立多种形状及组合形式的脚手架三维模型，生成脚手架立面图、脚手架施工图和节点详图；可生成用量统计表；可进行多种脚手架形式的规范计算；提供多种脚手架施工方案模板。模板设计软件适用于大模板、组合模板、胶合板和木模板的墙、梁、柱、楼板的设计、布置及计算。能够完成各种模板的配板设计、支撑系统计算、配板详图、统计用表及提供丰富的节点构造详图

续表

序号	软件名称	说　明
3	筑业脚手架、模板施工安全设施计算软件	汇集了常用的施工现场安全设施的类型，能进行常用的计算，并提供常用数据参考。脚手架工程包含落地式、悬挑式、满堂式等多种搭设形式和钢管扣件式、碗扣式、承插型盘扣式等多种材料脚手架，并提供相应模板支架计算。模板工程包含梁、板、墙、柱模板及多种支撑架计算，包含大型桥梁模板支架计算
4	恒智天成建筑安全设施计算软件	能计算设计多种常用形式的脚手架，如落地式、悬挑式、附着式等；能计算设计常用类型的模板，如大模板、梁墙柱模板等；能编制安全设施计算书；编制安全专项方案书；同步生成安全方案报审表、安全技术交底；编制施工安全应急预案；进行建筑施工技术领域的计算

（3）5D施工管理软件

基于BIM技术的5D施工管理软件需要支持场地、施工措施、施工机械的建模及布置。主要具有如下特征：

①支持施工流水段及工作面的划分。工程项目比较复杂，为了保证有效利用劳动力，施工现场往往划分为多个流水段或施工段，以确保充足的施工工作面，使得施工劳动力能充分开展。支持流水段划分是基于BIM技术的5D施工管理软件的关键能力。

②支持进度与模型的关联。基于BIM技术的5D施工管理软件需要将工程项目实体模型与施工计划进行关联，以及不同时间节点施工模型的布置情况。

③可以进行施工模拟。基于BIM技术的5D施工管理软件可以对施工过程进行模拟，让用户在施工之前能够发现问题，并进行施工方案的优化。施工模拟包括：随着时间的增长对实体工程的进展情况的模拟，对不同时间节点（工况）大型施工措施及场地的布置情况的模拟，不同时间段流水段及工作面的安排的模拟，以及对各个时间阶段，如每月、每周的施工内容、施工计划，资金、劳动力及物资需求的分析。

④支持施工过程结果跟踪和记录，如施工进度、施工日报、质量、安全情况记录。

如表3.4-7所示，目前基于BIM技术的5D施工管理主流软件主要包括：德国RIB公司的iTWO软件、美国Vico软件公司的Vico软件、英国Sychro软件，广联达BIM 5D软件等。

常用的基于BIM技术的5D施工管理软件表
表3.4-7

序号	软件名称	说　明
1	广联达BIM5D软件	具有流水段划分、浏览任意时间点施工工况，提供各个施工期间的施工模型、进度计划、资源消耗量等功能；支持建造过程模拟，包括资金及主要资源模拟；可以跟踪过程进度、质量、安全问题记录。支持revit等软件
2	RIB iTWO	旨在建立BIM工具软件与管理软件ERP之间的桥梁，融基于BIM技术的算量、计价、施工过程成本管理为一体。支持Revit等建模工具
3	Vico办公室套装	具有流水段划分、流线图进度管理等特色功能；支持Revit、ArchiCAD、Magi-CAD、Tekla等软件
4	易达5D-BIM软件	可以按照进度浏览构件的基础属性、工程量等信息。支持IFC标准

以下为利用 5D 施工管理软件进行工程管理的一般流程：

a. 设置工程基本信息，包括楼层标高、机电系统设置等。

b. 导入所建立的三维工程实体模型。

c. 将实体模型与进度计划进行关联。

d. 按照工程进度计划设置各个阶段施工场地、大型施工机械的布置、大型设施的布置。

e. 为现场施工输出每月、每周的施工计划、施工内容、所需的人工、材料、机械需求，指导每个阶段的施工准备工作。

f. 记录实际施工进度记录、质量、安全问题。

g. 在项目周例会上进行进度偏差分析，并确定调整措施。

h. 持续执行直到项目结束。

（4）钢筋翻样软件

钢筋翻样软件是利用 BIM 技术，利用平法对钢筋进行精细布置及优化，帮助用户进行翻样的软件，能够显著提高翻样人员的工作效率，逐步得到推广应用。

基于 BIM 技术的钢筋翻样软件主要特征如下：

①支持建立钢筋结构模型，或者通过三维数据交换标准导入结构模型。钢筋翻样是在结构模型的基础上进行钢筋的详细设计，结构模型可以从其他软件，包括结构设计软件，或者算量模型导入。部分钢筋翻样软件也可以从 CAD 图纸直接识别建模。

②支持钢筋平法。钢筋平法已经在国内设计领域得到广泛的应用，能够大幅度地简化设计结果的表达。钢筋翻样软件支持钢筋平法，工程翻样人员可以高效地输入钢筋信息。

③支持钢筋优化断料。钢筋翻样需要考虑如何合理利用钢筋原材料，减少钢筋的废料、余料，降低损耗。钢筋翻样软件通过设置模数、提供多套原材料长度自动优化方案，最终达到废料、余料最少，从而节省钢筋用量的目的。

④支持料表输出。钢筋翻样工程普遍接受钢筋料表，作为钢筋加工的依据。钢筋翻样软件支持料单输出、生成钢筋需求计划等。

当前基于 BIM 技术钢筋翻样软件主要包括广联达施工翻样软件（GFY）、鲁班钢筋软件（下料版）等。也有用户通用平台 Revit、Tekla 土建模块等国外软件进行翻样。

（5）变更计量软件

基于 BIM 技术的变更计量软件包括以下特征：

①支持三维模型数据交换标准。变更计量软件可以导入其他 BIM 应用软件模型，特别是基于 BIM 技术的算量软件建立的算量模型。理论上，BIM 模型可以使用不同的软件建立，但多数情况下由同一软件公司的算量软件建立。

②支持变更工程量自动统计。变更工程量计算可以细化到单构件，由用户根据施工进展情况判断变更工程量如何进行统计，包括对已经施工部分、已经下料部分、未施工部分的变更分别进行处理。

③支持变更清单汇总统计。变更计量软件需要支持按照清单的口径进行变更清单的汇总输出，也可以直接输出工程量到计价软件中进行处理，形成变更清单。

2. 施工阶段用于管理的 BIM 工具软件应用

（1）BIM 平台软件

BIM 平台软件是最近出现的一个概念，基于网络及数据库技术，将不同的 BIM 工具软件连接到一起，以满足用户对于协同工作的需求。从技术角度上讲，BIM 平台软件是一个将模型数据存储于统一的数据库中，并且为不同的应用软件提供访问接口，从而实现不同的软件协同工作。从某种意义上讲，BIM 平台软件是在后台进行服务的软件，与一般终端用户并不一定直接交互。

BIM 平台软件的特性包括：

①支持工程项目模型文件管理，包括模型文件上传、下载、用户及权限管理；有的 BIM 平台软件支持将一个项目分成多个子项目，整个项目的每个专业或部分都属于其中的子项目，子项目包含相应的用户和授权；另一方面，BIM 平台软件可以将所有的子项目无缝集成到主项目中。

②支持模型数据的签入签出及版本管理。不同专业模型数据在每次更新后，能立即合并到主项目中。软件能检测到模型数据的更新，并进行版本管理。"签出"功能可以跟踪哪个用户正在进行模型的哪部分工作。如果此时其他用户上传了更新的数据，系统会自动发出警告。也就是说，软件支持协同工作。

③支持模型文件的在线浏览功能。这个特性不是必备的，但多数模型服务器软件均会提供模型在线浏览功能。

④支持模型数据的远程网络访问。BIM 工具软件可以通过数据接口来访问 BIM 平台软件中的数据，进行查询、修改、增加等操作。BIM 平台软件为数据的在线访问提供权限控制。

BIM 平台软件支持的文件格式包括：

①内部私有格式。如各家厂商均支持通过内部私有格式，将文件存储到 BIM 平台软件，如 Autodesk 公司的 Revit 软件等存储到 BIM360 以及 Vualt 软件中。

②公开格式，包括 IFC、IFCXML、CityGML、Collada 等。

常见的 BIM 平台软件包括 Autodesk BIM360、Vualt、Buzzsaw；Bentley 公司的 Projectwise；GrahpicSoft 公司的 BIMServer 等，这些软件一般用于本公司内部的软件之间的数据交互及协同工作。另外，一些开源组织也开发了开放的基于 IFC 标准进行数据交换的 BIMServer。

（2）BIM 应用软件的数据交换

BIM 技术应用涉及专业软件工具，不同软件工具之间的数据交换会减少客户重复建模的工作量，对减少错误、提高效率有重大意义，也是 BIM 技术应用成功的最关键要求之一。

按照数据交换格式的公开与否，BIM 应用软件数据交换方式可以分为两种：

①基于公开的国际标准的数据交换方式。这种方式适用于所有的支持公开标准的软件之间，包括不同专业、不同阶段的不同软件，适用性最广，也是最推荐的方式。当时，由于公开数据标准自身的完善程度、不同厂商对于标准的支持力度不同，基于国际标准的数据交换往往取决于采用的标准及厂商的支持程度，支持及响应时间往往比较长。公有的 BIM 数据交换格式包括 IFC、COBIE 等多种格式。

②基于私有文件格式的数据交换方式。这种方式只能支持同一公司内部 BIM 应用软件之间的数据交换。在目前 BIM 应用软件专业性强、无法做到一家软件公司提供完整解决方案的情况下，基于私有文件格式的数据交换往往只能在个别软件之间进行。私有文件

格式的数据交换式是公有文件格式数据交换的补充，发生在公有文件格式不能满足要求，但又需要快速推进业务的情况下。私有公司的文件格式例子包括 Autodesk 公司的 DWG、NWC，广联达公司的 GFC、IGMS 等。

常见的公有 BIM 数据交换格式包括：

①IFC（Industry Foundation Classes）标准是 IAI（International Alliance of Interoperability，国际协作联盟）组织制定的面向建筑工程领域，公开和开放的数据交换标准。可以很好地用于异质系统交换和共享数据。IFC 标准也是当前建筑业公认的国际标准，在全球得到了广泛应用和支持。目前，多数 BIM 应用软件支持 IFC 格式。IFC 标准的变种包括 IFCXML 等格式。

②COBIE 标准。COBIE（Construction Operations Building Information Exchange）是一个施工交付到运维的文件格式。在 2011 年 12 月，成为美国建筑科学院的标准（NBIMS-US）。COBIE 格式包括设备列表、软件数据列表、软件保证单、维修计划等在内的资产运营和维护所需的关键信息，它采用几种具体文件格式，包括 Excel、IFC、IFCXML 作为具体承载数据的标准。在 2013 年，Building SMART 组织也发布了一个轻量级的 XML 格式来支持 COBIE，即 COBie Lite 标准。

（3）BIM 应用软件与管理系统的集成

BIM 应用软件为项目管理系统提供有效的数据支撑，解决了项目管理系统数据来源不准确、不及时的问题。如图 3.4-2 所示，为 BIM 技术应用与项目管理系统框架，框架分基础层、服务层、应用层和表现层。应用层包括进度管理、合同管理、成本管理、图纸管理、变更管理等应用。

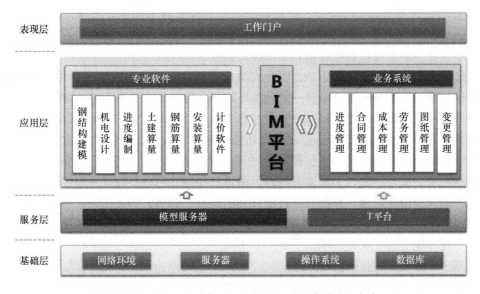

图 3.4-2　BIM 应用软件与项目管理系统的集成应用框架图

①基于 BIM 技术的进度管理

传统的项目计划管理一般是计划人员编制工序级计划后，生产部门根据计划执行，而其他各部门（技术、商务、工程、物资、质量、安全等）则根据计划自行展开相关配套工作。各工作相对孤立，步调不一致，前后关系不直观，信息传递效率极低，协调工作量大。

基于 BIM 技术的进度管理软件，为进度管理提供人、材、机消耗量的估算，为物料准备以及劳动力估算提供了充足的依据；同时可以提前查看各任务项所对应的模型，便于项目人员准确、形象地了解施工内容，便于施工交底。另外，利用 BIM 技术应用的配套工作与工序级计划任务的关联，可以实现项目各个部门各项进度相关配套工作的全面推进，提高了进度的执行效率，加大了进度的执行力度，及时发现并提醒滞后环节，及时制订对应的措施，实时调整。

②基于 BIM 技术的图纸管理

传统的项目图纸管理采用简单的管理模式，由技术人员对项目进行定期的图纸交底。当前大型项目建筑设计日趋复杂，而设计工期紧、业主方因进度要求，客观上采用了边施工边变更的方式。当传统的项目图纸管理模式遇到了海量变更时，立即暴露出其低效率、高出错率的弊病。

BIM 应用软件图纸管理实现对多专业海量图纸的清晰管理，实现了相关人员任意时间均可获得所需的全部图纸信息的目标。基于 BIM 技术的图纸管理具有如下特点：

a. 图纸信息与模型信息一一对应。这表现在任意一次图纸修改都对应模型修改，任意一种模型状态都能找到定义该状态的全部图纸信息。

b. 软件内的图纸信息更新是最及时的。根据工作流程，施工单位收到设计图纸后，由模型维护组成员先录入图纸信息，并完成对模型的修改调整，再推送至其他部门，包括现场施工部门及分包队伍，用于指导施工，避免出现使用错图或使用旧版图施工的情况。

c. 系统中记录的全部图纸的更新替代关系明确。不同于简单的图纸版本替换，全部的图纸发放时间、录入时间都是记录在系统内的，必要时可供调用（如办理签证索赔等）。

d. 图纸管理是面向全专业的。往往各专业图纸分布在不同的职能部门（技术部、机电部、钢构部），查阅图纸十分不便。该软件要求各专业都按统一的要求去录入图纸，并修改模型。在模型中可直观地显示各专业设计信息。

另外，传统的深化图纸报审依靠深化人员根据总进度计划，编制深化图纸报审计划。报审流程包括：专业分包深化设计→总包单位审核→设计单位审核→业主单位审核。深化图纸过多、审核流程长的特点易造成审批过程中积压、遗漏，最终影响现场施工进度。

BIM 应用软件中的深化图纸报审追踪功能实现了对深化图纸报审的实时追踪。一份报审的深化图纸录入软件后，系统即开始对其进行追踪，确定其当期所在审批单位。当审批单位逾期未完成审批时，系统即对管理人员推送提醒。另外，深化图纸报审计划与软件的进度计划管理模块联动，根据总体进度计划的调整而调整，当系统统计发现深化图报审及审批速度严重滞后于现场工程进度需求时，会向管理人员报警，提醒管理人员采取措施，避免现场施工进度受此影响。

③基于 BIM 技术的变更管理

传统情况下，当设计变更发生时，设计变更指令分别下发到各部门，各部门根据各自职责分工孤立展开相关工作，对变更内容的理解容易产生偏差，对内容的阅读会产生疏漏，影响现场施工、商务索赔等工作。而且各部门的工作主要通过会议进行协调和沟通，信息传递的效率比较低。

利用 BIM 技术软件，将变更录入模型，首先直观地形成变更前后的模型对比，并快速生成工程量变化信息。通过模型，变更内容准确快速地传达至各个领导和部门，实现了变更内容的快速传递,避免了内容理解的偏差。根据模型中的变更提醒,现场生产部、技术部、商务部等各部门迅速展开方案编制、材料申请、商务索赔等一系列的工作,并且通过系统实现实时的信息共享,极大地提高了变更相关工作的实施效率和信息传递的效率。

④基于 BIM 技术的合同管理

以往合同查询复杂,需要从头逐条查询,防止疏漏,要求每位工作人员都熟读合同。合同查询的困难也导致非商务类工作人员在工作中干脆不使用合同,甚至违反合同条款,导致总承包方的利益受损。

现在基于 BIM 技术的合同管理,通过将合同条款、招标文件、回标答疑及澄清、工料规范、图纸设计说明等相关内容进行拆分、归集,便于从线到面的全面查询及风险管控(便于施工部门、技术部门、商务部门、安全部门、质量部门、管理部门清晰掌握合同约定范围、约定标准、工作界面及责任划分等)。可将业主对应合同条款、分包合同条款、总承包合同三方合同条款、供货商合同条款,在竖向到底的关联查询、责任追踪(付款及结算、工期要求、验收要求、安全要求、供货要求、设计要求、变更要求、签证要求)。

3.5 当前其他常用 BIM 软件介绍

随着 BIM 应用在国内的迅速发展,BIM 相关软件也得到了较快的发展,表 3.5 介绍了当前其他一些 BIM 软件的情况。

当前其他常用 BIM 软件举例表 表 3.5

国内其他 BIM 软件	举 例	功 能
Revit 插件软件	鸿业 BIMSpace	基于 Revit 平台,涵盖了建筑、给水排水、暖通等常用功能,结合基于 AutoCAD 平台向用户提供完整的施工图解决方案
	橄榄山软件	将现在产业链中的工程语言——施工 DWG 图——直接转换成 Revit BIM 模型的软件
	MagiCAD	机电专业的 BIM 深化设计软件,运用于工程前期的设计阶段,项目招投标阶段,机电施工过程深化设计阶段、后期过程竣工交付运维管理阶段
	isBIM	用于建筑、结构、水电暖通、装饰装修等专业中,提高了用户创建模型的效率,同时提高了建模的精度和标准化
鸿业 civil 行业 BIM 软件		可以直接通过模型生成施工图及工程量;可为暴雨模拟及海绵城市计算分析提供地形,排水低影响设施等提供数据;可与 iTwo-5D 等施工阶段 BIM 软件进行衔接;可支持市场上主流的 3D-Gis 平台
Trimble 系列工具软件	SketchUp	将平面的图形立起来,先进行体块的研究,再不断推敲深化一直到建筑的每个细部
	Tekla	交互式建模、结构分析、设计和自动创建图纸等
	Vico Office	以实现使用一个软件,实现对项目全过程进行控制,进而实现提高效率、缩短工期、节约成本的目标
	Field Link	为总承包商设计的施工放样解决方案
	Real Works	空间成像传感器导入丰富的数据,并转换为夺目的三维成果

续表

国内其他 BIM 软件	举例	功能
达索软件		为建筑行业的项目全过程管理提供整体解决方案、倡导建筑市政施工及工程建造行业高端三维应用平台
盈建科软件	盈建科建筑结构计算软件（YJK-A）	集成化建筑结构辅助设计系统，立足于解决当前设计应用中的难点热点问题，为减少配筋量、节省工程造价做了大量改进
	盈建科基础设计软件（YJK-F）	
	盈建科砌体结构设计软件（YJK-M）	
	盈建科结构施工图辅助设计软件（YJK-D）	
BIM 协同平台软件	iTwo	运用设计和建造阶段流通下来的 BIM 模型及信息数据、将 BIM 模型及全生命周期的信息数据完美的结合，利用虚拟模型进行智能管控
	广联达 BIM5D	为项目的进度、成本管控、物料管理等提供数据支撑，协助管理人员有效决策和精细管理
	鲁班 BIM 软件	适应建筑业移动办公特性性强的特点、实现了施工项目管理的协同，实现了模型信息的集成，授权机制实现了企业级的管控、项目级管理协同

课 后 习 题

一、单项选择题

1. 4D 进度管理软件是在三维几何模型上，附加施工的（　　）。

A. 时间信息　　B. 几何信息　　C. 造价信息　　D. 二维图纸信息

2. 5D BIM 施工管理软件是在 4D 模型的基础上，附加施工的（　　）。

A. 时间信息　　B. 几何信息　　C. 成本信息　　D. 三维图纸信息

3. 以下不属于 BIM 基础软件特征的是（　　）。

A. 基于三维图形技术

B. 支持常见建筑构件库

C. 支持三维数据交换标准

D. 支持二次开发

4. 项目完全异形、预算比较充裕的企业可优先考虑选择（　　）作为 BIM 建模软件。

A. Revit　　　B. Bentley　　C. ArchiCAD　　D. Digital Project

5. 下面哪项不是 BIM 建模软件初选应考虑的因素（　　）。

A. 建模软件是否符合企业的整体发展战略规划

B. 建模软件对企业业务带来的收益可能产生的影响

C. 建模软件部署实施的成本和投资回报率估算

D. 建模软件是否容易维护以及可扩展使用

6. 初选后，企业对建模软件进行使用测试，测试的过程不包括(   )。

A. 建模软件的性能测试，通常由信息部门的专业人员负责

B. 建模软件的功能测试，通常由抽调的部分设计专业人员进行

C. 建模软件的性价比测试，通常由企业内部技术人员进行

D. 有条件的企业可选择部分试点项目，进行全面测试，以保证测试的完整性和可靠性

7. 下面属于BIM深化设计软件的是(   )。

A. Xsteel   B. Sketchup   C. Rhino   D. Autocad

8. 以下不属于BIM算量软件特征的是(   )。

A. 基于三维模型进行工程量计算

B. 支持二次开发

C. 支持按计算规则自动算量

D. 支持三维模型数据交换标准

9. 下面不属于钢结构深化设计的目的的是(   )。

A. 材料优化   B. 构造优化   C. 确保安全   D. 复核构件强度

10. 下面不属于碰撞检查软件的是(   )。

A. Navisworks   B. Tekla BIM Sigh

C. Solibri   D. Rhino

11. 基于BIM技术的施工场地布置软件特征不包括(   )。

A. 能够进行施工模拟

B. 提供内置的、可扩展的构件库

C. 基于三维建模技术

D. 支持三维数据交换标准

12. 基于BIM技术的5D施工管理软件具有的特征不包括(   )。

A. 支持施工流水段及工作面的划分

B. 支持进度与模型的关联

C. 参数化设计

D. 支持施工过程结果跟踪和记录

13. 基于BIM技术的变更计量软件特征不包括(   )。

A. 支持三维模型数据交换标准

B. 支持变更工程量自动统计

C. 支持模板、脚手架自动排布

D. 支持变更清单汇总统计

14. 下列软件可利用BIM模型的信息对项目进行日照、风环境、热工、景观可视度、噪声等方面的分析的是(   )。

A. BIM核心建模软件   B. BIM可持续（绿色）分析软件

C. BIM深化设计软件   D. BIM结构分析软件

15. 基于BIM技术的钢结构深化设计软件的主要特征不包括(   )。

A. 支持参数化建模   B. 基于三维图形技术

C. 内置支持碰撞检查功能　　　D. 支持三维数据交换标准

16. 基于 BIM 技术的碰撞检查软件特征不包括(　　)。

A. 支持变更工程量自动统计　　B. 支持不同的碰撞检查规则

C. 支持三维模型的导入　　　　D. 基于三维图形技术

17. 下面属于"软碰撞"的是(　　)。

A. 设备与室内装修冲突　　　　B. 缺陷检测

C. 结构与机电预留预埋冲突　　D. 建筑与结构标高冲突

18. 基于 BIM 技术的模板脚手架软件的特征不包括(　　)。

A. 基于三维建模技术

B. 能进行施工进度模拟

C. 支持模板、脚手架自动排布

D. 支持模板、脚手架的自动验算及自动材料统计

19. 基于 BIM 技术的钢筋翻样软件主要特征不包括(　　)。

A. 支持优化设计　　　　　　　B. 支持钢筋优化断料

C. 支持料表输出　　　　　　　D. 支持建立钢筋结构模型

20. 基于 BIM 技术的图纸管理的特点不包括(　　)。

A. 图纸信息与模型信息一一对应

B. 软件内的图纸信息更新是最及时的

C. 系统中记录的全部图纸的更新替代关系明确

D. 图纸管理只能面向某一专业

二、多项选择题

1. BIM 应用软件具有的特征有(　　)。

A. 面向对象　　　　　　　　　B. 基于三维几何模型

C. 包含其他信息　　　　　　　D. 支持开放式标准

2. 伊士曼（Eastman）将 BIM 应用软件按其功能分为三大类，分别为(　　)。

A. BIM 环境软件　　　　　　　B. BIM 平台软件

C. BIM 工具软件　　　　　　　D. BIM 建模软件

3. 以下哪些软件属于 BIM 核心建模软件(　　)。

A. Revit　　　　　　　　　　　B. Bentley Architecture

C. ArchiCAD　　　　　　　　　D. SketchUp

4. 下列选项中属于 BIM5D 管理软件的是(　　)。

A. RI B. iTWO　　　　　　　　B. Vico 办公室套装

C. Solibri　　　　　　　　　　D. Navisworks

5. 下面属于几何造型软件的有(　　)。

A. Sketchup　　　B. Rhino　　　C. Form　　　D. PKPM

6. 基于 BIM 技术的算量软件能够(　　)。

A. 自动按照各地清单、定额规则

B. 利用三维图形技术，进行工程量自动统计

C. 进行施工进度模拟

D. 大幅提高预算员的工作效率

7. BIM 应用软件数据交换方式可以分为(   )。

A. 基于公开的国际标准的数据交换方式

B. 基于软件生产商的数据交换方式

C. 基于私有文件格式的数据交换方式

D. 基于科研机构的数据交换方式

8. 基于 BIM 技术的机电深化设计软件的主要特征包括(   )。

A. 基于三维图形技术   B. 支持三维数据交换标准

C. 内置支持碰撞检查功能   D. 机电设计校验计算

9. BIM 平台软件的特性包括(   )。

A. 支持工程项目模型文件管理

B. 支持模型数据的签入签出及版本管理

C. 支持模型文件的在线浏览功能

D. 支持模型数据的远程网络访问

10. 基于 BIM 技术的 5D 施工管理软件可以对施工过程进行模拟,包括(   )。

A. 随着时间增长对实体工程进展情况的模拟

B. 对不同时间节点（工况）大型施工措施及场地布置情况的模拟

C. 不同时间段流水段及工作面安排的模拟

D. 对各个时间阶段,资金、劳动力及物资需求的分析模拟

参考答案

一、单选题

1. A   2. C   3. D   4. D   5. D   6. C   7. A   8. B   9. D   10. A

11. A   12. C   13. C   14. B   15. C   16. A   17. B   18. B   19. A   20. D

二、多选题

1. ABCD   2. ABC   3. ABC   4. AB   5. ABC

6. ABD   7. AC   8. ABCD   9. ABCD   10. ABCD

第 4 章　项目 BIM 实施与应用

本章导读

　　本章分别从项目决策、项目实施、项目总结与评估等阶段对项目 BIM 实施与应用做出具体介绍。首先介绍了项目 BIM 实施目标、技术路线及保障措施如何制定，并用一个案例加以说明。而后具体介绍了项目实施阶段的 BIM 应用，包括 BIM 实施模式、BIM 组织架构、软硬件技术资源配置、项目试运行等。接下来对项目的 BIM 实施情况进行总结和评估，收获一些经验和教训。最后具体介绍了 BIM 在项目各阶段的应用情况，包括方案策划阶段、设计阶段、施工阶段、竣工交付阶段及运维阶段等。

本章二维码

17. 项目 BIM 决策阶段　　18. 项目 BIM 实施阶段　　19. 项目总结与评估阶段　　20. 项目各阶段的 BIM 应用

21. 项目各参与方 BIM 应用

4.1　概述

项目 BIM 实施与应用指的是基于 BIM 技术对项目进行信息化、集成化及协同化管理的过程。

引入 BIM 技术，将从建设工程项目的组织、管理的方法和手段等多个方面进行系统的变革，实现理想的建设工程信息积累，从根本上消除信息的流失和信息交流的障碍，理想的建设工程信息积累变化如图 4.1-1 所示。

应用 BIM 技术，能改变传统的项目管理理念，引领建筑信息技术走向更高层次，从而大大提高建筑管理的集成化程度。从建筑的设

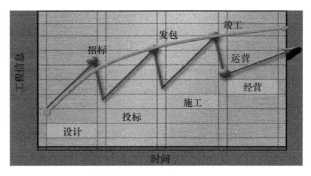

图 4.1-1　理想的建设工程信息积累变化示意图
（弧线：引入 BIM 的信息保留；折线：传统模式的信息保留）

计、施工、运营，直至建筑全寿命周期的终结，各种信息始终整合于一个三维模型信息数据库中，BIM 技术可以轻松地实现集成化管理，如图 4.1-2 所示。

应用 BIM 技术，可为工程提供数据后台的巨大支撑，可以使业主、设计院、顾问公司、施工总承包、专业分包、材料供应商等众多单位在同一个平台上实现数据共享及协同工作，使沟通更为便捷、协作更为紧密、管理更为有效，从而革新了传统的项目管理模式。BIM 引入后的工作模式如图 4.1-3 所示。

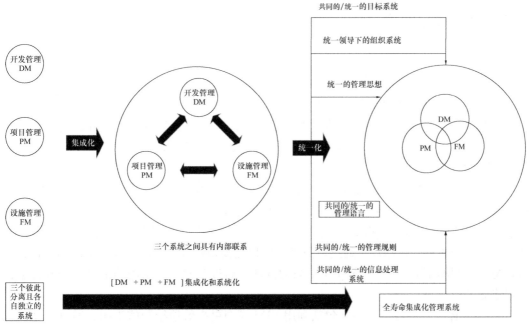

图 4.1-2　基于 BIM 的集成化管理图

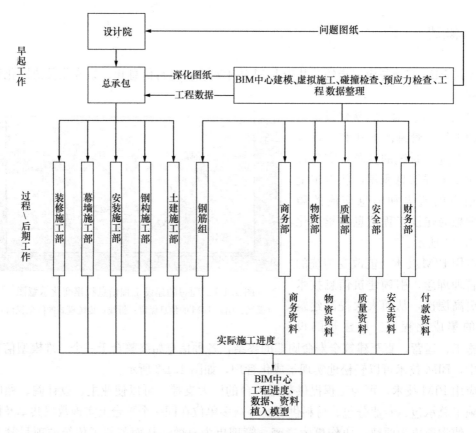

图 4.1-3　BIM 在项目管理中的工作模式图

4.2　项目决策阶段

4.2.1　项目 BIM 实施目标制定

　　BIM 实施目标即在建设项目中将要实施的主要价值和相应的 BIM 应用（任务）。这些 BIM 目标必须是具体的、可衡量的，以及能够促进建设项目的规划、设计、施工和运营成功进行的。以某一项目 BIM 实施目标为例，如图 4.2-1 所示。

　　BIM 目标可分为两大类：

　　（1）第一类项目目标，项目目标包括缩短工期、更高的现场生产效率、通过工厂制造提升质量、为项目运营获取重要信息等。项目目标又可细分为以下两类：

　　① 与项目的整体表现有关，包括缩短项目工期、降低工程造价、提升项目质量等，例如关于提升质量的目标包括通过能量模型的快速模拟得到一个能源效率更高的设计、通过系统的 3D 协调得到一个安装质量更高的设计、通过开发一个精确的记录模型改善运营模型建立的质量等。

　　② 与具体任务的效率有关，包括利用 BIM 模型更高效地绘制施工图、通过自动工程量统计更快做出工程预算、减少在物业运营系统中输入信息的时间等。

（2）第二类公司目标，公司目标包括业主通过样板项目描述设计、施工、运营之间的信息交换，设计机构获取高效使用数字化设计工具的经验等。

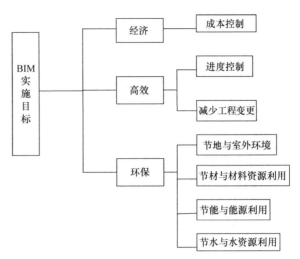

图 4.2-1　某项目 BIM 服实施目标图

企业在应用 BIM 技术进行项目管理时，需明确自身在管理过程中的需求，并结合 BIM 本身特点来确定项目管理的服务目标。在定义 BIM 目标的过程中可以用优先级表示某个 BIM 目标对该建设项目设计、施工、运营成功的重要性，对每个 BIM 目标提出相应的 BIM 应用。BIM 目标可对应于某一个或多个 BIM 应用，以某一建设项目定义 BIM 目标为例，如图 4.2-2 所示。

优先级（1-3, 1最重要）	BIM目标描述	可能的BIM应用
2	提升现场生产效率	Design Review设计审查，3D Coordination 3D协调
3	提升设计效率	Design Authoring 设计建模，设计审查，3D 协调
1	为物业运营准备精确的3D记录模型	Record Model记录模型，3D协调
1	提升可持续目标的效率	Engineering Analysis工程分析，LEED Evaluation LEED评估
2	施工进度跟踪	4D Modeling4D模型
3	定义跟阶段规划相关的问题	4D模型
1	审查设计进度	设计审查
1	快速评估设计变更引起的成本变化	Cost Estimation 成本预算
2	消除现场冲突	3D协调

图 4.2-2　建设项目定义 BIM 目标图

为完成 BIM 应用目标，各企业应紧随建筑行业技术发展步伐，结合自身在建筑施工领域全产业链的资源优势，确立 BIM 技术应用的战略思想。如某施工企业根据其"提升建筑整体建造水平、实现建筑全生命周期精细化动态管理、实现建筑生命周期各阶段参与方效益最大化"的 BIM 应用目标，确立了"以 BIM 技术解决技术问题为先导、通过 BIM 技术实现流程再造为核心，全面提升精细化管理，促进企业发展"的 BIM 技术应用战略思想。

公司如若没有服务目标盲从发展 BIM 技术，可能会出现在弱势技术领域过度投入，而产生不必要的资源浪费，只有结合自身建立有切实意义的服务目标，才能有效提升技术实力。

4.2.2　项目 BIM 技术路线制定

项目 BIM 技术路线是指对要达到项目目标准备采取的技术手段、具体步骤及解决关键性问题的方法等在内的研究途径。合理的技术路线可保证顺利地实现既定目标。技术路线的合理性并不是技术路线的复杂性。明确了 BIM 应用需要实现的业务目标以及 BIM 应用的具体内容以后，选择相应的 BIM 技术路线，而选择什么 BIM 软件和确定使用流程则是 BIM 技术路线的选择这个工作的核心内容。

在确定技术路线的过程中根据 BIM 应用的主要业务目标和项目、团队、企业的实际情况来选择"合适"的软件从而完成相应的 BIM 应用内容，这里的"合适"是综合分析项目特点、主要业务目标、团队能力、已有软硬件情况、专业和参与方配合等各种因素以后得出的结论，从目前的实际情况来看，总体"合适"的软件未必对每一位项目成员都"合适"，这就是 BIM 软件的现状。因此，不同的专业使用不同的软件，同一个专业由于业务目标不同也可能会使用不同的软件，这都是 BIM 应用中软件选择的常态，目前全球同行和相关组织如 building SMART International 正在努力改善整体 BIM 应用能力的主要方向也是提高不同软件之间的信息互用水平。

以施工企业土建安装和商务成本控制两类典型部门的 BIM 应用情况为例，主要的技术路线有以下 4 种：

1. 技术路线 1

技术路线 1 即商务部门根据 cad 施工图利用广联达、鲁班及斯维尔等算量软件建模，从而计算工程量及成本估算。而技术部门根据 cad 施工图利用 revit、tekla 等建模，从而进一步进行深化设计、施工过程模拟、施工进度管理及施工质量管理等（图 4.2-3）。

技术路线 1 的不足之处是：目前同一个项目技术部门和商务部门需要根据各自的业务

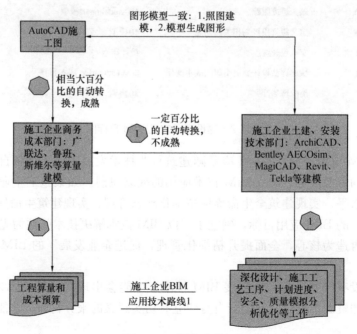

图 4.2-3　技术路线 1

需求创建两次模型，技术模型与算量模型之间的信息互用还没有成熟到普及应用的程度。但这是目前看来业务上和技术上都比较可行的路线。

2. 技术路线2

技术路线2即商务部门根据cad施工图利用广联达、鲁班及斯维尔等算量软件建模，从而计算工程量及成本估算。而技术部门根据技术部门建立的模型再利用revit、tekla等建模，从而进一步进行深化设计、施工过程模拟、施工进度管理及施工质量管理等（图4.2-4）。

技术路线2与技术路线1的共同点是：技术和商务使用两个不同的模型，使用不同的软件来实现各自的业务目标，不同模型之间的信息互用减少或避免了两个模型建立的重复工作。

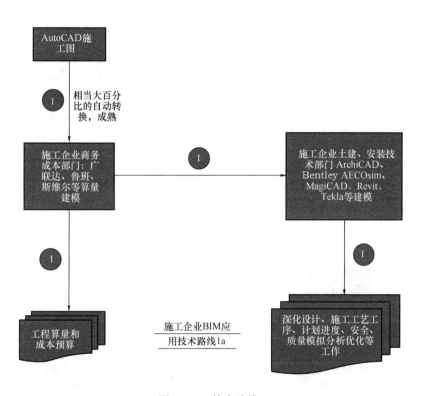

图4.2-4　技术路线2

3. 技术路线3

技术路线3即技术部门根据cad施工图利用revit、tekla等建模，从而进一步进行深化设计、施工过程模拟、施工进度管理及施工质量管理等，商务部门根据技术部门所建的模型进行工程量计算及成本估算（图4.2-5）。

技术路线3中"从土建、机电、钢结构等技术模型完成算量和预算"的做法已经有VICO、Innovaya等成功先例。

4. 技术路线4

技术路线4即商务部门根据cad施工图利用广联达、鲁班及斯维尔等算量软件建模，

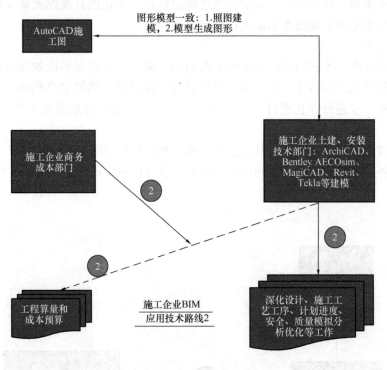

图 4.2-5　技术路线 3

从而计算工程量及成本估算。而技术部门根据商务部门建立的模型进行深化设计、施工过程模拟、施工进度管理及施工质量管理等（图 4.2-6）。

技术路线 4 中"从算量模型完成土建、机电、钢结构技术任务"的做法目前还没

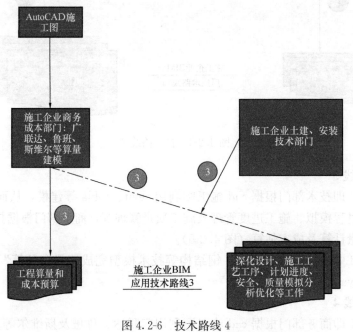

图 4.2-6　技术路线 4

有类似的尝试，这样的做法无论从技术上还是业务流程上其合理性和可行性都还值得商榷。

4.2.3 项目 BIM 实施保障措施

1. 建立系统运行保障体系

建立系统运行保障体系主要包括组建系统人员配置保障体系、编制 BIM 系统运行工作计划、建立系统运行例会制度和建立系统运行检查机制等方面。从而保障项目 BIM 在实施阶段中整个项目系统能够高效准确运行，以实现项目实施目标。

（1）组建系统人员配置保障体系

① 按 BIM 组织架构表成立总包 BIM 系统执行小组，由 BIM 系统总监全权负责。经业主审核批准，小组人员立刻进场，最快速度投入系统的创建工作。

② 成立 BIM 系统领导小组，小组成员由总包项目总经理、项目总工、设计及 BIM 系统总监、土建总监、钢结构总监、机电总监、装饰总监、幕墙总监组成，定期沟通及时解决相关问题。

③ 总包各职能部门设专人对口 BIM 系统执行小组，根据团队需要及时提供现场进展信息。

④ 成立 BIM 系统总分包联合团队，各分包派固定的专业人员参加，如果因故需要更换，必须有很好的交接，保持其工作的连续性。

（2）编制 BIM 系统运行工作计划

编制 BIM 系统运行工作计划主要体现在以下两个方面：

① 各分包单位、供应单位根据总工期以及深化设计出图要求，编制 BIM 系统建模以及分阶段 BIM 模型数据提交计划、四维进度模型提交计划等，由总包 BIM 系统执行小组审核，审核通过后由总包 BIM 系统执行小组正式发文，各分包单位参照执行。

② 根据各分包单位的计划，编制各专业碰撞检测计划、修改后重新提交计划。

（3）建立系统运行例会制度

建立系统运行例会制度主要体现在以下三个方面：

① BIM 系统联合团队成员，每周召开一次专题会议，汇报工作进展情况、遇到的困难以及需要总包协调的问题。

② 总包 BIM 系统执行小组，每周内部召开一次工作碰头会，针对本周本条线工作进展情况和遇到的问题，制定下周工作目标。

③ BIM 系统联合团队成员，必须参加每周的工程例会和设计协调会，及时了解设计和工程进展情况。

（4）建立系统运行检查机制

建立系统运行检查机制主要体现在以下三个方面：

① BIM 系统是一个庞大的操作运行系统，需要各方协同参与。由于参与的人员多且复杂，需要建立健全的检查制度来保证体系的正常运作。

② 对各分包单位，每两周进行一次系统执行情况飞行检查，了解 BIM 系统执行的真实情况、过程控制情况和变更修改情况。

③ 对各分包单位使用的 BIM 模型和软件进行有效性检查，确保模型和工作同步

进行。

2. 建立模型维护与应用保障体系

建立模型维护与应用保障体系主要包括建立模型应用机制、确定模型应用计划和实施全过程规划等方面，从而保障从模型创建到模型应用的全过程信息无损化传递和应用。

（1）建立模型维护与应用机制

建立模型维护与应用机制主要体现在以下八个方面：

① 督促各分包在施工过程中维护和应用 BIM 模型，按要求及时更新和深化 BIM 模型，并提交相应的 BIM 应用成果。如在机电管线综合设计的过程中，对综合后的管线进行碰撞校验，并生成检验报告。设计人员根据报告所显示的碰撞点与碰撞量调整管线布局，经过若干个检测与调整的循环后，可以获得一个较为精确的管线综合平衡设计。

② 在得到管线布局最佳状态的三维模型后，按要求分别导出管线综合图、综合剖面图、支架布置图以及各专业平面图，并生成机电设备及材料量化表。

③ 在管线综合过程中建立精确的 BIM 模型，还可以采用相关软件制作管道预制加工图，从而大大提高本项目的管道加工预制化、安装工程的集成化程度，进一步提高施工质量，加快施工进度。

④ 运用相关进度模拟软件建立四维进度模型，在相应部位施工前 1 个月内进行施工模拟，及时优化工期计划，指导施工实施。同时，按业主所要求的时间节点提交与施工进度相一致的 BIM 模型。

⑤ 在相应部位施工前的 1 个月内，根据施工进度及时更新和集成 BIM 模型，进行碰撞检测，提供包括具体碰撞位置的检测报告。设计人员根据报告很快找到碰撞点所在位置并进行逐一调整，为了避免在调整过程中有新的碰撞点产生，检测和调整会进行多次循环，直至碰撞报告显示零碰撞点。

⑥ 对于施工变更引起的模型修改，在收到各方确认的变更单后的 14 天内完成。

⑦ 在出具完工证明以前，向业主提交真实准确的竣工 BIM 模型，BIM 应用资料和设备信息等，确保业主和物业管理公司在运营阶段具备充足的信息。

⑧ 集成和验证最终的 BIM 竣工模型，按要求提供给业主。

（2）确定 BIM 模型的应用计划

确定 BIM 模型的应用计划主要体现在以下七个方面：

① 根据施工进度和深化设计及时更新和集成 BIM 模型，进行碰撞检测，提供具体碰撞的检测报告，并提供相应的解决方案，及时协调解决碰撞问题。

② 基于 BIM 模型，探讨短期及中期的施工方案。

③ 基于 BIM 模型，准备机电综合管道图（CSD）及综合结构留洞图（CBWD）等施工深化图纸，及时发现管线与管线之间、管线与建筑、结构之间的碰撞点。

④ 基于 BIM 模型，及时提供能快速浏览的如 DWF 等格式的模型和图片，以便各方查看和审阅。

⑤在相应部位施工前的 1 个月内，施工进度表进行 4D 施工模拟，提供图片和动画视频等文件，协调施工各方优化时间安排。

⑥ 应用网上文件管理协同平台，确保项目信息及时有效地传递。

⑦ 将视频监视系统与网上文件管理平台整合，实现施工现场的实时监控和管理。

（3）实施全过程规划

为了在项目期间最有效地利用协同项目管理与 BIM 计划，先投入时间对项目各阶段中团队各利益相关方之间的协作方式进行规划。

① 对项目实施流程进行确定，确保每项目任务能按照相应计划顺利完成。

② 确保各人员团队在项目实施过程中能够明确各自相应的任务及要求。

③ 对整个项目实施时间进度进行规划，在此基础上确定每个阶段的时间进度，以保障项目如期完成。

4.2.4 BIM 实施规划案例分析

BIM 实施方案主要由三部分组成：BIM 应用业务目标、BIM 应用具体内容、BIM 应用技术路线（图 4.2-7）。

下面以某市政务服务中心项目为例对 BIM 实施规划做出具体分析。

1. 工程概况

该工程总建筑面积 206247m²，地下 3 层，地上最高 23 层，最大檐高为 100m，结构形式为框架—剪力墙结构。

2. BIM 辅助项目实施目标

BIM 应用目标的制定是 BIM 工程应用中极为重要的一环，关系到 BIM 应用的全局和整体应用效果。考虑到该工程项目施工重点、难点及公司管理特点，结合以往 BIM 工程应用实践制定了 BIM 应用总体目标，即实现以 BIM 技术为基础的信息化手段对本项目的支撑，进而提高施工信息化水平和整体质量。BIM 项目实施目标如图 4.2-8 所示。

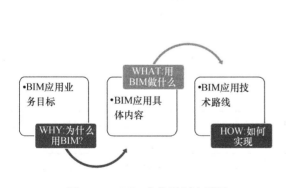

图 4.2-7　BIM 实施规划流程图

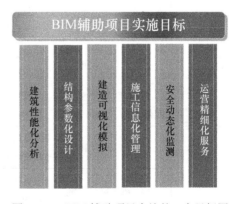

图 4.2-8　BIM 辅助项目实施的 6 大目标图

3. BIM 应用内容

结合 BIM 应用总体目标、项目实际工期要求、项目施工难点及特点，制定了本工程 BIM 应用内容，如表 4.2-1 所示。

BIM 项目应用内容表　　　　　　　　　　　　　　　　　　表 4. 2-1

项目名称	项目分层	项目内容
BIM 模型建立	（1）土建专业模型	按模型建立标准创建包含结构梁、板、柱截面信息、厂家信息、混凝土等级的 BIM 模型
	（2）钢结构专业模型	按模型建立标准创建钢结构 BIM 模型
	（3）机电专业模型	按模型建立标准创建机电专业 BIM 模型
深化设计	（1）管线综合深化设计	对全专业管线进行碰撞检测并提供优化方案
	（2）复杂节点深化设计	对复杂钢筋混凝土节点的配筋、钢结构节点的焊缝、螺栓等进行深化设计
	（3）幕墙深化设计	明确幕墙与结构连接节点做法、幕墙分块大小、缝隙处理，外观效果，安装方式
施工方案规划	（1）周边环境规划方案	对施工周边环境进行规划，合理安排办公区、休息区、加工区等的位置，减少噪声等环境污染
	（2）场地布置方案	解决现场场地划分问题，明确各项材料、机具等的位置堆放
	（3）专项施工方案	直观地对专项施工方案进行分析对比与优化，合理编排施工工序及安排劳动力组织
4D 施工动态模拟	（1）土建施工动态模拟	给三维模型添加时间节点，对工程主体结构施工过程进行 4D 施工模拟
	（2）钢结构施工动态模拟管理	对钢结构部分安装过程进行模拟
	（3）关键工艺展示	制作部分复杂墙板、配筋关键节点的施工工艺展示动画，用于指导施工
施工管理平台开发	（1）平台开发准备	整合创建的全部 BIM 模型、深化设计、施工方案规划、施工进度安排等平台开发所需资料，建立施工项目数据库
	（2）平台架构制定	根据项目自身特点及总承包管理经验，制定符合本项目的施工管理平台架构
	（3）平台开发关键技术	利用计算机编程技术，开发相应的数据接口，结合以上数据库及平台架构，完成平台开发
总承包施工项目管理	（1）施工人员管理	将施工过程中的人员管理信息集成到 BIM 模型中，通过模型的信息化集成来分配任务
	（2）施工机具管理	包括机具管理和场地管理，具体内容包括群塔防碰撞模拟、脚手架设计等
	（3）施工材料管理	包括物料跟踪、算量统计等，利用 BIM 模型自带的工程量统计功能实现算量统计
	（4）施工工法管理	将施工自然环境及社会环境通过集成的方式保存在模型中，对模型的规则进行制定以实现对环境的管理
	（5）施工环境管理	包括施工进度模拟、工法演示、方案比选，利用数值模拟技术和施工模拟技术实现施工工法的标准化应用

项目名称	项目分层	项目内容
施工风险预控	（1）施工成本预控	自动化工程量统计及变更修复，并指导采购，快速实行多维度（时间、空间、WBS）成本分析
	（2）施工进度预控	利用管理平台提高工作效率，施工进度模拟控制、校正施工进度安排
	（3）施工质量预控	复杂钢筋混凝土节点施工指导，移动终端现场管理
	（4）施工安全预控	施工动态监测、危险源识别

4. BIM 技术路线

在 BIM 应用内容计划的基础上，需要明确各计划实施的起始点及结束点，各应用计划间的相互关系，以确定工作程序、人员的安排。结合以往工程施工流程与 BIM 工作计划制定了符合 BIM 应用目标的 BIM 应用流程，如图 4.2-9 所示。同时，在 BIM 应用流程的基础上进一步确定实现每一流程步骤所需要的技术手段和方法，如软件的选择，如表 4.2-2 所示。

BIM 应用软件选择举例表　表 4.2-2

BIM 应用流程	BIM 应用内容	软件选择（举例如下）
1	BIM 模型建立	Revit
2	深化设计	Revit、navisworks
3	4D 施工动态模拟	navisworks
4	施工方案规划	Lumion

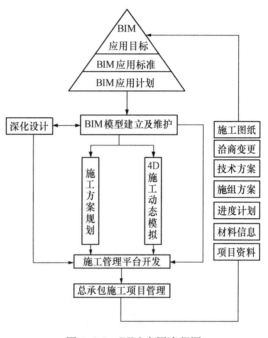

图 4.2-9　BIM 应用流程图

4.3　项目实施阶段

4.3.1　BIM 实施模式

根据对部分大型项目的具体应用和中国建筑业协会工程建设质量管理分会等机构进行的调研，目前国内 BIM 组织实施模式大略可归纳为 4 类：设计主导管理模式、咨询辅助管理模式、业主自主管理模式、施工承包商主导管理模式。

1. 设计主导管理模式

设计主导管理模式是由业主委托一家设计单位，将拟建项目所需的 BIM 应用要求等以 BIM 合同的方式进行约定，由设计单位建立 BIM 设计模型，并在项目实施过程中提供 BIM 技术指导、模型信息的更新与维护、BIM 模型的应用管理等，施工单位在设计模型上建立施工模型，如图 4.3-1 所示。

设计方驱动模式应用最早、也较为广泛，各设计单位为了更好地表达自己的设计方

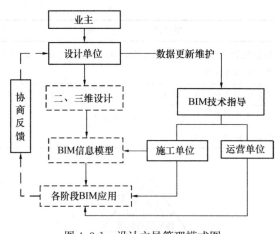

图 4.3-1　设计主导管理模式图

案，通常采用 3D 技术进行建筑设计与展示，特别是大型复杂的建设项目，以期赢取设计招标。但在施工及运维阶段，设计方的驱动力下降，对施工过程中以及施工结束后业主关注的运维等应用考虑较少，导致业主后期施工管理和运营成本较高。

2. 咨询辅助管理模式

业主分别同设计单位签订设计合同、同 BIM 咨询公司签订 BIM 咨询服务合同，先由设计单位进行设计，BIM 咨询公司根据设计资料进行三维建模，并进行设计、碰撞检查，随后将检查结果及时反馈以减少工程变更，此即最初的 BIM 咨询模式，如图 4.3-2 所示。有些设计企业也在推进应用 BIM 技术辅助设计，由 BIM 咨询单位作为 BIM 总控单位进行协调设计和施工模拟，BIM 咨询公司还需对业主方后期项目运营管理提供必要的培训和指导，以确保运营阶段的效益最大化。

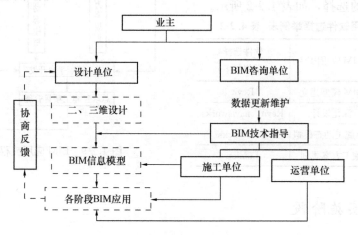

图 4.3-2　咨询辅助管理模式图

此模式侧重基于模型的应用，如模拟施工、能效仿真等，且有利于业主方择优选择设计单位并进行优化设计，利于降低工程造价。缺点是业主方前期合同管理工作量大，参建各方关系复杂，组织协调难度较大。

3. 业主自主管理模式

在业主自主管理的模式下，初期建设单位主要将 BIM 技术集中用于建设项目的勘察、设计以及项目沟通、展示与推广。随着对 BIM 技术认识的深入，BIM 的应用已开始扩展至项目招投标、施工、物业管理等阶段。

（1）在设计阶段，建设单位采用 BIM 技术进行建设项目设计的展示和分析，一方面，将 BIM 模型作为与设计方沟通的平台，控制设计进度。另一方面，进行设计错误的检测，在施工开始之前解决所有设计问题，确保设计的可实施性，减少返工。

（2）在招标阶段，建设单位借助于 BIM 的可视化功能进行投标方案的评审，提高投标方案的可视性，确保投标方案的可行性。

（3）在施工阶段，采用 BIM 技术中的模拟功能进行施工方案模拟并进行优化，一方面提供了一个与承建商沟通的平台、控制施工进度，另一方面，确保施工的顺利进行、保证投资控制和工程质量。

（4）在物业管理阶段，前期建立的 BIM 模型集成了项目所有的信息，如材料型号、供应商等，可用于辅助建设项目维护与应用。

业主自主模式如图 4.3-3 所示，是由业主方为主导，组建专门的 BIM 团队，负责 BIM 实施，并直接参与 BIM 具体应用。该模式对业主方 BIM 技术人员及软硬件设备要求都比较高，特别是对 BIM 团队人员的沟通协调能力、软件操作能力有较高的要求，且前期团队组建困难较多、

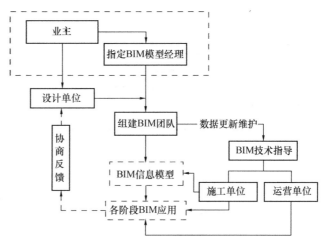

图 4.3-3　业主自主管理模式图

成本较高、应用实施难度大，对业主方的经济、技术实力有较高的要求和考验。

4. 施工主导管理模式

施工方主导模式是近年来随着 BIM 技术不断成熟应用而产生的一种模式，其应用方通常为大型承建商。承建商采用 BIM 技术的主要目的是辅助投标和辅助施工管理。

在竞争的压力下，承建商为了赢得建设项目投标，采用 BIM 技术和模拟技术来展示自己施工方案的可行性及优势，从而提高自身的竞争力。另外，在大型复杂建筑工程施工过程中，施工工序通常也比较复杂，为了保证施工的顺利进行、减少返工，承建商采用 BIM 技术进行施工方案的模拟与分析，在真实施工之前找出合理的施工方案，同时便于与分包商协作与沟通。

此种应用模式主要面向建设项目的招投标阶段和施工阶段，当工程项目投标或施工结束时，施工方的 BIM 应用驱动力则降低，对于适用于整个生命周期管理的 BIM 技术来说，其 BIM 信息没有被很好地传递，施工过程中产生的信息将会丢失，失去了 BIM 技术应用本身的意义。

综上所述，从项目 BIM 应用实施的初始成本、协调难度、应用扩展性、对运营的支持程度以及对业主要求等 5 个角度来分别考察四种模式的特点，可以得出如表 4.3-1、表 4.3-2 所示的四种应用模式的特征对比。根据四种模式的特征可得出各种模式的适用情形和适用范围，如表 4.3-3 所示。

在工程项目参与各方中，业主处于主导地位。在 BIM 实施应用的过程中，业主是最大的受益者，因此业主实施 BIM 的能力和水平将直接影响 BIM 实施的效果。业主应当根

据项目目标和自身特点选择合适的 BIM 实施模式，以保证实施效果，真正发挥 BIM 信息集成的作用，切实提高工程建设行业的管理水平。

四种 BIM 应用管理模式特征对比表

表 4.3-1

BIM 应用管理模式	初始成本	协调难度	应用扩展性	运营支持程度	对业主要求
设计主导	较低	一般	一般	低	较低
咨询辅助	中	小	丰富	高	低
业主自主	较高	大	最丰富	高	高
施工主导	较低	一般	一般	低	较低

四种 BIM 应用管理模式功能和效用比较表

表 4.3-2

BIM 应用管理模式	功能和效用		
	适用工程阶段	效用	目前应用程度
设计主导	设计阶段	最小	最广泛
咨询辅助	全过程	最大	稳步发展
业主自主	全过程	最大	较少
施工主导	投标和施工	较小	较少

四种 BIM 应用管理模式的适用情况表

表 4.3-3

BIM 应用管理模式	特点	适用情况
设计主导	(1) 合同关系简单，合同管理容易 (2) 业主方实施难度一般 (3) 对设计方的 BIM 技术实力有考验 (4) 设计招标难度大，具有风险性	(1) 信息模型建立简单的项目 (2) 适用于中小型规模、BIM 技术应用相对较为成熟的项目 (3) 大部分情况下，项目竣工后交由第三方运营管理
咨询辅助	(1) BIM 咨询单位一般具有较高的专业技术水准有利于 BIM 技术应用 (2) 有利于项目全过程效益的发挥 (3) 业主协调工作量大大减少	(1) 适用的项目范围、规模大小较为广泛 (2) 项目竣工后交由第三方运营管理，也可业主自营
业主自主	(1) 业主方自建 BIM 团队，专业技术要求较高 (2) 项目建设期结束后，参建人员转而进入后期运营管理 (3) 要求业主方有 BIM 实施愿景	(1) 适用于规模较大，专业较多，技术复杂的大型工程项目 (2) 大部分情况下，业主方自建自营
承建商驱动	(1) 前期无法介入 (2) 一般局限在施工过程，且模型精度不高 (3) 一般为特大型企业才主动推动 BIM 应用	适用于工程总承包项目等

4.3.2 BIM 组织架构

BIM 组织架构的建立即 BIM 团队的构建，是项目目标能否实现的重要影响因素，是项目准确高效运转的基础。故在企业在项目实施阶段前期应根据 BIM 技术的特点结合项目本身特征依次从领导层、管理层再到作业层分梯组建项目级 BIM 团队，从而更好地实现 BIM 项目从上而下的传达和执行。具体团队组织架构如图 4.3-4 所示。

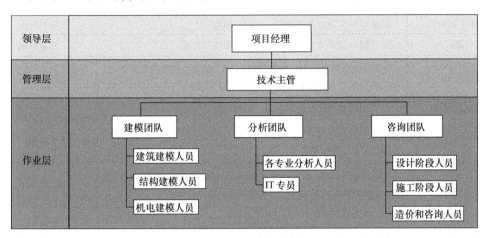

图 4.3-4　BIM 组织架构图

领导层主要设置项目经理，其主要负责该项目的对外沟通协调，包括与甲方互动沟通、与项目其他参与方协调等。同时负责该项目的对内整体把控，包括实施目标、技术路线、资源配置、人员组织调整、项目进度和项目完成质量等方面的控制。故对该岗位人员的工程经验及领导能力等素质要求较高。

管理层主要设置技术主管，其主要负责将 BIM 项目经理的项目任务安排落实到 BIM 操作人员，同时对 BIM 项目在各阶段实施过程中进行技术指导及监督。故对该岗位人员的 BIM 技术能力和工程能力要求较高。

作业层主要设置建模团队、分析团队和咨询团队。其中建模团队由各专业建模人员组成，包括建筑建模、结构建模和机电建模等，主要负责在项目前期根据项目要求创建 BIM 模型；分析团队主要有各专业分析人员和 IT 专员，各专业分析人员主要负责根据项目需求对建模团队所建模型进行相应的分析处理，IT 专员主要负责数据维护和管理；咨询团队主要由工程各阶段参与人员组成，包括设计阶段、施工阶段和造价咨询等，其主要职责是为建模团队和分析团队提供工程咨询，以准确满足项目需求。

因不同企业和项目具有各自不同的性质，在项目实施过程中具有不同的过程或特点，故在 BIM 团队组建时企业可根据自身特点和项目实际需求设置符合具体情况的 BIM 组织架构。

下面介绍某施工企业项目的 BIM 团队组建，可作为施工项目的 BIM 团队组建的参考。

该项目选择的 BIM 工作模式为在项目部组建自己的 BIM 团队，在团队成立前期进行项目管理人员、技术人员 BIM 基础知识培训工作。团队由项目经理牵头，团队成员由项目部各专业技术部门、生产、质量、预算、安全和专业分包单位组成，共同落实 BIM 应用与管理的相关工作。其中 BIM 实施团队具体人员、职责及 BIM 能力要求如表 4.3-4 所示。

实施团队表

表 4.3-4

团队角色	BIM 工作及责任	BIM 能力要求
项目经理	监督、检查项目执行进展	基本应用
BIM 小组组长	制定 BIM 实施方案并监督、组织、跟踪	基本应用
项目副经理	制定 BIM 培训方案并负责内部培训考核、评审。	基本应用
测量负责人	采集及复核测量数据，为每周 BIM 竣工模型提供准确数据基础；利用 BIM 模型导出测量数据指导现场测量作业	熟练运用
技术管理部	利用 BIM 模型优化施工方案，编制三维技术交底	熟练运用
深化设计部	运用 BIM 技术展开各专业深化设计，进行碰撞检测并充分沟通、解决、记录；图纸及变更管理	精通
BIM 工作室	预算及施工 BIM 模型建立、维护、共享、管理；各专业协调、配合；提交阶段竣工模型，与各方沟通；建立、维护、每周更新和传送问题解决记录（IRL）	精通
施工管理部	利用 BIM 模型优化资源配置组织	熟练运用
机电安装部	优化机电专业工序穿插及配合	熟练运用
商务合约管理部	确定预算 BIM 模型建立的标准。利用 BIM 模型对内、对外的商务管控及内部成本控制，三算对比	熟练运用
物资设备管理部	利用 BIM 模型生成清单，审批、上报准确的材料计划	熟练运用
安全环境管理部	通过 BIM 可视化展开安全教育、危险源识别及预防预控，指定针对性应急措施	基本运用
质量管理部	通过 BIM 进行质量技术交底，优化检验批划分、验收与交接计划	熟练运用

4.3.3 技术资源配置

1. 软件配置

（1）软件选择

项目 BIM 在各阶段实施过程中应用点众多，应用形式丰富。故在项目实施前应根据各应用内容及结合企业自身情况，合理选择 BIM 软件。

根据应用内容的不同，BIM 软件主要可分为模型创建软件、模型应用软件和协同平台软件，如图 4.3-5 所示。BIM 软件详细介绍见本书第 3 章相关内容。

模型创建软件主要包括 BIM 概念设计软件和 BIM 核心建模软件等；模型应用软件主要包括 BIM 分析软件、BIM 检查软件、BIM 深化设计软件、BIM 算量软件、BIM 发布审核软件、BIM 施工管理软件、BIM 运维管理软件等；协同平台软件主要包括各参与方协同软件、各阶段协同平台软件等。

其中各类型软件下又存在各种不同公司软件可供选择，如 BIM 核心建模软件主要有：

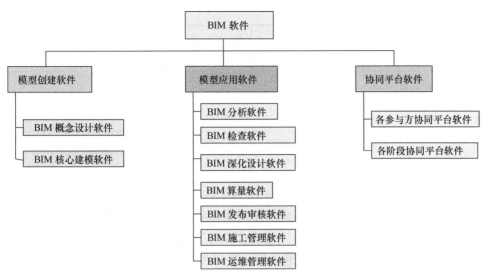

图 4.3-5 软件系统示意图

RevitArchitecture、BentleyArchitecture、CATIA 和 ArchiCAD 等。因此，在项目 BIM 实施软件选择时，应首先了解各软件的特点及操作要求，在此基础上根据项目特点、企业条件和应用要求等因素选择合适的 BIM 软件。

下面以某项目 BIM 软件应用计划为例，对软件配置及应用做出具体描述，如表 4.3-5 所示。

BIM 软件应用计划表   表 4.3-5

序号	实施内容	应用工具
1	全专业模型的建立	Revit 系列软件、Bentley 系列软件、AichiCAD Digital Project、Xsteel
2	模型的整理及数据的应用	Revit 系列软件、PKPM、RTABS、ROBOT
3	碰撞检测	Revit Architecture、Revit Structure Revit MEP、Naviswork Manage
4	管综优化设计	Revit Architecture、Revit Structure Revit MEP、Naviswork Manage
5	4D 施工模拟	Naviswork Manage、Project Wise Navigator Visula Simulation、Synchro
6	各阶段施工现场平面施工布置	Sketch up
7	钢骨柱节点深化	Revit Structure、钢筋放样软件 PKPM、Tekla Structure
8	协同、远程监控系统	自主开发软件
9	模架验证	Revit 系列软件
10	挖土、回填土算量	Civil 3D
11	虚拟可视空间验证	Naviswork Manage 3DMax

续表

序号	实施内容	应用工具
12	能耗分析	Revit 系列软件 MIDAS
13	物资管理	自主开发软件
14	协同平台	自主开发软件
15	三维模型交付及维护	自主开发软件

（2）软件版本升级

为了保证数据传递的通畅性，在项目 BIM 实施阶段软件资源配置时，应根据甲方具体要求或与项目各参与方进行协同合理选择软件版本，对不符合要求的版本软件进行相应的升级。从而避免各软件之间的兼容问题及接口问题，以保证项目实施过程中 BIM 模型和数据能够实现各参与方之间的精准传递，实现项目全生命周期各阶段的数据共享和协同。

（3）软件自主开发

因各项目具有各自不同的特征，且项目各阶段应用内容复杂，形式丰富，市场现有的 BIM 软件或 BIM 产品可能不能完全满足项目的所有需求。故在企业条件允许的情况下，可根据具体需求自主研发相应的实用性软件，也可委托软件开发公司开发符合其要求的软件产品。从而实现软件与项目实施的紧密配合。如某施工企业根据项目施工特色自主研发了用于指导施工过程的软件平台，在工作协同、综合管理方面，通过自主研发的施工总包 BIM 协同平台，来满足工程建设各阶段需求。

2. 硬件配置

BIM 模型携带的信息数据庞大，因此，在 BIM 实施硬件配置上应具有严格的要求，根据不同用途和方向并结合项目需求和成本控制，对硬件配置进行分级设置，即最大限度地保证了硬件设备在 BIM 实施过程中的正常运转，最大限度地有效控制成本。

另外，项目实施过程中 BIM 模型信息和数据具有动态性和可共享性，因此在保障硬件配置满足要求的基础上还应根据工程实际情况搭建 BIM Server 系统，方便现场管理人员和 BIM 中心团队进行模型的共享和信息传递。通过在项目部和 BIM 中心各搭建服务器，以 BIM 中心的服务器作为主服务器，通过广域网将两台服务器进行互联，然后分别给项目部和 BIM 中心建立模型的计算机进行授权，就可以随时将自己修改的模型上传到服务器上，实现模型的异地共享，确保模型的实时更新。

以下从模型信息创建、数据存储管理和数据信息共享这三个阶段对硬件资源配置要求作出简要介绍。

（1）模型信息创建

模型信息创建阶段是 BIM 技术应用的初始阶段，主要指的是 BIM 工程师根据设计要求在电脑上采用相应软件建立 BIM 模型，同时将项目相关信息数据录入相应模型及构件。故在此阶段对操作电脑的硬件要求较高，具体电脑配置要求如表 4.3-6 所示。

关于各个软件对硬件的要求，软件厂商一般会有推荐的硬件配置要求，但从项目应用 BIM 的角度出发，需要考虑的不仅是单个软件产品的配置要求，还需要考虑项目的大小、复杂程度、BIM 的应用目标、团队应用程度、工作方式等。

电脑硬件配置表　　　　　　　　　　　　　　　　　表 4.3-6

电脑硬件	参考要求
CPU	推荐拥有二级或三级高速缓冲存储器的 CPU 推荐多核系统，多核系统可以提高 CPU 的运行效率，在同时运行多个程序时速度更快，即使软件本身不支持多线程工作，采用多核也能在一定程度上优化其工作表现
内存	一般所需内存的大小应最少是项目内存的 20 倍，由于目前大部分用 BIM 的项目都比较大，一般推荐采用 8G 或 8G 以上的内存
显卡	应避免集成式显卡，集成式显卡运行时需占用系统内存，而独立显卡具有自己的显存，显示效果和运行性能更好。一般显存容量不应小于 512M
硬盘	硬盘的转速对系统具有一定影响，但其对软件工作表现的提升作用没有前三者明显

（2）信息数据存储管理

在模型数据创建完成后，BIM 中心和项目部应配置相应设备将项目各专业模型及信息进行管理及存储，同时也包括对项目实施各阶段不断录入的数据进行保存。具体配置可参考如下：

① 配置多台 UPS，如几台 6KVA；

② 配置多台图形工作站；

③ 配置多台 NAS 存储。项目部配置多台 10TB NAS 存储，公司 BIM 中心配置多台 10TB NAS 存储。

（3）数据传递与共享

BIM 技术的应用是对模型信息的动态协同管理和应用，故需在项目部与公司 BIM 中心之间建立相应的网络系统，从而实现数据信息共享，具体配置可参考如表 4.3-7 所示。

网络服务配置表　　　　　　　　　　　　　　　　　表 4.3-7

部门	配置	说明
项目部	数据库服务器	提供数据查询、更新、事务管理、索引、高速缓存、查询优化、安全及多用户存取控制等服务
	文件服务器	向数据服务器提供文件
	WEB 服务器	将整个系统发布到网络上，使用户通过浏览器就可以访问系统。
	数据网关服务器	在网络层以上实现网络互连
公司 BIM 中心	数据网关服务器	在网络层以上实现网络互连
	Revitserver 服务器	它是与 Revit Architecture、Revit Structure、Revit MEP 和 Autodesk Revit 配合使用的服务器。它为 Revit 项目实现基于服务器的工作共享奠定了基础。工作共享的项目是一个可供多个团队成员同时访问和修改的 Revit 建筑模型

4.3.4 软件培训

BIM 软件培训应遵循以下原则：

（1）关于培训对象

应选择具有建筑工程或相关专业大专以上学历、具备建筑信息化基础知识、掌握相关软件基础应用的设计、施工、房地产开发公司技术和管理人员。

（2）关于培训方式

主要培训方式如下：

① 授课培训

授课培训即脱产集中学习的方式，授课地点统一安排在多媒体计算机房，每次培训人数不宜超过 30 人，为学员配备计算机，在集中授课时，配有助教随时辅导学员上机操作。技术部负责制订培训计划、跟踪培训实施、定期汇报培训实施状况，并最终给予考核成绩，以确保培训得以顺利实施，达到对培训质量的要求。

授课培训可分为内聘讲师培训及外聘讲师培训。

a. 内聘导师培训

公司人力资源部从内部聘任一批 BIM 技术能手为导师，采取"师带徒，一帮一"的培养方式。一方面充分利用公司内部员工的先进技能和丰富的实践经验，帮助 BIM 初学者尽快提高业务能力，另一方面可以节约培训费用，也很好地解决了集中培训困难的问题。

b. 外聘讲师培训

事先调查了解员工在学习运用 BIM 技术过程中遇到的问题和困惑，然后外聘专业讲师进行针对性的专题培训。外聘讲师具有员工所不具备的 BIM 运用经验、善于使用专业的培训技巧，容易调动学习兴趣，高效解决实际疑难问题。

② 网络视频培训

网络视频培训是现代企业培训中不可或缺的一部分，成为现代化培训中非常重要、有效的手段，它将文字、声音、图像以及静态和动态进行巧妙地结合，激发员工的学习兴趣，提高员工的思考和思维能力。培训课件内容丰富，从 BIM 软件的简单入门操作到高级技巧运用，从土建、钢筋到电气、消防、暖通专业，样样俱全，并包含大量的工程实例。

③ 借助专业团队培养人才

运用 BIM 技术之初，管理人员在面对新技术时可能会比较困惑，缺乏对 BIM 的整体了解和把握。引进工程顾问专业团队，实现工程顾问一对一辅导、分专业培训，可帮助学员明确方向，避免不必要的错误。

④ 结合实战培养人才

实战是培养人才的最好方式，通过实际项目的运作来检验学习成果。选择难度适中的BIM 项目，让学员参与到项目的应用中，将前期所学的知识技能运用到实际工程中，同时发现自身不足之处或存在的知识盲区，通过学习知识—实际运用—运用反馈—再学习的培训模式，使学员在实战中迅速成长，同时也为学员初步积累了 BIM 运用经验。

（3）关于培训主题

应普及 BIM 的基础概念，从项目实例中剖析 BIM 的重要性，深度分析 BIM 的发展前景与趋势，多方位展示 BIM 在实际项目操作与各个方面的联系；围绕市场主要 BIM 应用软件进行培训，同时要对学员进行测试，随时将理论学习与项目实战相结合，并要对学员的培训状况及时反馈。

4.3.5 数据准备

数据准备即 BIM 数据库的建立及提取。BIM 数据库是管理每个具体项目海量数据创建、承载、管理、共享支撑的平台。企业将每个工程项目 BIM 模型集成在一个数据库中，即形成了企业级的 BIM 数据库。BIM 技术能自动计算工程实物量，因此 BIM 数据库也包含大量的数据。BIM 数据库可承载工程全生命周期几乎所有的工程信息，并且能建立起 4D（3D 实体＋1D 时间）关联关系数据库。这些数据库信息在建筑全过程中动态变化调整，并可以及时准确地调用系统数据库中包含的相关数据，加快决策进度、提高决策质量，从而提高项目质量，降低项目成本，增加项目利润。

建立 BIM 数据库对整个工程项目有着重要的意义，具体体现在以下四个方面：

1. 快速算量，精度提升

BIM 数据库的创建，通过建立 6D 关联数据库，可以准确快速地计算工程量，提升施工预算的精度与效率。由于 BIM 数据库的数据粒度达到构件级，可以快速提供支撑项目各条线管理所需的数据信息，有效提升施工管理效率。

2. 数据调用，决策支持

BIM 数据库中的数据具有可计量（computable）的特点，大量工程相关的信息可以为工程提供数据后台的巨大支持。BIM 中的项目基础数据可以在各管理部门进行协同和共享，工程量信息可以根据时空维度、构件类型等进行汇总、拆分、对比分析等，保证工程基础数据及时、准确地提供，为决策者制订工程造价项目群管理、进度款管理等方面的决策提供依据。

3. 精确计划，减少浪费

施工企业精细化管理很难实现的根本原因在于海量的工程数据，无法快速准确地获取用以支持资源计划，以致使经验主义盛行。而 BIM 的出现可以让相关管理条线快速准确地获得工程基础数据，为施工企业制定精确的人材机计划提供了有效支撑，大大减少了资源、物流和仓储环节的浪费，为实现限额领料、消耗控制提供了技术支撑。

4. 多算对比，有效管控

管理的支撑是数据，项目管理的基础就是工程基础数据的管理，及时、准确地获取相关工程数据就是项目管理的核心竞争力。BIM 数据库可以实现任一时点上工程基础信息的快速获取，通过合同、计划与实际施工的消耗量、分项单价、分项合价等数据的多算对比，可以有效了解项目运营是盈是亏，消耗量有无超标，进货分包单价有无失控等问题，实现对项目成本风险的有效管控。

4.3.6 项目试运行

项目试运行是一个确保、记录所有系统和部件都能按明细和最终用户要求以及业主运营需要执行其相应功能的系统化过程。

根据美国建筑科学研究院（National Institute of Building Sciences，简称 NIBS）的研究，一个经过试运行的建筑其运营成本要比没有经过试运行的低很多。在传统的项目交付过程中，信息要求集中于项目竣工文档、实际项目成本、实际工期和计划工期的比较、备用部件、维护产品、设备和系统培训操作手册等，这些信息主要由施工团队以纸质文档形式进行递交。而使用项目试运行方法，信息需求来源于项目早期的各个阶段。连续试运行则要求从项目概要设计阶段就考虑试运行需要的信息要求，同时在项目发展的每个阶段随时收集这些信息。

虽然设计、施工和试运行等活动是在数年之内完成的，但是项目的生命周期可能会延伸到几十年甚至几百年，因此运营和维护是最长的阶段，当然也是花费成本最大的阶段。毋庸置疑，运营和维护阶段是能够从结构化信息递交中获益最多的项目阶段。运营和维护阶段的信息需求包括设施的法律、财务和物理等各个方面，信息的使用者包括业主、运营商（包括设施经理和物业经理）、住户、供应商和其他服务提供商等。物理信息几乎完全可以来源于交付和试运行阶段。此外，运维阶段也产生自己的信息，这些信息可以用来改善设施性能，以及支持设施扩建或清理的决策。运维阶段产生的信息包括运行水平、满住程度、服务请求、维护计划、检验报告、工作清单、设备故障时间、运营成本、维护成本等。

最后，还有一些在运营和维护阶段对设施造成影响的项目，例如住户增建、扩建改建、系统或设备更新等，每一个这样的项目都有自己的生命周期、信息需求和信息源，实施这些项目最大的挑战就是根据项目变化更新整个设施的信息库。

4.3.7 项目管理应用

由于施工项目有施工总承包、专业施工承包、劳务施工承包等多种形式，其项目管理的任务和工作重点也会有很大的差别。BIM 在项目管理中按不同工作阶段、内容、对象和目标可以分很多类别，具体如表 4.3-8 所示。

BIM 在项目管理中应用内容划分表　　　　　　　　　　　　　表 4.3-8

类别	按工作阶段划分	按工作对象划分	按工作内容划分	按工作目标划分
1	投标签约管理	人员管理	设计及深化设计	工程进度控制
2	设计管理	机具管理	各类计算机仿真模拟	工程质量控制
3	施工管理	材料管理	信息化施工、动态工程管理	工程安全控制
4	竣工验收管理	工法管理	工程过程信息管理与归纳	工程成本控制
5	运维管理	环境管理	——	——

下面以某一施工项目管理 BIM 应用为例对项目应用做出详细说明。

该施工项目中的 BIM 应用主要可分为十一大模块，分别为投标应用、深化设计、图纸和变更管理、施工工艺模拟优化、可视化交流、预制加工、施工和总承包管理、工程量应用、集成交付、信息化管理及其他应用。每个模块的具体应用点如表 4.3-9 所示。

BIM 应用清单表　　　　　　　　　　　　　　　表 4.3-9

模块	序号	应用点
模块一，BIM 支持投标应用	1	技术标书精细化
	2	提高技术标书表现形式
	3	工程量计算及报价
	4	投标答辩和技术汇报
	5	投标演示视频制作

续表

模块	序号	应用点
模块二，基于 BIM 的深化设计	1	碰撞分析、管线综合
	2	巨型及异形构件钢筋复杂节点深化设计
	3	钢结构连接处钢筋节点深化设计研究
	4	机电穿结构预留洞口深化设计
	5	砌体工程深化设计
	6	样板展示楼层装饰装修深化设计
	7	综合空间优化
	8	幕墙优化
模块三、BIM 支持图纸和变更管理	1	图纸检查
	2	空间协调和专业冲突检查
	3	设计变更评审与管理
	4	BIM 模型出施工图
	5	BIM 模型出工艺参考图
模块四、基于 BIM 的施工工艺模拟优化	1	大体积混凝土浇筑施工模拟
	2	基坑内支撑拆除施工模拟及验算
	3	钢结构及机电工程大型构件吊装施工模拟
	4	大型垂直运输设备的安拆及爬升模拟与辅助计算
	5	施工现场安全防护设施施工模拟
	6	样板楼层工序优化及施工模拟
	7	设备安装模拟仿真演示
	8	4D 施工模拟
	9	基于 BIM 的测量技术
	10	模板、脚手架、高支模 BIM 应用
	11	装修阶段 BIM 技术应用
模块五，基于 BIM 的可视化交流	1	作为相关方技术交流平台
	2	作为相关方管理工作平台
	3	基于 BIM 的会议（例会）组织
	4	漫游仿真展示
	5	基于三维可视化的技术交底
模块六，BIM 支持预制加工	1	数字化加工 BIM 应用
	2	混凝土构件预制加工
	3	机电管道支架预制加工
	4	机电管线预制加工
	5	为构件预制加工提供模拟参数
	6	预制构件的运输和安排

续表

模块	序号	应用点
模块七，基于 BIM 的施工和总承包管理	1	施工进度三维可视化演示
	2	施工进度监控和优化
	3	施工资源管理
	4	施工工作面管理
	5	平面布置协调管理
	6	工程档案管理
模块八，基于 BIM 技术的工程量应用	1	基于 BIM 技术的工程量测算
	2	BIM 量与定额的对接应用
	3	通过 BIM 进行项目策划管理
	4	5D 分析
模块九，竣工管理和数字化集成交付	1	竣工验收管理 BIM 应用
	2	物业管理信息化
	3	设备设施运营和维护管理
	4	数字化交付
模块十，基于 BIM 的管理信息化	1	采购管理 BIM 应用
	2	造价管理 BIM 应用
	3	BIM 数据库在生产和商务上的应用
	4	质量管理 BIM 应用
	5	安全管理 BIM 应用
	6	绿色施工
	7	BIM 协同平台的应用
	8	基于 BIM 的管理流程再造
模块十一，其他应用	1	三维激光扫描与 BIM 技术结合应用
	2	GIS＋BIM 技术结合应用
	3	物联网技术与 BIM 技术结合应用

4.4　项目总结与评估阶段

4.4.1　项目总结

项目总结即把在项目完成后对其进行一次全面系统的总检查、总评价、总分析、总研究，并分析其中不足，得出经验。项目总结主要体现在以下两个方面：

1. 项目重点、难点总结

项目重点、难点是项目能否实施完成、项目完成能否达到预期目标的重要因素，同时也是整个项目包括各阶段中投入工作量较大且容易出错的地方。故在项目总结阶段对工作难点、重点进行分析总结很有必要。

2. 存在的问题

存在的问题包括分为可避免的和不可避免的。其中可避免的问题主要是由技术方法不合理引起的。比如软件选择不合理、BIM 实施流程制定不合理、项目 BIM 技术路线不合理等。对于此类问题，可通过调整及完善技术或方法解决此项目中不合理的地方。故对此类问题的总结有利于企业在技术及方法方面的积累，可对今后相关项目提供详细的参考经验，以避免相似问题再次出现。不可避免的问题主要是人员及环境等主观因素引起的，比如工作人员个人因素的影响及环境天气不可预见性的影响等。对于此类问题的总结，可为相似项目在项目决策阶段提供参考，对于可能会出现的问题可提前做出准备及相应措施，以最大程度地降低由此带来的损失。

以某项目 BIM 进度管理为例，可对工程应用 BIM 存在的问题及解决问题程度总结如下：在该项目中 BIM 对由主观因素引起的进度管理问题无法解决，只能解决或部分解决由客观条件和技术的落后所造成的进度问题，如表 4.4-1 所示，简明地对比了传统方法和 BIM 技术在工程项目进度管理中的差异，提出了传统方法的局限性（问题）和 BIM 技术的优越性，同时分析了 BIM 技术对这些问题的解决程度。

问题及解决程度分析表　　　　　　　　　　　　　　表 4.4-1

序号	现有问题	应用 BIM 技术	解决程度
1	劳动力不足或消极怠工	不能解决	×
2	二维图纸很难检查错误和矛盾	三维模型的碰撞检查能够有效规避设计成果中的冲突和矛盾	
3	进度计划编制中存在问题	基于 BIM 的虚拟施工有助于进度计划的优化	
4	二维图纸形象性差	三维模型有很强的形象性基于同一模型并相互关联的进度计	√
5	工程参与方沟通配合不通畅	划、资金计划和材料供应计划有助于各参与方之间的配合	
6	对施工环境的影响预计不足	计算机虚拟环境有助于项目管理者有效预测环境的影响	

注："√"—完全解决；"　"—部分解决；"×"—不能解决

三维模型的可视化有效地解决了施工人员的读图问题，按三维模型施工可减少施工成品与设计图纸不符的现象发生，所以针对问题 4 应用 BIM 技术能够完全解决。对于问题 2、3、5、6，BIM 技术的应用只能提高工作效率和降低这些问题发生的概率，无法解决由人员工作和管理中的失误所引起的进度问题，所以这些问题只能部分解决。同时，问题 1 是由于实际条件限制和人的主观因素造成的，这些问题无法通过改进工具和技术得到解决的，所以应用 BIM 技术对此不能解决。

通过以上的经验总结是可以全面、系统地了解以往的工作情况，可以正确认识以往工作中的优缺点，可以明确下一步工作的方向，少走弯路，少犯错误，提高工作效益。

4.4.2 项目评价

项目评价是指在 BIM 项目已经完成并运行一段时间后，对项目的目的、执行过程、效益、作用和影响进行系统的、客观的评价的一种技术经济活动。项目评价主要分为以下三部分：

1. 项目完成情况

项目完成情况即对项目 BIM 应用内容完成情况的评价。主要体现在是否完成设计项目及是否完成合同约定。完成设计项目情况指是否完成项目各部分内容。以某一体育中心 BIM 应用项目为例，其项目各部分包括建筑方案、结构找形、结构设计、深化设计、仿真分析、施工模拟、运维管理等。完成合同约定情况指是否按照合同要求按时按质按量完成项目，并交付相应文件资料。合同约定主要有：总承包合同约定、分包合同约定、专业承包合同约定等，以某国际会展中心 BIM 项目分包合同为例，其合同中约定在指定日期内乙方须完成建筑模型建立、结构模型建立、机电管道模型建立、结构部分施工过程动画模拟，并对甲方交付模型文件及动画文件。

2. 项目成果评价

成果分析即对项目 BIM 是否达到实施目标做出分析评价。以某体育中心 BIM 项目为例，其在项目决策阶段制定的 BIM 实施目标是实现建筑性能化分析、结构参数化设计、建造可视化模拟、施工信息化管理、安全动态化监测、运营精细化服务，故在项目竣工完成后可从以上 6 个方面对项目成果进行评价，以检验项目完成是否达到应用目标。

3. 项目意义

项目意义评价是对 BIM 项目的效益及影响作用做出客观分析评价，包括经济效益、环境效益、社会效益等。项目意义评价有利于对项目 BIM 形成更全面、更长远的认识。以某政务中心 BIM 项目为例，可从项目意义方面对其评价如下：该项目积累了高层结构建模、深化设计、施工模拟、平台开发及总承包管理的宝贵经验，所创建的企业级 BIM 标准为相关企业 BIM 应用标准的编制提供了依据，所开发的基于 BIM 技术的施工项目管理平台可作为类似项目平台研究及开发的样板，对以后 BIM 技术在施工中的深入应用具有参考价值。同时 BIM 技术的应用大大提高了施工管理的效率，与传统管理方式相比，该项目节省了大量人力、物料及时间，具有显著的经济效益。

通过从以上三个方面对项目进行评价，确定项目目标是否达到，项目或规划是否合理有效，项目的主要效益指标是否实现，总结经验教训，并通过及时有效的信息反馈，为未来项目的决策和提高投资决策管理水平提出建议，同时也为被评项目实施运营中出现的问题提出改进建议，从而达到提高投资效益的目的。

4.5　项目各阶段的 BIM 应用

4.5.1　方案策划阶段

方案策划指的是在确定建设意图之后，项目管理者需要通过收集各类项目资料，对各类情况进行调查，研究项目的组织、管理、经济和技术等，进而得出科学、合理的项目方案，为项目建设指明正确的方向和目标。

在方案策划阶段，信息是否准确、信息量是否充足成为管理者能否做出正确决策的关键。BIM 技术的引入，使方案阶段所遇到的问题得到了有效的解决。其在方案策划阶段的应用内容主要包括：现状建模、成本核算、场地分析和总体规划。

1. 现状建模

利用 BIM 技术可为管理者提供概要的现状模型，以方便建设项目方案的分析、模拟，从而为整个项目的建设降低成本、缩短工期并提高质量。例如在对周边环境进行建模（包括周边道路、已建和规划的建筑物、园林景观等）之后，将项目的概要模型放入环境模型中，以便于对项目进行场地分析和性能分析等工作。

2. 成本核算

项目成本核算是通过一定的方式方法对项目施工过程中发生的各种费用成本进行逐一统计考核的一种科学管理活动。

目前，市场上主流的工程量计算软件在逼真性及效率方面还存在一些不足，如用户需要将施工蓝图通过数据形式重新输入计算机，相当于人工在计算机上重新绘制一遍工程图纸。这种做法不仅增加了前期工作量，而且没有共享设计过程中的产品设计信息。

利用 BIM 技术提供的参数更改技术能够将针对建筑设计或文档任何部分所做的更改自动反映到其他位置，从而可以帮助工程师们提高工作效率、协同效率以及工作质量。BIM 技术具有强大的信息集成能力，和三维可视化图形展示能力，利用 BIM 技术建立起的三维模型可以极尽全面的加入工程建设的所有信息。根据模型能够自动生成符合国家工程量清单计价规范标准的工程量清单及报表，快速统计和查询各专业工程量，对材料计划、使用做精细化控制，避免材料浪费，如利用 BIM 信息化特征可以准确提取整个项目中防火门数量、不同样式、材料的安装日期、出厂型号、尺寸大小等，甚至可以统计防火门的把手等细节。同时，基于 BIM 技术生成的工程量不是简单的长度和面积的统计，专业的 BIM 造价软件可以进行精确的 3D 布尔运算和实体减扣，从而获得更符合实际的工程量数据，并且可以自动形成电子文档进行交换、共享、远程传递和永久存档。准确率和速度上都较传统统计方法有很大的提高，有效降低了造价工程师的工作强度，提高了工作效率。

3. 场地分析

场地分析是对建筑物的定位、建筑物的空间方位及外观、建筑物和周边环境的关系、建筑物将来的车流、物流、人流等各方面的因素进行集成数据分析的综合。在方案策划阶段，景观规划、环境现状、施工配套及建成后交通流量等与场地的地貌、植被、气候条件等因素关系较大，传统的场地分析存在诸如定量分析不足、主观因素过重、无法处理大量数据信息等弊端，通过 BIM 结合 GIS 进行场地分析模拟，得出较好的分析数据，能够为设计单位后期设计提供最理想的场地规划、交通流线组织关系、建筑布局等关键决策。如图 4.5-1 所示，利用相关软件对场地地形条件和日照阴影情况进行模拟分析，帮助管理者更好地把握项目的决策。

4. 优化总体规划

通过 BIM 建立模型能够更好地对项目做出总体规划，并得出大量的直观数据作为方案决策的支撑。例如，在可行性研究阶段，管理者需要确定建设项目方案在满足类型、质量、功能等要求下是否具有技术与经济的可行性，而 BIM 能够帮助提高技术经济可行性论证结果的准确性和可靠性。通过对项目与周边环境的关系、朝向可视度、形体、色彩、经济指标等进行分析对比，化解功能与投资之间的矛盾，使策划方案更加合理，为下一步

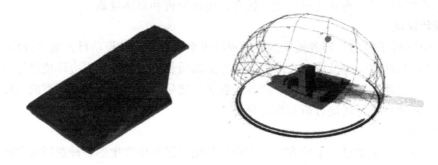

图 4.5-1 某项目地形分析及日照阴影分析图

的方案与设计提供直观、带有数据支撑的依据。

4.5.2 招投标阶段

1. 传统工程招投标过程中的主要问题：

（1）针对甲方而言。现在的工程招投标项目时间紧、任务重，甚至还出现边勘测、边设计、边施工的工程，甲方招标清单的编制质量难以得到保障。而施工过程中的过程支付以及施工结算是以合同清单为准，直接导致了施工过程中变更难以控制，结算费用一超再超。为了有效地控制施工过程中的变更多、索赔多、结算超预算等问题，关键是要把控招标清单的完整性、清单工程量的准确性以及与合同清单价格的合理性。

（2）针对乙方而言。由于投标时间比较紧张，要求投标方高效、灵巧、精确地完成工程量计算，把更多的时间运用在投标报价技巧上。这些单靠手工是很难按时、保质、保量完成的。而且随着现代建筑造型趋向于复杂化，人工计算工程量的难度越来越大，快速、准确地形成工程量清单成为招投标阶段工作的难点和瓶颈。这些关键工作的完成也迫切需要信息化手段来支撑，进一步提高效率，提升准确度。

2. BIM 在招投标中的应用

BIM 技术的推广与应用，极大地促进了招投标管理的精细化程度和管理水平。在招投标过程中，招标方根据 BIM 模型可以编制准确的工程量清单，达到清单完整、快速算量、精确算量，有效地避免漏项和错算等情况，最大限度地减少施工阶段因工程量问题而引起的纠纷。投标方根据 BIM 模型快速获取正确的工程量信息，与招标文件的工程量清单比较，可以制定更好的投标策略。

（1）BIM 在招标控制中的应用

在招标控制环节，准确和全面的工程量清单是核心关键。而工程量计算是招投标阶段耗费时间和精力最多的重要工作。而 BIM 是一个富含工程信息的数据库，可以真实地提供工程量计算所需的物理和空间信息。借助这些信息，计算机可以快速对各种构件进行统计分析，从而大大减少根据图纸统计工程量带来的繁琐的人工操作和潜在错误，在效率和准确性上得到显著提高。

（2）BIM 在投标过程中的应用

首先是基于 BIM 的施工方案模拟。基于 BIM 模型，对施工组织设计方案进行论证，就施工中的重要环节进行可视化模拟分析，按时间进度进行施工安装方案的模拟和优化。

对于一些重要的施工环节或采用新施工工艺的关键部位、施工现场平面布置等施工指导措施进行模拟和分析，以提高计划的可行性。在投标过程中，通过对施工方案的模拟，直观、形象地展示给甲方。

其次是基于 BIM 的 4D 进度模拟。通过将 BIM 与施工进度计划相链接，将空间信息与时间信息整合在一个可视的 4D 模型中，可以直观、精确地反映整个建筑的施工过程和虚拟形象进度。借助 4D 模型，施工企业在工程项目投标中将获得竞标优势，BIM 可以让业主直观地了解投标单位对投标项目主要施工的控制方法、施工安排是否均衡、总体计划是否基本合理等，从而对投标单位的施工经验和实力做出有效评估。

再则是基于 BIM 的资源优化与资金计划。利用 BIM 可以方便、快捷地进行施工进度模拟、资源优化，以及预计产值和编制资金计划。通过进度计划与模型的关联，以及造价数据与进度关联，可以实现不同维度（空间、时间、流水段）的造价管理与分析。通过对 BIM 模型的流水段划分，可以自动关联并快速计算出资源需用量计划，不但有助于投标单位制订合理的施工方案，还能形象地展示给甲方。

总之，利用 BIM 技术可以提高招标投标的质量和效率，有力地保障工程量清单的全面和精确，促进投标报价的科学、合理，加强招投标管理的精细化水平，减少风险，进一步促进招标投标市场的规范化、市场化、标准化的发展。

4.5.3 设计阶段

建设项目的设计阶段是整个生命周期内最为重要的环节，它直接影响着建安成本以及维运成本，对工程质量、工程投资、工程进度，以及建成后的使用效果、经济效益等方面都有着直接的联系。设计阶段可分为方案阶段、初步设计阶段、施工图设计阶段这三个阶段。从初步设计、扩初设计到施工图的设计是一个变化的过程，是建设产品从粗糙到细致的过程，在这个进程中需要对设计进行必要的管理，从性能、质量、功能、成本到设计标准、规程，都需要去管控。

BIM 技术在设计阶段的应用主要体现在以下方面。

1. 可视化设计交流

可视化设计交流，是指采用直观的 3D 图形或图像，在设计、业主、政府审批、咨询专家、施工等项目参与方之间，针对设计意图或设计成果进行更有效的沟通，从而使设计人员充分理解业主的建设意图，使设计结果最贴近业主的建设需求，最终使业主能及时看到他们所希望的设计成果，使审批方能清晰地认知他们所审批的设计是否满足审批要求。

可视化设计交流贯穿于整个设计过程中，典型的应用包括三维设计与效果图及动展示。

（1）三维设计

三维设计是新一代数字化、虚拟化、智能化设计平台的基础。它是建立在平面和二维设计的基础上，让设计目标更立体化，更形象化的一种新兴设计方法。

当前，二维图纸是我国建筑设计行业最终交付的设计成果，生产流程的组织与管理也均围绕着二维图纸的形成来进行。然而，二维设计技术对复杂建筑几何形态的表达效率较低。而且，为了照顾兼容和应付各种错漏问题，二维设计往往在结构和表现都处理的非常复杂，效率较低。

　　BIM 技术引入的参数化设计理念，极大地简化了设计本身的工作量，同时其继承了初代三维设计的形体表现技术，将设计带入一个全新的领域。通过信息的集成，也使得三维设计的设计成品（即三维模型）具备更多的可供读取的信息。对于后期的生产（即建筑的施工阶段）提供更大的支持。基于 BIM 的三维设计能够精确表达建筑的几何特征，相对于二维绘图，三维设计不存在几何表达障碍，对任意复杂的建筑造型均能准确表现。通过进一步将非几何信息集成到三维构件中，如材料特征、物理特征、力学参数、设计属性、价格参数、厂商信息等，使得建筑构件成为智能实体，三维模型升级为 BIM 模型。BIM 模型可以通过图形运算并考虑专业出图规则自动获得二维图纸，并可以提取出其他的文档，如工程量统计表等，还可以将模型用于建筑能耗分析、日照分析、结构分析、照明分析、声学分析、客流物流分析等诸多方面。某工程 BIM 三维立体模型表述如图 4.5-2 所示。

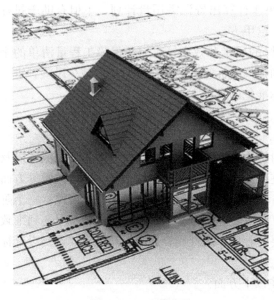

图 4.5-2　三维模型

　　（2）效果图及动画展示

　　BIM 系列软件具有强大的建模、渲染和动画技术，通过 BIM 可以将专业、抽象的二维建筑描述通俗化、三维直观化，使得业主等非专业人员对项目功能性的判断更为明确、高效，决策更为准确，如建筑效果图及动画等。

　　基于 BIM 技术和虚拟现实技术对真实建筑及环境进行模拟，同时可出具高度仿真的效果图，设计者可以完全按照自己的构思去构建装饰"虚拟"的房间，并可以任意变换自己在房间中的位置，去观察设计的效果，直到满意为止。这样就使设计者各设计意图能够更加直观、真实、详尽地展现出来，既能为建筑的投资方提供直观的感受也能为后面的施工提供很好的依据。

　　另外，如果设计意图或者使用功能发生改变，基于已有 BIM 模型，可以在短时间内修改完毕，效果图和动画也能及时更新。而且，基于 BIM 能够进行预演，方便业主和设计方进行场地分析、建筑性能预测和成本估算，对不合理或不健全的方案进行及时的更新和补充，某服务中心规划方案 BIM 展示如图 4.5-3 所示。

　　2. 设计分析

　　设计分析是初步设计阶段主要的工作内容，一般情况下，当初步设计展开之后，每个专业都有各自的设计分析工作，设计分析主要包括结构分析、能耗分析、光照分析、安全疏散分析等。这些设计分析是体现设计在工程安全、节能、节约造价、可实施性方面重要作用的工作过程。在 BIM 概念出现之前，设计分析就是设计的重要工作之一，BIM 的出现使得设计分析更加准确、快捷与全面，例如针对大型公共设施的安全疏散分析，就是在 BIM 概念出现之后逐步被设计方采用的设计分析内容。

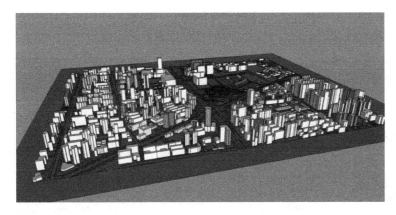

图 4.5-3　某行政服务中心 BIM 规划方案预演图

（1）结构分析

最早使用计算机进行的结构分析包括三个步骤，分别是前处理、内力分析、后处理，其中，前处理是通过人机交互式输入结构简图、荷载、材料参数以及其他结构分析参数的过程，也是整个结构分析中的关键步骤，所以该过程也是比较耗费设计时间的过程；内力分析过程是结构分析软件的自动执行过程，其性能取决于软件和硬件，内力分析过程的结果是结构构件在不同工况下的位移和内力值；后处理过程是将内力值与材料的抗力值进行对比产生安全提示，或者按照相应的设计规范计算出满足内力承载能力要求的钢筋配置数据，这个过程人工干预程度也较低，主要由软件自动执行。在 BIM 模型支持下，结构分析的前处理过程也实现了自动化：BIM 软件可以自动将真实的构件关联关系简化成结构分析所需的简化关联关系，能够依据构件的属性自动区分结构构件和非结构构件，并将非结构构件转化成加载于结构构件上的荷载，从而实现了结构分析前处理的自动化。

（2）节能分析

节能设计通过两个途径实现节能目的，一个途径是改善建筑围护结构保温和隔热性能，降低室内外空间的能量交换效率，另一个途径是提高暖通、照明、机电设备及其系统的能效，有效降低暖通空调、照明以及其他机电设备的总能耗。

建设项目的景观可视度、日照、风环境、热环境、声环境等性能指标在开发前期就已经基本确定，但是由于缺少合适的技术手段，一般项目很难有时间和费用对上述各种性能指标进行多方案分析模拟，BIM 技术为建筑性能分析的普及应用提供了可能性。基于BIM 的建筑性能化分析包含室外风环境模拟、自然采光模拟、室内自然通风模拟、小区热环境模拟分析和建筑环境噪声模拟分析。

（3）安全疏散分析

在大型公共建筑设计过程中，室内人员的安全疏散时间是防火设计的一项重要指标。室内人员的安全疏散时间受室内人员数量、密度、人员年龄结构、疏散通道宽度等多方面的影响，简单的计算方法已经不能满足现代建筑设计的安全要求，需要运用安全疏散模拟进行计算。基于人的行为模拟疏散过程中人员疏散过程，统计疏散时间，这个模拟过程需要数字化的真实空间环境支持，BIM 模型为安全疏散计算和模拟提供了支持，这种应用已经在许多大型项目上得到了验证。如图 4.5-4 所示，是对某办公楼人员安全疏散分析结

119

果的动画模拟，画面中为观察多层楼梯的疏散情况，隐藏了楼梯间的封闭墙，疏散模拟也可以看作可视化设计交流对设计分析结果的一种理想表达方式。

图 4.5-4　某公共建筑楼梯间疏散分析结果的动画模拟图

3. 协同设计与冲突检查

在传统的设计项目中，各专业设计人员分别负责其专业内的设计工作，设计项目一般通过专业协调会议，以及相互提交设计资料实现专业设计之间的协调。在许多工程项目中，专业之间因协调不足出现冲突是非常突出的问题。这种协调不足造成了在施工过程中冲突不断、变更不断的常见现象。

BIM 为工程设计的专业协调提供了两种途径，一种是在设计过程中通过有效、适时的专业间协同工作避免产生大量的专业冲突问题，即协同设计；另一种是通过对 3D 模型的冲突进行检查，查找并修改，即冲突检查。至今，冲突检查已成为人们认识 BIM 价值的代名词，实践证明，BIM 的冲突检查已取得良好的效果。

（1）协同设计

传统意义上的协同设计很大程度上是指基于网络的一种设计沟通交流手段，以及设计流程的组织管理形式。包括通过 CAD 文件、视频会议、通过建立网络资源库、借助网络管理软件等。

基于 BIM 技术的协同设计是指建立统一的设计标准，包括图层、颜色、线型、打印样式等，在此基础上，所有设计专业及人员在一个统一的平台上进行设计，从而减少现行各专业之间（以及专业内部）由于沟通不畅或沟通不及时导致的错、漏、碰、缺，真正实现所有图纸信息元的单一性，实现一处修改其他处自动修改，提升设计效率和设计质量。协同设计工作是以一种协作的方式，有效降低成本，在更快地完成设计的同时，对设计项目的规范化管理也起到重要作用。

协同设计由流程、协作和管理三类模块构成。设计、校审和管理等不同角色人员利用该平台中的相关功能实现各自工作。

（2）碰撞检测

二维图纸不能用于空间表达，使得图纸中存在许多意想不到的碰撞盲区。并且，目前的设计方式多为"隔断式"设计，各专业分工作业，依赖人工协调项目内容和分段，这也导致设计往往存在专业间碰撞。同时，在机电设备和管道线路的安装方面还存在软碰撞的问题（即实际设备、管线间不存在实际的碰撞，但在安装方面会造成安装人员、机具不能到达安装位置的问题）。

基于 BIM 技术可将两个不同专业的模型集成为二个模型，通过软件提供的空间冲突检查功能查找两个专业构件之间的空间冲突可疑点，软件可以在发现可疑点时向操作者报警，经人工确认该冲突。冲突检查一般从初步设计后期开始进行，随着设计的进展，反复进行"冲突检查—确认修改—更新模型"的 BIM 设计过程，直到所有冲突都被检查出来并修正，最后一次检查所发现的冲突数为零，则标志着设计已达到 100% 的协调。一般情况下，由于不同专业是分别设计、分别建模，所以，任何两个专业之间都可能产生冲突，因此，冲突检查的工作将覆盖任何两个专业之间的冲突关系。

① 建筑与结构专业，标高、剪力墙、柱等位置不一致，或梁与门冲突；

② 结构与设备专业，设备管道与梁柱冲突；

③ 设备内部各专业，各专业与管线冲突；

④ 设备与室内装修，管线末端与室内吊顶冲突。冲突检查过程是需要计划与组织管理的过程，冲突检查人员也被称作"BIM 协调工程师"，他们将负责对检查结果进行记录、提交、跟踪提醒与覆盖确认。

4. 设计阶段造价控制

设计阶段是控制造价的关键阶段，在方案设计阶段，设计活动对工程造价影响较大。理论上，我国建设项目在设计阶段的造价控制主要是方案设计阶段的设计估算和初步设计阶段的设计概算，而实际上大量的工程并不重视估算和概算，而将造价控制的重点放在施工阶段，错失了造价控制的有利时机。基于 BIM 模型进行设计过程的造价控制具有较高的可实施性。由于 BIM 模型中不仅包括建筑空间和建筑构件的几何信息，还包括构件的材料属性，可以将这些信息传递到专业化的工程量统计软件中，由工程量统计软件自动产生符合相应规则的构件工程量。这一过程基于对 BIM 模型的充分利用，避免了在工程量统计软件中为计算工程量而专门建模的工作，可以及时反映与设计对应的工程造价水平，为限额设计和价值工程在优化设计上的应用提供了必要的基础，使适时的造价控制成为可能。

5. 施工图生成

设计成果中最重要的表现形式就是施工图，它是含有大量技术标注的图纸，在建筑工程的施工方法仍然以人工操作为主的技术条件下，2D 施工图有其不可替代的作用。但是，传统的 CAD 方式存在的不足也是非常明显的：当产生了施工图之后，如果工程的某个局部发生设计更新，则会同时影响与该局部相关的多张图纸，如一个柱子的断面尺寸发生变化，则含有该柱的结构平面布置图、柱配筋图、建筑平面图、建筑详图等都需要再次修改，这种问题在一定程度上影响了设计质量的提高。

BIM 模型是完整描述建筑空间与构件的 3D 模型，基于 BIM 模型自动生成 2D 图纸是一种理想的 2D 图纸产出方法，理论上基于唯一的 BIM 模型数据源，任何对工程设计的实质性修改都将反映在 BIM 模型中，软件可以依据 3D 模型的修改信息自动更新所有与该修改相关的 2D 图纸，由 3D 模型到 2D 图纸的自动更新将为设计人员节省大量的图纸修改时间。

4.5.4　施工阶段

施工阶段是实施贯彻设计意图的过程，是在确保工程各项目标的前提下，建设工程的重要环节，也是周期最长的环节。这阶段的工作任务是如何保质保量按期地完成建设任务。

BIM 技术在施工阶段具体应用主要体现在以下几方面：

1. 预制加工管理

BIM 技术在预制加工管理方面的应用主要体现在钢筋准确下料、构建信息查询及出具构件加工详图上，具体内容如下：

（1）钢筋准确下料

在以往工程中，由于工作面大、现场工人多，工程交底困难而导致的质量问题非常常见，而通过 BIM 技术能够优化断料组合加工表，将损耗减至最低。某工程通过建立钢筋 BIM 模型，出具钢筋排列图来进行钢筋准确下料，如图 4.5-5、图 4.5-6 所示。

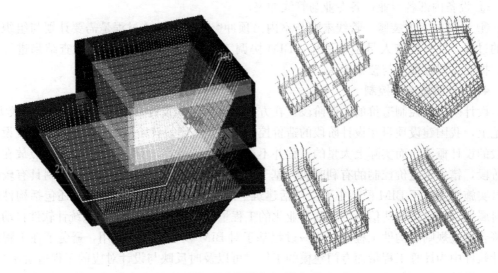

图 4.5-5　钢筋 BIM 模型图

（2）构件详细信息查询

检查和验收信息将被完整地保存在 BIM 模型中，相关单位可快捷地对任意构件进行信息查询和统计分析，在保证施工质量的同时，能使质量信息在运维期有据可循。某工程利用 BIM 模型查询构件详细信息，如图 4.5-7 所示。

（3）构件加工详图

BIM 模型可以完成构件加工、制作图纸的深化设计。利用如 Tekla、Structures 等深化设计软件真实模拟进行结构深化设计，通过软件自带功能将所有加工详图（包括布置图、构件图、零件图等）利用三视图原理进行投影、剖面生成深化图纸，图纸上的所有尺寸，包括杆件长度、断面尺寸、杆件相交角度均是在杆件模型上直接投影产生的，通过深

序号	构件名称	只数	规格	每只根数	简图	简图说明	搭接说明	单长(m)	总根数	总长(m)	总重(kg)	备注	构件小计(kg)
1	KZ 32	1	Φ32	2	2720 ǂ 100			2756	2	5.512	34.7	基础插筋弯锚1,15	194.8
2			Φ28	4	1600 ǂ 100			1644	4	6.576	31.7	基础插筋弯锚2,14,16,18	
3			Φ25	3	2720 ǂ 100			2770	3	8.310	32.0	基础插筋弯锚3,13,17	
4			Φ32	2	1600 ǂ 100			1636	2	3.272	20.6	基础插筋弯锚6,10	
5			Φ25	3	1600 ǂ 100			1650	3	4.949	19.0	基础插筋弯锚4,8,12	
6			Φ28	4	2720 ǂ 100			2764	4	11.056	53.4	基础插筋弯锚5,7,9,11	
7			Φ10	2	560 ⌐ 760			2818	2	5.636	3.4	插筋内定位箍	

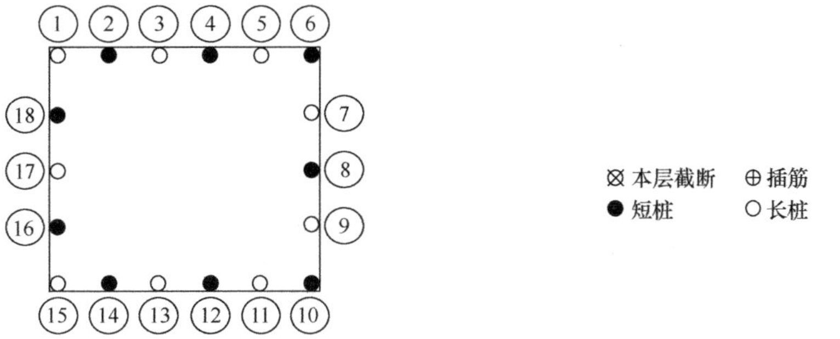

主筋定位分析

⊗ 本层截断　⊕ 插筋
● 短桩　　　○ 长桩

图 4.5-6　钢筋排列图指导施工图

化设计产生的加工数据清单，直接导入精密数控加工设备进行加工，保证了构件加工的精密性及安装精度。

2. 虚拟施工管理

结合施工方案、施工模拟和现场视频监测进行基于 BIM 技术的虚拟施工，可以根据可视化效果看到并了解施工的过程和结果，可以较大程度地降低返工成本和管理成本，降低风险，增强管理者对施工过程的控制能力。

BIM 在虚拟施工管理中的应用主要有场地布置方案、专项施工方案、关键工艺展示、施工模拟（土建主体及钢结构部分）、装修效果模拟等，下面将分别对其进行详细介绍。

（1）场地布置方案

基于建立的 BIM 三维模型及搭建的各种临时设施，可以对施工场地进行布置，合理安排塔吊、库房、加工厂地和生活区等的位置，解决现场施工场地平面布置问题，解决现场场地划分问题；通过与业主的可视化沟通协调，对施工场地进行优化，选择最优施工路线。

基于 BIM 的施工场地布置方案规划示例，如图 4.5-8 所示。

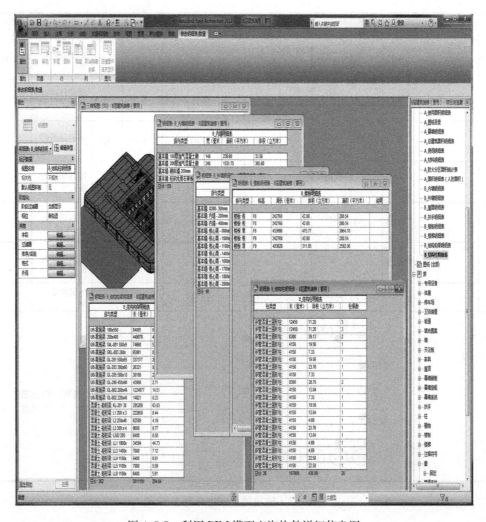

图 4.5-7　利用 BIM 模型查询构件详细信息图

（2）专项施工方案

通过 BIM 技术指导编制专项施工方案，可以直观地对复杂工序进行分析，将复杂部位简单化、透明化，提前模拟方案编制后的现场施工状态，对现场可能存在的危险源、安全隐患、消防隐患等提前排查，对专项方案的施工工序进行合理排布，有利于方案的专项性、合理性。

基于 BIM 的专项施工方案规划示例，如图 4.5-9 所示。

（3）关键工艺展示

基于 BIM 技术，能够提前对重要部位的安装进行动态展示，提供施工方案讨论和技术交流的虚拟现实信息，从而帮助施工人员选择合理的安装方案，同时可视化的动态展示有利于

图 4.5-8　基于 BIM 的场地布置示例图

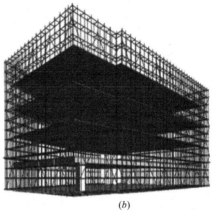

(a)   (b)

图 4.5-9   专项施工方案规划图

(a) 某工程测量方案演示模拟；(b) 某工程施工脚手架方案验证模拟

安装人员之间的沟通及协调。

某工程基于 BIM 的关键施工信息工艺展示，如图 4.5-10 所示。

图 4.5-10   某关键节点安装方案演示动画截图

（4）土建主体结构施工模拟

根据拟定的最优施工现场布置和最优施工方案，将由项目管理软件，如 project 编制而成的施工进度计划与施工现场 3D 模型集成一体，引入时间维度，能够完成对工程主体结构施工过程的 4D 施工模拟。通过 4D 施工模拟，可以使设备材料进场、劳动力配置、机械排班等各项工作安排的更加经济合理，从而加强了对施工进度、施工质量的控制。针对主体结构施工过程，利用已完成的 BIM 模型进行动态施工方案模拟，展示重要施工环节动画，对比分析不同施工方案的可行性，能够对施工方案进行分析，并听从甲方指令对施工方案进行动态调整。

某工程土建主体施工模拟，如图 4.5-11 所示。

（5）装修效果模拟

针对工程技术重难点、样板间、精装修等，完成对窗帘盒、吊顶、木门、地面砖等基础模型的搭建，并基于 BIM 模型，对施工工序的搭接、新型、复杂施工工艺进行模拟，对灯光环境等进行分析，综合考虑相关影响因素，利用三维效果预演的方式有效解决各方

125

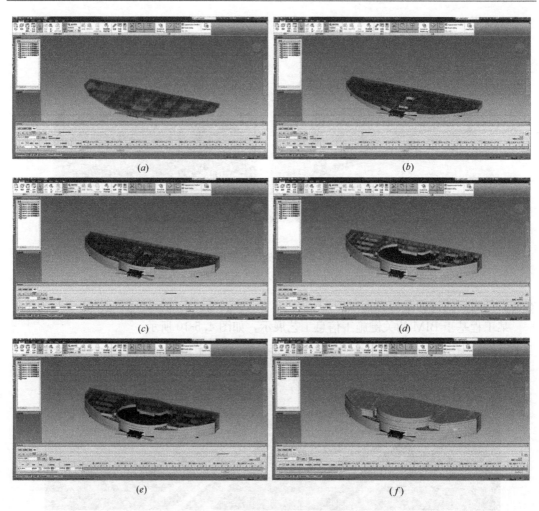

图 4.5-11　某工程土建部分施工模拟过程图

（a）一层施工前；（b）一层施工后；（c）二层施工前；（d）二层施工后；

（e）顶层施工前；（f）顶层施工完成

协同管理的难题。

　　某工程室内装修模拟，如图 4.5-12 所示。

图 4.5-12　某工程室内装修效果模拟图

（a）灯具效果展示；（b）百叶窗效果展示

3. 施工进度管理

在传统的项目进度管理过程中事故频发，究其根本在于传统的进度管理模式存在一定的缺陷，如二维 CAD 设计图形象性差不方便各专业之间的协调沟通以及网络计划抽象难以理解和执行等。BIM 技术的引入，可以突破二维的限制，给项目进度控制带来不同的体验，如可减少变更和返工进度损失、加快生产计划及采购计划编制、加快竣工交付资料准备，从而提升了全过程的协同效率。

利用 BIM 技术对项目进行进度控制流程如图 4.5-13 所示。

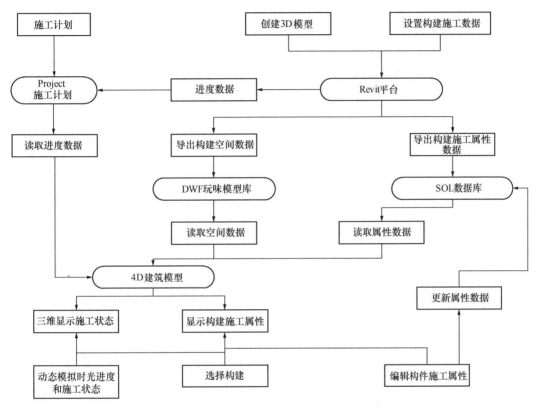

图 4.5-13 基于 BIM 的项目进行进度控制流程图

BIM 在工程项目进度管理中的应用主要体现在以下五个方面。

（1）BIM 施工进度模拟

通过将 BIM 与施工进度计划相链接，将空间信息与时间信息整合在一个可视的 4D（3D＋Time）模型中，不仅可以直观、精确地反映整个建筑的施工过程，还能够实时追踪当前的进度状态，分析影响进度的因素，协调各专业，制定应对措施，以缩短工期、降低成本、提高质量。

通过 4D 施工进度模拟，能够完成以下内容：基于 BIM 模型，对工程重点和难点的部位进行分析，制定切实可行的对策；依据模型，确定方案，排定计划，划分流水段；BIM 施工进度编制用季度卡来编制计划；将周和月结合在一起，假设后期需要任何时间段的计划，只需在这个计划中过滤一下即可自动生成；做到对现场的施工进度进行每日管理。

某工程链接施工进度计划的 4D 施工进度模拟，如图 4.5-14 所示，在该 4D 施工进度模型中可以看出指定某一天某一刻的施工进度情况，并与施工现场进行对比，对施工进度进行调控。

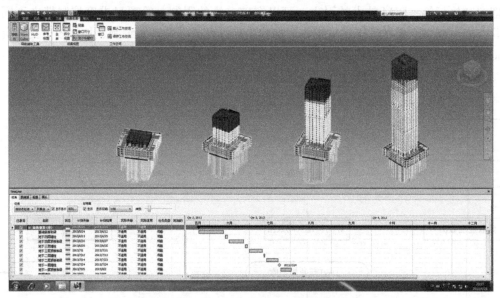

图 4.5-14　施工进度模拟图

（2）BIM 施工安全与冲突分析系统

BIM 施工安全与冲突分析系统应用主要体现在以下方面：

① 时变结构和支撑体系的安全分析通过模型数据转换机制，自动由 4D 施工信息模型生成结构分析模型，进行施工期时变结构与支撑体系任意时间点的力学分析计算和安全性能评估。

② 施工过程进度/资源/成本的冲突分析通过动态展现各施工段的实际进度与计划的对比关系，实现进度偏差和冲突分析及预警；指定任意日期，自动计算所需人力、材料、机械、成本，进行资源对比分析和预警；根据清单计价和实际进度计算实际费用，动态分析任意时间点的成本及其影响关系。

③ 场地碰撞检测基于施工现场 4D 时空模型和碰撞检测算法，可对构件与管线、设施与结构进行动态碰撞检测和分析。

根据 BIM 模型三维碰撞检查与处理前后，如图 4.5-15 所示。

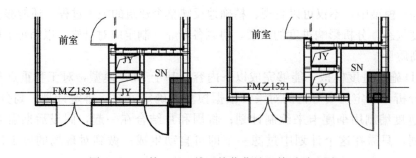

图 4.5-15　某工程三维碰撞优化处理前后对比图

（3）BIM 建筑施工优化系统

BIM 建筑施工优化系统应用主要体现在以下方面：

① 基于 BIM 和离散事件模拟的施工优化通过对各项工序的模拟计算，得出工序工期、人力、机械、场地等资源的占用情况，对施工工期、资源配置以及场地布置进行优化，实现多个施工方案的比选。

② 基于过程优化的 4D 施工过程模拟将 4D 施工管理与施工优化进行数据集成，实现了基于过程优化的 4D 施工可视化模拟。

某工程基于 BIM 的建筑施工优化模拟展示，如图 4.5-16 所示。

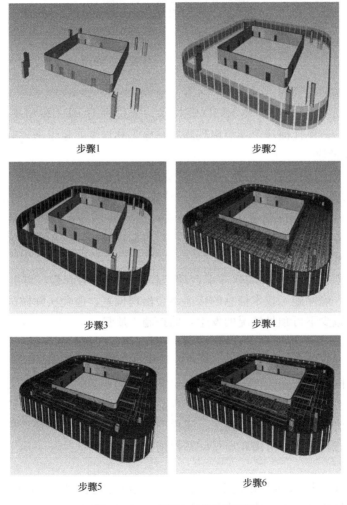

步骤1　　　　　　　　　　步骤2

步骤3　　　　　　　　　　步骤4

步骤5　　　　　　　　　　步骤6

图 4.5-16　建筑施工优化模拟图

（4）三维技术交底及安装指导

三维技术交底即通过三维模型让工人直观地了解自己的工作范围及技术要求，主要方法有两种：一种是虚拟施工和实际工程照片对比；另一种是将整个三维模型进行打印输出，用于指导现场的施工，方便现场的施工管理人员拿图纸进行施工指导和现场管理。

某工程特殊工艺三维技术交底，如图 4.5-17 所示。

图 4.5-17　特殊工艺三维技术交底图

（5）移动终端现场管理

采用无线移动终端、WED 及 RFID 等技术，全过程与 BIM 模型集成，实现数据库化、可视化管理，避免任何一个环节出现问题给施工和进度质量带来影响。

4. 施工质量管理

基于 BIM 的工程项目质量管理包括产品质量管理及技术质量管理。

产品质量管理：BIM 模型储存了大量的建筑构件、设备信息。通过软件平台，可快速查找所需的材料及构配件信息，规格、材质、尺寸要求等，并可根据 BIM 设计模型，可对现场施工作业产品进行追踪、记录、分析，掌握现场施工的不确定因素，避免不良后果的出现，监控施工质量。

技术质量管理：通过 BIM 的软件平台动态模拟施工技术流程，再由施工人员按照仿真施工流程施工，确保施工技术信息的传递不会出现偏差，避免实际做法和计划做法不一样的情况出现，减少不可预见情况的发生，监控施工质量。

下面仅对 BIM 在工程项目质量管理中的关键应用点进行具体介绍。

（1）建模前期协同设计

建模前期协同设计即在建模前期，建筑专业和结构专业的设计人员大致确定吊顶高度及结构梁高度，对于净高要求严格的区域，提前告知机电专业，各专业针对空间狭小、管线复杂的区域，协调出二维局部剖面图。建模前期协同设计的目的是，在建模前期就解决部分潜在的管线碰撞问题，对潜在质量问题提前预知。

（2）碰撞检测

碰撞检测即基于 BIM 可视化技术，施工设计人员在建造之前就可以对项目进行碰撞检查，彻底消除硬碰撞、软碰撞，优化工程设计，减少在建筑施工阶段可能存在的错误和返工的可能性，以及对净空和管线排布方案进行优化。最后施工人员可以利用碰撞优化后的三维方案，进行施工交底、施工模拟，提高施工质量的同时也提高了与业主沟通的能力。

某工程碰撞检测及碰撞点，如图 4.5-18 所示。

（3）大体积混凝土测温

使用自动化监测管理软件进行大体积混凝土温度的监测，将测温数据无线传输汇总自

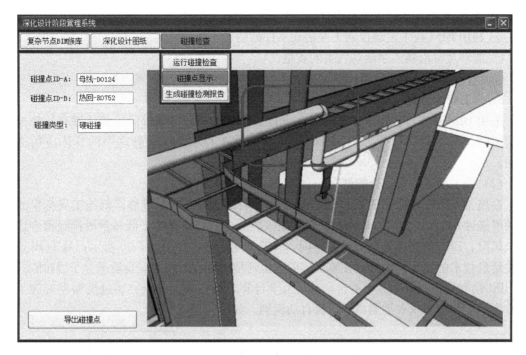

图 4.5-18　某工程碰撞检测及碰撞点显示图

动到分析平台上，通过对各个测温点的分析，形成动态监测管理。电子传感器按照测温点布置要求，自动直接将温度变化情况输出到计算机，形成温度变化曲线图，随时可以远程动态监测基础大体积混凝土的温度变化，根据温度变化情况，随时加强养护措施，确保大体积混凝土的施工质量，确保在工程基础筏板混凝土浇筑后不出现由于温度变化剧烈引起的温度裂缝。利用基于 BIM 的温度数据分析平台对大体积混凝土进行温度检测，如图 4.5-19 所示。

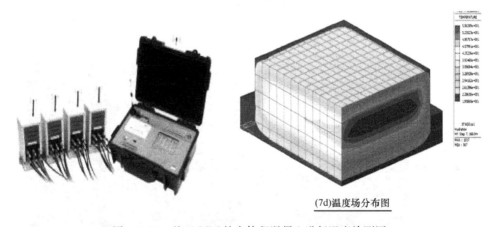

(7d)温度场分布图

图 4.5-19　基于 BIM 的大体积混凝土进行温度检测图

（4）施工工序管理

工序质量控制就是对工序活动条件即工序活动投入的质量和工序活动效果的质量及分项工程质量的控制。利用 BIM 技术进行工序质量控制主要体现在以下几方面：

① 利用 BIM 技术能够更好地确定工序质量控制工作计划。

② 利用 BIM 技术主动控制工序活动条件的质量。

③ 能够及时检验工序活动效果的质量。

④ 利用 BIM 技术设置工序质量控制点（工序管理点），实行重点控制。

5. 施工安全管理

采用 BIM 技术可使整个工程项目在设计、施工和运营维护等阶段都能够有效地控制资金风险，实现安全生产。下面将对 BIM 技术在工程项目安全管理中的具体应用进行介绍。

（1）施工准备阶段安全控制

在施工准备阶段，利用 BIM 进行与实践相关的安全分析，能够降低施工安全事故发生的可能性，如 4D 模拟与管理和安全表现参数的计算可以在施工准备阶段排除很多建筑安全风险；BIM 虚拟环境划分施工空间，排除安全隐患，如图 4.5-20 所示；基于 BIM 及相关信息技术的安全规划可以在施工前的虚拟环境中发现潜在的安全隐患并予以排除；采用 BIM 模型结合有限元分析平台，进行力学计算，保障施工安全；通过模型发现施工过程重大危险源并实现水平洞口危险源自动识别，如图 4.5-21 所示。

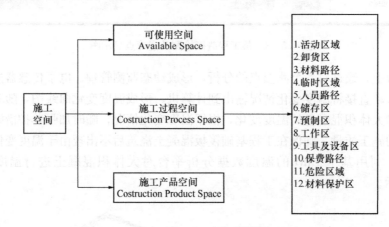

图 4.5-20　施工空间划分图

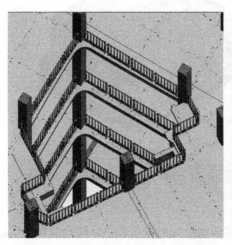

图 4.5-21　利用 BIM 模型对危险源进行辨识后自动防护图

（2）施工过程仿真模拟

仿真分析技术能够模拟建筑结构在施工过程中不同时段的力学性能和变形状态，为结构安全施工提供保障。在 BIM 模型的基础上，开发相应的有限元软件接口，实现三维模型的传递，再附加材料属性、边界条件和荷载条件，结合先进的时变结构分析方法，便可以将 BIM、4D 技术和时变结构分析方法结合起来，实现基于 BIM 的施工过程结构安全分析，能有效捕捉施工过程中可能存在的危险状态，指导安全维护措施的编制和执行，防止发生安全事故。某体育场 BIM 模型导入有限元分析软件计算，如图 4.5-22 所示。

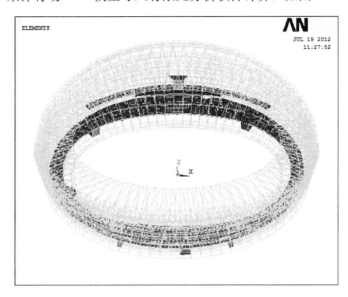

图 4.5-22　某体育场有限元计算模型图

（3）模型试验

对于结构体系复杂、施工难度大的结构，结构施工方案的合理性与施工技术的安全可靠性都需要验证，为此利用 BIM 技术建立试验模型，对施工方案进行动态展示，从而为试验提供模型基础信息。某体育场结构建立的 BIM 缩尺模型与模型试验现场照片对比，如图 4.5-23 所示。

图 4.5-23　BIM 缩尺模型与模型试验现场照片对比图

（4）施工动态监测

对施工过程进行实时施工监测，特别是重要部位和关键工序，可以及时了解施工过程中结构的受力和运行状态。三维可视化动态监测技术较传统的监测手段具有可视化的特点，可以人为操作在三维虚拟环境下漫游来直观、形象地提前发现现场的各类潜在危险源，提供更便捷的方式查看监测位置的应力应变状态，在某一监测点应力或应变超过拟定的范围时，系统将自动采取报警给予提醒。某工程某时刻某环索的应力监测，如图 4.5-24 所示。

图 4.5-24　某时刻环索的应力检测图

（5）防坠落管理

坠落危险源包括尚未建造的楼梯井和天窗等，通过在 BIM 模型中的危险源存在部位建立坠落防护栏杆构件模型，研究人员能够清楚地识别多个坠落风险；且可以向承包商提供完整且详细的信息，包括安装或拆卸栏杆的地点和日期等。

（6）塔吊安全管理

在整体 BIM 施工模型中布置不同型号的塔吊，能够确保其同电源线和附近建筑物的安全距离，确定哪些员工在哪些时候会使用塔吊。在整体施工模型中，用不同颜色的色块来表明塔吊的回转半径和影响区域，并进行碰撞检测来生成塔吊回转半径计划内的任何非钢安装活动的安全分析报告。某工程基于 BIM 的塔吊安全管理如图 4.5-25 所示，图中说明了塔吊管理计划中钢桁架的布置，黄色块状表示塔吊的摆动臂在某个特定的时间可能达到的范围。

（7）灾害应急管理

利用 BIM 及相应灾害分析模拟软件，可以在灾害发生前，模拟灾害发生的过程，分析灾害发生的原因，制定避免灾害发生的措施，以及发生灾害后人员疏散、救援支持的应急预案，为发生意外时减少损失并赢得宝贵时间。BIM 能够模拟人员疏散时间、疏散距离、有毒气体扩散时间、建筑材料耐燃烧极限、消防作业面等，主要表现为 4D 模拟、3D 漫游和 3D 渲染能够标识各种危险，且 BIM 中生成的 3D 动画、渲染能够用来同工人沟通应急预案计划方案。某工程火灾疏散模拟如图 4.5-26 所示。

图 4.5-25 塔吊安全管理图

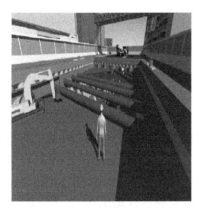

图 4.5-26 应急预案图

6. 施工成本管理

基于 BIM 技术，建立成本的 5D（3D 实体、时间、工序）关系数据库，以各 WBS 单位工程量人机料单价为主要数据进入成本 BIM 中，能够快速实行多维度（时间、空间、WBS）成本分析，从而对项目成本进行动态控制。

下面将对 BIM 技术在工程项目成本控制中的应用进行介绍。

（1）快速精确的成本核算

BIM 是一个强大的工程信息数据库。进行 BIM 建模所完成的模型包含的二维图纸中所有位置长度等信息，并包含了二维图纸中不包含的材料等信息，计算机通过识别模型中的不同构件及模型的几何物理信息（时间维度，空间维度等），对各种构件的数量进行汇总统计，这种基于 BIM 的算量方法，将算量工作大幅度简化，减少了因为人为原因造成的计算错误，大量节约了人力的工作量和花费时间。

（2）预算工程量动态查询与统计

基于 BIM 技术，模型可直接生成所需材料的名称、数量和尺寸等信息，而且这些信息将始终与设计保持一致，在设计出现变更时，该变更将自动反映到所有相关的材料明细表中，预算工程量动态查询与统计价工程师使用的所有构件信息也会随之变化。在基本信

135

息模型的基础上增加工程预算信息，即形成了具有资源和成本信息的预算信息模型。

某工程采用 BIM 模型所显示的不同构件的信息，如图 4.5-27 所示。

图 4.5-27　BIM 模型生成构件数据图

系统根据计划进度和实际进度信息，可以动态计算任意 WBS 节点任意时间段内每日计划工程量、计划工程量累计、每日实际工程量、实际工程量累计，帮助施工管理者实时掌握工程量的计划完工和实际完工情况。在分期结算过程中，每期实际工程量累计数据是结算的重要参考，系统动态计算实际工程量可以为施工阶段工程款结算提供数据支持。

（3）限额领料与进度款支付管理

基于 BIM 软件，在管理多专业和多系统数据时，能够采用系统分类和构件类型等方式对整个项目数据进行方便管理，为视图显示和材料统计提供规则。例如，给水排水、电气、暖通专业可以根据设备的型号、外观及各种参数分别显示设备，方便计算材料用量，如图 4.5-28 所示。

图 4.5-28　暖通与给水排水及消防局部综合模型图

传统模式下工程进度款申请和支付结算工作较为繁琐，基于 BIM 能够快速准确地统计出各类构件的数量，减少预算的工作量，且能形象、快速地完成工程量拆分和重新汇总，为工程进度款结算工作提供技术支持。

7. 物料管理

基于 BIM 的物料管理通过建立安装材料 BIM 模型数据库，使项目部各岗位人员及企业不同部门都可以进行数据的查询和分析，为项目部材料管理和决策提供数据支撑，具体表现如下：

（1）安装材料 BIM 模型数据库

项目部拿到机电安装各专业施工蓝图后，由 BIM 项目经理组织各专业机电 BIM 工程师进行三维建模，并将各专业模型组合到一起，形成安装材料 BIM 模型数据库，该数据库是以创建的 BIM 机电模型和全过程造价数据为基础，把原来分散在安装各专业手中的工程信息模型汇总到一起，形成一个汇总的项目级基础数据库。安装材料 BIM 数据库建立与应用流程如图 4.5-29 所示，数据库运用构成如图 4.5-30 所示。

图 4.5-29 安装材料 BIM 模型数据库建立与应用流程图

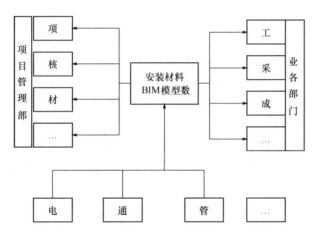

图 4.5-30 安装材料 BIM 数据库运用构成图

（2）安装材料分类控制

材料的合理分类是材料管理的一项重要基础工作，安装材料 BIM 模型数据库的最大优势是包含材料的全部属性信息。在进行数据建模时，各专业建模人员对施工所使用的各种材料属性，按其需用量的大小、占用资金多少及重要程度进行"星级"分类，科学合理地控制。根据安装工程材料的特点，安装材料属性分类及管理原则如表 4.5-1 所示。

安装材料属性分类及管理原则   表 4.5-1

等级	安装材料	管理原则
★★★	需用量大、占用资金多、专用或备料难度大的材料	严格按照设计施工图及 BIM 机电模型，逐项进行认真仔细的审核，做到规格、型号、数量完全准确

等级	安装材料	管理原则
★★	管道、阀门等通用主材	根据 BIM 模型提供的数据，精确控制材料及使用数量
★	资金占用少、需用量小、比较次要的辅助材料	采用一般常规的计算公式及预算定额含量确定

（3）用料交底

设备、电气、管道、通风空调等安装专业三维建模并碰撞后，BIM 项目经理组织各专业 BIM 项目工程师进行综合优化，提前消除施工过程中各专业可能遇到的碰撞。用 BIM 三维图、CAD 图纸或者表格下料单等书面形式做好用料交底，防止班组"长料短用、整料零用"，做到物尽其用，减少浪费及边角料，把材料消耗降到最低限度。

（4）物资材料管理

运用 BIM 模型，结合施工程序及工程形象进度周密安排材料采购计划，不仅能保证工期与施工的连续性，而且能用好用活流动资金、降低库存、减少材料二次搬运。同时，材料员根据工程实际进度，方便地提取施工各阶段材料用量，在下达施工任务书中，附上完成该项施工任务的限额领料单，作为发料部门的控制依据，实行对各班组限额发料，防止错发、多发、漏发等无计划用料，从源头上做到材料的"有的放矢"，减少施工班组对材料的浪费。

（5）材料变更清单

BIM 模型在动态维护工程中，可以及时地将变更图纸进行三维建模，将变更发生的材料、人工等费用准确、及时地计算出来，便于办理变更签证手续，保证工程变更签证的有效性。

8. 绿色施工管理

绿色施工管理指以绿色为目的、以 BIM 技术为手段，用绿色的观念和方式进行建筑的规划、设计，采用 BIM 技术在施工和运营阶段促进绿色指标的落实，促进整个行业的进一步资源优化整合。

下面将介绍以绿色为目的、以 BIM 技术为手段的施工阶段节地、节水、节材、节能管理。

（1）节地与室外环境

节地主要体现在建筑设计前期的场地分析、运营管理中的空间管理以及施工用地的合理利用。BIM 在施工节地中的主要应用内容有场地分析、土方量计算、施工用地管理及空间管理等。

（2）节水与水资源利用

BIM 技术在节水方面的应用主要体现在协助土方量的计算、模拟土地沉降、场地排水设计、分析建筑的消防作业面、设置最经济合理的消防器材，以及设计规划每层排水地漏位置的雨水等非传统水源收集循环利用。

（3）节材与材料资源利用

基于 BIM 技术，重点从钢材、混凝土、木材、模板、围护材料、装饰装修材料及生活办公用品材料七个主要方面进行施工节材与材料资源利用控制，通过 5D-BIM 安排材料采购的合理化，建筑垃圾减量化，可循环材料的多次利用化，钢筋配料，钢构件下料以及安装工程的预留、预埋，管线路径的优化等措施；同时根据设计的要求，结合施工模拟，达到节约材料的目的。BIM 在施工节材中的主要应用内容有管线综合设计、复杂工程预加工预拼装、物料跟踪等。

（4）节能与能源利用

在方案论证阶段，项目投资方可以使用 BIM 来评估设计方案的布局、视野、照明、安全、人体工程学、声学、纹理、色彩及规范的遵守情况。BIM 甚至可以做到建筑局部的细节推敲，迅速分析设计和施工中可能需要应对的问题。某工程运用 BIM 技术进行日照分析，如图 4.5-31 所示。

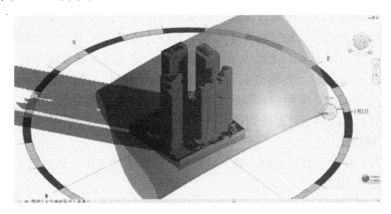

图 4.5-31　日照分析图

（5）减排措施

利用 BIM 技术可以对施工场地废弃物的排放、放置进行模拟，以达到减排的目的。

4.5.5　竣工交付阶段

竣工验收与移交是建设阶段的最后一道工序，目前在竣工阶段主要存在着以下问题：一是验收人员仅仅从质量方面进行验收，对使用功能方面的验收关注不够；二是验收过程中对整体项目的把控力度不大，譬如整体管线的排布是否满足设计、施工规范要求，是否美观，是否便于后期检修等，缺少直观的依据；三是竣工图纸难以反映现场的实际情况，给后期运维管理带来各种不可预见性，增加运营维护管理难度。

通过完整、有数据支撑、可视化竣工 BIM 模型与现场实际建成的建筑进行对比，可以较好地解决以上问题。BIM 技术在竣工阶段的具体应用如下：

1. 检查结算依据

（1）竣工结算的依据一般包含以下几个方面：

①《建设工程工程量清单计价规范》（GB 50500—2013）；

② 施工合同（工程合同）；

③ 工程竣工图纸及资料；

④ 双方确认的工程量；

⑤ 双方确认追加（减）的工程价款；

⑥ 双方确认的索赔、现场签证事项及价款；

⑦ 投标文件；

⑧ 招标文件；

⑨ 其他依据。

（2）在竣工结算阶段，对于设计变更，传统的办法是从项目开始对所有的变更等依据时间顺序进行编号成表，各专业修改做好相关记录，它的缺陷在于：

① 无法快速、形象地知道每一张变更单究竟修改了工程项目对应的哪些部位；

② 结算工程量是否包含设计变更只是依据表格记录，复核费时间；

③ 结算审计往往要随身携带大量的资料。

BIM 的出现将改变以上传统方法的困难和弊端，每一份变更的出现可依据变更修改 BIM 模型而持有相关记录，并且将技术核定单等原始资料"电子化"，将资料与 BIM 模型有机关联，通过 BIM 系统，工程项目变更的位置一览无余，各变更单位置对应的原始技术资料随时从云端调取，查阅资料，对照模型三维尺寸、属性等。在某项目集成于 BIM 系统的含变更的结算模型中，BIM 模型高亮显示部位就是变更位置，结算人员只需要单击高亮位置，相应的变更原始资料即可以调阅。

2. 核对工程数量

在结算阶段，核对工程量是最主要、最核心、最敏感的工作，其主要工程数量核对形式依据先后顺序分为四种。

（1）分区核对

分区核对处于核对数据的第一阶段，主要用于总量比对，一般预算员、BIM 工程师按照项目施工段的划分将主要工程量分区列出，形成对比分析表，如预算员采用手工计算则核对速度较慢，碰到参数的改动，往往需要一小时甚至更长的时间才可以完成，但是对于 BIM 工程师来讲，可能就是几分钟完成重新计算，重新得出相关数据。施工实际用量的数据也是结算工程量的一个重要参考依据，但是对于历史数据来说，往往分区统计存在误差，所以往往只存在核对总量的价值，特别是钢筋数据，某项目结算工程量分区对比分析如表 4.5-2 所示。

结算工程量分区对比分析表　　　　表 4.5-2

序号	施工阶段	BIM数据	预算数据	计算偏差		BIM模型扣除钢筋占体积	实际用量	BIM模型与现场量差		备注
				数值	百分率(%)			数值	百分率(%)	
1	B-4-1	4281.98	4291.40	−9.42	−0.22	4166.37	4050.34	116.03	2.78	
2	B-4-2	3852.83	3852.40	0.43	0.01	3748.80	3675.30	73.50	1.96	
3	B-4-3	3108.18	3141.30	−33.12	−1.07	3024.26	3075.20	−50.94	−1.68	
4	B-4-4	3201.98	3185.30	16.68	0.52	3115.53	3183.80	−68.27	−2.19	
合计		14444.97	14470.40	−25.43	−0.18	14054.96	13984.64	70.32	0.50	

（2）分部分项清单工程量核对

分部分项核对工程量是在分区核对完成以后，确保主要工程量数据在总量上差异较小的前提下进行的。

如果 BIM 数据和手工数据需要比对，可通过 BIM 建模软件的导入外部数据，在 BIM 建模软件中快速形成对比分析表，通过设置偏差百分率警戒值，可自动根据偏差百分率排序，迅速地对数据偏差交待的分部分项工程项目进行锁定，再通过 BIM 软件的"反查"定位功能，对所对应的区域构件进行综合分析，确定项目最终划分，从而得出较为合理的分部分项子目。而且通过对比分析表亦可以对漏项进行对比检查。

（3）BIM 模型综合应用查漏

由于目前项目承包管理模式（土建与机电往往不是同一家单位）和在传统手工计量的模式下，缺少对专业与专业之间相互影响的考虑，这将会对实际结算工程量造成的一定偏差，或者由于相关工作人专业知识局限性，从而造成结算数据的偏差。

通过各专业 BIM 模型的综合应用，大大减少以前由于计算能力不足、预算员施工经验不足造成经济损失。

（4）大数据核对

大数据核对是在前三个阶段完成后的最后一道核对程序。对项目的高层管理人员依据一份大数据对比分析报告，可对项目结算报告作出分析，得出初步结论。BIM 完成后，可直接在云服务器上自动检索高度相似的工程进行云指标对比，查找漏项和偏差较大的项目。

3. 其他方面

BIM 在竣工阶段的应用除工程数量核对以外，还主要包括以下方面：

（1）验收人员根据设计、施工阶段的模型，直观、可视化地掌握整个工程的情况，包括建筑、结构、水、暖、电等各专业的设计情况，既有利于对使用功能、整体质量进行把关，同时又可以对局部进行细致的检查、验收。

（2）验收过程可以借助 BIM 模型对现场实际施工情况进行校核，譬如管线位置是否满足要求、是否有利于后期检修等。

（3）通过竣工模型的搭建，可以将建设项目的设计、经济、管理等信息融合到一个模型中，便于后期的运维管理单位使用，更好、更快地检索到建设项目的各类信息，为运维管理提供有力保障。

4.5.6 运维阶段

目前，传统的运营管理阶段存在的问题主要有：一是目前竣工图纸、材料设备信息、合同信息、管理信息分离，设备信息往往以不同格式和形式存在于不同位置，信息的凌乱造成运营管理的难度；二是设备管理维护没有科学的计划性，仅仅是根据经验不定期进行维护保养，难以避免设备故障发生所带来的损失，处于被动式地管理维护；三是资产运营缺少合理的工具支撑，没有对资产进行统筹管理统计，造成很多资产的闲置浪费。

BIM 技术可以保证建筑产品的信息创建便捷、信息存储高效、信息错误率低、信息传递过程高精度等，解决传统运营管理过程中最严重的两大问题：数据之间的"信息孤岛"和运营阶段与前期的"信息断流"问题，整合设计阶段和施工阶段的关联基础数据，形成完整的信息数据库，能够方便运维信息的管理、修改、查询和调用，同时结合可视化技术，使得项目的运维管理更具操作性和可控性。

BIM 在运维阶段应用的四大优势：

（1）数据存储借鉴

利用BIM模型，提供信息和模型的结合。不仅将运维前期的建筑信息传递到运维阶段，更保证了运维阶段新数据的存储和运转。BIM模型所储存的建筑物信息，不仅包含建筑物的几何信息，还包含大量的建筑性能信息。

（2）设备维护高效

利用BIM模型可以储存并同步建筑物设备信息，在设备管理子系统中，有设备的档案资料，可以了解各设备可使用年限和性能；设备运行记录，了解设备已运行时间和运行状态；设备故障记录，对故障设备进行及时处理并将故障信息进行记录借鉴；设备维护维修，确定故障设备的及时反馈以及设备的巡视。同时，还可利用BIM可视化技术对建筑设施设备进行定点查询，直观地了解项目的全部信息。

（3）物流信息丰富

采用BIM模型的空间规划和物资管理系统，可以随时获取最新的3D设计数据，以帮助协同作业。在数字空间进行模拟现实的物流情况，显著提升庞大物流管理的直观性和可靠性，使服务者了解庞大的物流管理活动，有效降低服务者进行物流管理时的操作难度。

（4）数据关联同步

BIM模型的关联性构建和自动化统计特性，对维护运营管理信息的一致性和数据统计的便捷化做出了贡献。

运维管理的范畴主要包括以下五个方面：空间管理、资产管理、维护管理、公共安全管理和能耗管理（图4.5-32）。

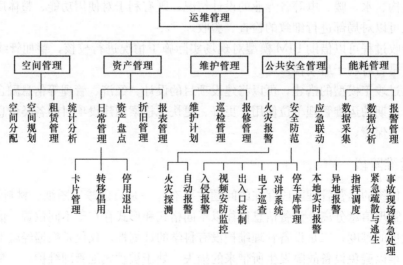

图4.5-32 运维管理图

1. 空间管理

空间管理主要是满足组织在空间方面的各种分析及管理需求，更好地响应组织内各部门对于空间分配的请求及高效处理日常相关事务、计算空间相关成本、执行成本分摊等内部核算，增强企业各部门控制非经营性成本的意识，提高企业收益。

（1）空间分配

创建空间分配基准，根据部门功能，确定空间场所类型和面积，使用客观的空间分配方法，消除员工对所分配空间场所的疑虑，同时快速地为新员工分配可用空间。

（2）空间规划

将数据库和 BIM 模型整合在一起的智能系统跟踪空间的使用情况，提供收集和组织空间信息的灵活方法，根据实际需要、成本分摊比率、配套设施和座位容量等参考信息，使用预定空间，进一步优化空间使用效率；并且基于人数、功能用途及后勤服务预测空间占用成本，生成报表、制订空间发展规划。

（3）租赁管理

大型商业地产对空间的有效利用和租售是业主实现经济效益的有效手段，也是充分实现商业地产经济价值的表现。应用 BIM 技术对空间进行可视化管理，分析空间使用状态、收益、成本及租赁情况，业主通过三维可视化直观地查询定位到每个租户的空间位置以及租户的信息，如租户名称、建筑面积、租约区间、租金情况、物业管理情况；还可以实现租户的各种信息的提醒功能。同时根据租户信息的变化，实现对数据的及时调整和更新。从而判断影响不动产财务状况的周期性变化及发展趋势，帮助提高空间的投资回报率，并能够抓住出现的机会及规避潜在的风险。

（4）统计分析

开发如成本分摊—比例表、成本详细分析、人均标准占用面积、组织占用报表、组别标准分析等报表，方便获取准确的面积和使用情况信息，满足内外部报表需求。

2. 资产管理

资产管理是运用信息化技术增强资产监管力度，降低资产的闲置浪费，减少和避免资产流失，使业主在资产管理上更加全面规范，从整体上提高业主资产管理水平。

（1）日常管理

主要包括固定资产的新增、修改、退出、转移、删除、借用、归还、计算折旧率及残值率等日常工作。

（2）资产盘点

按照盘点数据与数据库中的数据进行核对，并对正常或异常的数据做出处理，得出资产的实际情况，并可按单位、部门生成盘盈明细表、盘亏明细表、盘亏明细附表、盘点汇总表、盘点汇总附表。

（3）折旧管理

包括计提资产月折旧、打印月折旧报表、对折旧信息进行备份，恢复折旧工作、折旧手工录入、折旧调整。

（4）报表管理

可以对单条或一批资产的情况进行查询，查询条件包括资产卡片、保管情况、有效资产信息、部门资产统计、退出资产、转移资产、历史资产、名称规格、起始及结束日期、单位或部门。

3. 维护管理

建立设施设备基本信息库与台账，定义设施设备保养周期等属性信息，建立设施设备维护计划；对设施设备运行状态进行巡检管理并生成运行记录、故障记录等信息，根据生成的保养计划自动提示到期需保养的设施设备；对出现故障的设备从维修申请，到派工、维修、完工验收等实现过程化管理。

4. 公共安全管理

公共安全管理包括应对火灾、非法侵入、自然灾害、重大安全事故和公共卫生事故等危害人们生命财产安全的各种突发事件，建立起应急及长效的技术防范保障体系。基于 BIM 技术可存储大量具有空间性质的应急管理所需要数据，可以协助应急响应人员定位和识别潜在的突发事件，并且通过图形界面准确确定其危险发生的位置。并且 BIM 模型中的空间信息也可以用于识别疏散线路和环境危险之间的隐藏关系，从而降低应急决策制定的不确定性。另外，BIM 也可以作为一个模拟工具，评估突发事件导致的损失，并且对响应计划进行讨论和测试。

5. 能耗管理

对于业主，有效地进行能源的运行管理是业主在运营管理中提高收益的一个主要方面。基于该系统通过 BI M 模型可以更方便地对租户的能源使用情况进行监控与管理，赋予每个能源使用记录表以传感功能，在管理系统中及时做好信息的收集处理，通过能源管理系统对能源消耗情况自动进行统计分析，并且可以对异常使用情况进行警告。

4.6　项目各参与方 BIM 应用

4.6.1　政府

目前，我国政府在建设项目的管理机构设置上基本上沿袭计划经济体制下的传统模式：计委等计划管理部门负责项目的立项、审批、招投标等综合监督；财政部门负责资金的拨付与财务管理；审计部门负责对资金运用等进行监督；建委等建设管理部门负责建设监理，安全、质量监督；国有资产管理、监察、纪委等部门以及重大建设项目稽查特派员对项目也负有监管的职责。其中计划、财政、审计和建设主管部门在项目全寿命周期中承担着重要的投资监管责任。在传统模式下，我国政府机构在项目管理方面暴露出不少问题，例如信息共享与协同困难、数据更新与维护迟钝等。BIM 技术的引用改变了传统的政府项目管理工作模式，使政府各管理机构在一定程度上得到了职责再造与优化。具体表现在以下方面：

1. 质量控制责任

政府人员可以通过 BIM 模型进行仿真模拟，减少与各专业设计工程师之间的协调错误，简化人为的图纸综合审核。在此基础上，政府可以准备 BIM 协同设计实施计划工程规划书，包括工程评估（选择更优化的方案）；文档管理（如文件、轴网、坐标中心约定）；制图及图签管理；数据统一管理；设计进度、人员分工及权限；三维设计流程控制；工程建模，碰撞检测，分析碰撞检测报告；专业探讨反馈，优化设计等，使建设信息标准化，预先对工程全过程质量提出可行性的数据支撑。

2. 工期控制责任

政府通过建立以 BIM 技术为依托的工程成本数据平台，将传统的 2D 平面信息扩展到 5D 或 ND 的信息模型，将时间和感官动态模拟，应用到了工程行业的工期控制管理当中。投资方只要将包含成本信息的 BIM 模型上传到系统服务器，系统就会自动对文件进行解析，同时将海量的成本数据进行分类和整理，形成一个多维度、多层次、包含三维图形的成本数据库。政府基于 BIM 平台，只要认真履行建设管理职能，对整个工程的工期进度负责，做到提前策划、精心组织，周密计划。建立强有力的指挥系统，实行领导分管，指挥部总体负责，靠前指挥，主动协调，就可以保证工程的整体推进，工期计划的实施。

3. 造价控制责任

根据政府批准的工程总投资，由政府或者投资公司进行统一支付，合理确定政府内部各部门投资控制工程和费用，监督和指导投资控制目标的落实，考核各部门投资控制管理工作，通过 BIM 的建筑信息共享和工期阶段性的模拟和计算，对设计（咨询）、监理、施工单位投资控制管理进行统一考核，审批最终结算价款。

4. 智慧城市

智慧城市就是运用信息和通信技术手段感测、分析、整合城市运行核心系统的各项关键信息，从而对包括民生、环保、公共安全、城市服务、工商业活动在内的各种需求做出智能响应。其实质是利用先进的信息技术，实现城市智慧式管理和运行，进而为城市中的人创造更美好的生活，促进城市的和谐、可持续成长。

随着城市数量和城市人口的不断增多，城市被赋予了前所未有的经济、政治和技术的权力，从而使城市发展在世界中心舞台起到主导作用。虽然城市在人类发展中起着越来越重要的作用，但如今城市的运行模式是否能够适应未来的发展、是否能够解决面临的挑战：低效的城市管理方式、拥堵的交通系统、难以发挥实效的城市应急系统、远远不完善的环境监测体系等。当城市面临这些实质性的挑战时，政府机构必须考虑，城市应该应用新的措施和能力使城市管理变得更加智能。城市必须使用新的科技去改善他们的核心系统，从而最大限度地优化和利用有限的能源（图 4.6-1）。

图 4.6-1 智慧城市

例如，智慧城市可以为市民提供智慧公共服务，建设智慧公共服务和城市管理系统。政府可以建立智慧政务城市综合管理运营平台，满足政府应急指挥和决策办公的需要，对区内现有监控系统进行升级换代，增加智能视觉分析设备，提升快速反应速度，做到事前预警，事中处理及时迅速，并统一数据、统一网络，建设数据中心、共享平台。并提供智慧教育文化服务，建设智慧健康保障体系，建设"数字交通"工程，通过监控、监测、交通流量分布优化等技术，完善公安、城管、公路等监控体系和信息网络系统。

4.6.2 建设方

建设单位是 BIM 应用的最大受益者。作为项目的业主，利用 BIM 技术使得项目在早期就可以对建筑物不同方案的性能做出各种分析、模拟、比较，从而得到高性能的建筑方案。同时积累的信息不但可以支持建设阶段降低成本、缩短工期、提高质量，而且可以为建成后的运营、维护、改建、扩建、交易、拆除、使用等服务。因而不论是建设阶段还是使用阶段，利用 BIM 技术对建筑物质量和性能的提高其最大的受益者永远是业主。

1. 项目开发可行性分析

在项目开发的前期，主要工作内容是项目的论证与策划，其涉及范围最广，包括项目定位、资金、营销、设计、建造、销售等，因此，需要建设企业内部多部门共同参与。由于参与部门较多，涉及交流的内容又如此繁杂，反复的调整在所难免。当一个部门的数据做出调整，其他部门的数据都要跟着变动，如果没有良好的用于信息沟通的载体，这些变化将产生大量低效率的重复劳动。

BIM 应用则很好地解决了这一问题，它可以成为各部门信息沟通的纽带和数据载体，为项目决策提供有力的数据依据。同时，通过应用 BIM 技术对项目景观、项目环境日照、项目风环境、项目环境噪声、项目环境温度、户型舒适度及销售价格进行分析，可以为建设单位提供精准的信息。

2. 设计管理

建筑工程设计阶段项目管理（简称设计管理）是建筑工程全过程项目管理的一部分，涉及从产品研究、市场开拓，到项目立项、方案设计、初步设计、施工图设计、施工配合等多个方面，是对建筑工程设计活动的全过程实施监督和管理。

设计管理的突出作用是极大地提高建设单位或开发商的投资效益，在设计阶段为开发商控制项目工程造价，实现降低项目总投资的目的。设计管理的主要作用是，尽量在设计阶段及时发现问题、解决问题，避免在施工阶段出现更多设计变更，防止在施工阶段影响建筑工程的质量、进度和工程造价。

设计管理的核心是通过建立一套沟通、交流与协作的系统化管理制度，帮助业主和设计方去解决设计阶段中，设计单位与业主（建设单位）、政府有关建筑主管部门、承包商以及其他项目参与方的组织、沟通和协作问题，实现建设项目建设的艺术、经济、技术和社会效益平衡。

由于建设项目分阶段开展设计工作的特点，设计管理是一个标准的长流程管理，而通过 BIM 进行设计管理，则可以简化管理流程、压缩路径从而实现破除信息割裂、共享信息流，使各种信息能够顺畅地流向 BIM 模型。BIM 并不是简单意义上的从二维到三维的发展，是为建筑设计、建造以及管理提供协调一致、准确可靠、高度集成的信息模型，是整个工程项目各参与方在各个阶段共同工作的对象。其在不同的设计阶段拥有不可比拟的生命价值（图 4.6-2）。

运用 BIM 进行设计管理带来的最直接的变革就是：项目各参建单位，包括建设单位、设计、施工、政府有关部门等均围绕 BIM 模型开展"三控三管一协调"等工作，以 BIM 模型深化作为核心工作，完成从设计方案模型到运营维护模型的整体交付，从而破除传统模式中很多难以规避的程序化、流程性工作，实现准确、高效、高附加值的设计管理效果。

图 4.6-2　多维设计管理

3. 施工管理

当代中国的建设项目数量之多和规模之大令举世瞩目，项目高度不断攀升，复杂程度也随之提高。对于这些大型复杂项目，能否保质保量、按时完工是每个业主最为关心的问题。目前施工单位使用的进度计划表主要有两个类型，一类简单但是无法清楚表达；另一类表达清楚了但是过于复杂累赘。

对于业主及施工管理者而言，直观、形象的三维图形、图像或者三维动画的表达形式无疑会利于对设计、加工、建造、安装及施工的理解，避免错误理解导致的错误建造。BIM 的应用可以实现这一目标。

4. 运维管理

项目运维管理是整个建筑运维阶段生产和服务的全部管理，主要包括：

（1）经营管理。为项目最终的使用者、服务者以及相应建筑用途提供经营性管理，维护建筑物使用秩序。

（2）设备管理。包括建筑内正常设备的运行维护和修理，设备的应急管理等。

（3）物业管理。包括建筑物整体的管理，公共空间使用情况的预测和计划，部分空间的租赁管理，以及建筑对外关系。

建筑运维管理的主要问题集中在信息效率上。其目的是实现建筑资产的增值与保值，以及优化运维管理以延长资产寿命，提供资产利用率，有效降低资产设备的维护成本。

BIM 技术可以保证建筑产品的信息创建便捷、信息存储高效、信息错误率低、信息传递过程高精度等，解决传统运营管理过程中最严重的两大问题：数据之间的"信息孤岛"和运营阶段与前期的"信息断流"问题，整合设计阶段和施工阶段的关联基础数据，形成完整的信息数据库，能够方便运维信息的管理、修改、查询和调用，同时结合可视化技术，使得项目的运维管理更具操作性和可控性。

BIM 在运维阶段应用的四大优势：

（1）数据存储借鉴

利用BIM模型，提供信息和模型的结合，不仅将运维前期的建筑信息传递到运维阶段，更保证了运维阶段新数据的存储和运转。BIM模型所储存的建筑物信息，不仅包含建筑物的几何信息，还包含大量的建筑性能信息。

（2）设备维护高效

利用BIM模型可以储存并同步建筑物设备信息，在设备管理子系统中，有设备的档案资料，可以了解各设备可使用年限和性能；设备运行记录，了解设备已运行时间和运行状态；设备故障记录，对故障设备进行及时的处理并将故障信息进行记录借鉴；设备维护维修，确定故障设备的及时反馈以及设备的巡视。

同时，还可利用BIM可视化技术对建筑设施设备进行定点查询，直观地了解项目的全部信息。不仅是传统的基础几何信息，还包括非几何信息，例如材料的供应商、设备型号、生产日期、使用年限、设备负责人、对应的合同等。

（3）物流信息丰富

采用BIM模型的空间规划和物资管理系统，可以随时获取最新的3D设计数据，以帮助协同作业。在数字空间进行模拟现实的物流情况，显著提升庞大物流管理的直观性和可靠性，使服务者了解庞大的物流管理活动，有效降低服务者进行物流管理时的操作难度。

（4）数据关联同步

BIM模型的关联性构建和自动化统计特性，对维护运营管理信息的一致性和数据统计的便捷化做出了贡献。

4.6.3 设计方

设计单位在BIM应用中贡献最大。建筑物的性能基本上是由设计决定的，利用BIM模型提供的信息，从设计初期即可对各个发展阶段的设计方案进行各种性能分析、模拟和优化，从而得到具有最佳性能的建筑物。利用BIM模型也可以对新形式、新结构、新工艺和复杂节点等施工难点进行分析模拟，从而改进设计方案。利用BIM模型还可以对建筑物的各类系统（建筑、结构、机电、消防、电梯等）进行空间协调，保证建筑物产品本身和施工图没有常见的错、漏、碰、缺现象。同时设计用的BIM模型还可以给施工单位提供方案计划分析，给业主单位提供运营维护管理。BIM建筑信息模型这一平台的建立使得设计单位从根本上改变了二维设计的信息割裂问题。这在目前普遍设计周期较短的情况下，难免出现疏漏。而BIM的数据是采用唯一、整体的数据存储方式，无论平面、立面还是剖面图其针对某一部位采用的都是同一数据信息。这使得修改变得简便而准确，不易出错。同时也极大地提高了工作效率。

1. 前期构思

在前期概念构思阶段，设计师面临项目场地、气象气候、规划条件等大量设计信息，这些信息的分析、反馈和整理对于建筑师设计初期是一件非常有价值的事。通过对BIM信息技术平台及GIS分析软件等的利用，设计师可以更便捷地对设计条件进行判断、整理、分析，从而找出关注的焦点，充分利用已有条件，在设计最初阶段就能朝着最有效的方向努力并做出最适当的决定，从而避免潜在的错误。

在三维设计出现前，建筑师只能依靠透视草图或是实体模型来研究三维空间，这些工具有自己的优势，但也存在一些不足。如绘制草图，可以随心所欲、流畅地表达设计意图，但是在准确性和空间整体感上受到很大限制。实体模型在研究外部形态时有很大作用，但是其内部空间无法观察，难以提供对空间序列关系的人视点的直观体验和表达。建筑信息模型以三维设计为基础，采用虚拟现实物体的方法，让电脑取代人脑完成由二维到三维的转化。这样设计师可以将更多的精力投入到关注设计本身，而不是耗费大量精力在二维图纸的绘制上。

2. BIM 在建筑设计中应用的价值

BIM 在建筑设计中应用的价值。BIM 技术的引入整合了数据库的三维模型，可以将建筑设计的表达与现实过程中的信息集中化、过程集成化，进而大大提高生产效率，减少设计错误。目前国内设计单位的主流方式一般是采用 AutoCAD 绘制平面图、立面图以及剖面图等，这些图纸在绘制时往往有很多内容是重复的，但即使这样还会有很多内容无法表达，需要借助一些说明性的文字或者详图才能解释清楚。同时，在这样的工作量下产生的图纸数量也是庞大的，这也成为提高项目整合度和协作设计的重大障碍。在 BIM 软件平台下，以数据库代替绘图，将设计内容归为一个总数据库而非单独的图纸。该数据库可以作为该项目内所有建筑实体和功能特征的中央存储库。随着设计的变化，构件可以将自身参数进行调整，从而适应新的设计。建筑设计是一项跨学科、跨阶段的综合设计过程，而 BIM 的产生正好迎合了这一需求，实现了在单一数据平台上各专业的协调设计和数据集中。通过 BIM 结合相关专业软件应用，可以进行建筑的热工分析、照明分析、自然通风模拟、太阳辐射分析等，为绿色建筑设计带来了便利。

3. BIM 在结构设计中应用的价值

在建筑设计的初步设计阶段，结构设计可以同步开展起来，目前设计单位结构设计采用的软件工具与建筑设计一样，主要依靠 AutoCAD 软件进行施工图绘制。首先由建筑师确定建筑的总体设计方案及布局，专业的结构工程师根据建筑设计方案进行结构设计，建筑和结构双方的设计师要在整个设计过程中反复相互提资，不断修改。在设计院里，建筑师拿着图纸找结构设计人员改图的场景屡见不鲜。

将 BIM 模型应用到结构设计中之后，BIM 模型作为一个信息数据平台，可以把上述结构设计过程中的各种数据统筹管理，BIM 模型中的结构构件同时也具有真实构件的属性及特性，记录了项目实施过程的所有数据信息，可以被实时调用、统计分析、管理与共享。结构设计的 BIM 应用主要包括结构建模及计算、规范校核、三维可视化辅助设计、工程造价信息统计、输出施工图等，大大提高了结构设计的效率，将设计纰漏出现的概率降到了最低。

4. BIM 在水暖电设计中应用的价值

建筑机电设备专业通常称为水暖电专业。这三个专业是建筑工程和暖通、电气电信、给水排水的交叉学科，他们的共同特点是：设备选型及管线设计占比极大；在设计过程中要同时考虑管线及设备安装顺序，以保证足够的安装空间；还得考虑设备及管线的工作、维修、更换要求。

传统水暖电设计主要依靠 CAD 进行二维设计，这使得管线综合问题在设计阶段很难解决，只能在各专业设计完成后反复协调，将各方图纸进行比对，发现碰撞后提出解决方案，修改后再确定成图。将 BIM 三维模型引入水暖电设计后流程如下：

（1）引入 BIM 模型进行初步分析，通过引入 BIM 建筑模型，建立负荷空间计算单元，提取体积、面积等空间信息，并指定空间功能和类型，计算设计负荷，导出模型数据，进行初步分析。

（2）建立机电专业模型，进行机电选型，在建筑模型空间内由设备、管道、连接件等构件对象组合成子系统，最后并入市政管网。

（3）整理、输出、分析各项数据，三方软件进行调整更新原数据。现有 BIM 软件可以对系统进行一些初步检测，或使用其他软件调用分析后再导入，进行设计更新，从而实现数据共享，合作设计。

（4）通过碰撞检测功能对各专业管线碰撞进行检测，在设计阶段就尽量减少碰撞问题，根据最后汇总进一步调整设计方案。

（5）综合建筑、结构以及水暖电各专业的建筑信息模型，可以自动生成各专业的设计成果，如平面图、立面图、系统图以及详图等。BIM 对于水暖电专业设计的价值除了通过三维模型解决空间管线综合及碰撞问题外，还在于能够自动创建路径和自动计算功能，具有极高的智能性。

5. BIM 技术在提高设计进度方面的价值

目前，不少建设项目采取一边设计一边修改的设计方式，设计工作的时间成本影响了项目的整体进度。而 BIM 技术在设计单位的应用，能够大大加快项目的设计进度。但是，由于现阶段设计单位使用的 BIM 软件生产率不够高，且当前设计院的设计成果交付质量较低，目前仍有不少人认为采用 BIM 技术进行设计工作会拖延设计进度。而实际上，采取 BIM 技术进行设计，表面上项目设计进度虽然拉长了，但交付成果质量却大大提升了。因此，BIM 技术能大大提升设计进度，可以在施工以前提前解决很多设计变更问题，为施工阶段工作减轻了负担，降低了项目的成本。

6. BIM 技术在可持续设计方面应用的价值

虽然我国一直在呼吁建筑设计要注重环境设计和环境融为一体并且采用绿色概念设计节能环保。但是在实际设计过程中还是有很多建筑项目在设计的过程中很少考虑环境问题。因为绿色设计在一定程度上无法在短时间内评估建筑的经济性能和环保性能，而且随着建筑施工和维护运行成本会比普通建筑要高很多。在建筑市场竞争激烈的今天建筑开发商和业主更多关注的是设计带来的经济效益而很少在乎环境效益。建筑设计很难在前期进行可持续设计评估，传统的物理模式和工程图根据 CAD 或对象 CAD 解决方案中的图形评估建筑性能，这需要大量人员干预和解释说明，并增加人力、物力。但是 BIM 有专业的技术支持，拥有不同的参数化建筑建模器对设计方案的照明、安全、布局、声学、色彩、能耗等进行评估。相关可持续分析团建能够用一个包含关联信息的综合数据库来表示建筑全面掌握整个项目设计的能耗和生命周期成本计算，可以在标准设计流程中以副产品的形式生产可用于可持续设计、分析和认证的信息。这种评估方式能够优化和简化评估过程降低设计成本还能保证建设设计的环保性。

7. BIM 技术在价值工程中应用的价值

价值工程在建设工程的应用中有利于提高建筑设计性能、降低建设成本，为业主带来了可观的经济效益，但建设工程由于自身的复杂性在价值工程的应用上有一定的困难，现阶段通常将 BIM 模型同价值工程结合起来共同促进其在建设工程中的应用。BIM 技术理念的引入，使得设计人员能够从 BIM 模型的历史经验数据库中提取相关的设计经济指标，帮助其快速进行限额设计的投资指标计算，从而保障了设计的经济型和合理性。造价工程师从 BIM 模型中提取到相应的项目参数和工程量数据，与指标数据库和概算数据库进行充分的对照后，得到快速计算而来的准确概算价，核算设计指标的经济性，应用价值工程的方法考虑项目的全生命周期的建造成本和使用成本，对设计方案进行优化调整，达到控制整体投资的目标，为后续工作做出铺垫。

8. BIM 技术在限额设计中应用的价值

方案设计阶段选出最优设计方案后，价值工程优化的限额设计方法将进一步对方案进行价值优化和限额分配。利用 BIM 数据库，对工程量进行直接统计，在历史数据库中找到类似工程的投资指标分配方案提供参考。基于价值工程的角度并考虑全寿命周期，对初步设计各个阶段的专业成本进行限额分配，从中选择工程成本与功能相互匹配的最佳方案，从而控制了工程成本的投资限额，实现了项目价值最大化。

4.6.4 施工方

1. 投标

标前评价是提高投标质量的重要工作。利用 BIM 数据库，结合相关软件完成数据整理工作，通过核算人、材料、机械的用量，分析施工环境和难点，结合企业实际施工能力，可以综合判断选择项目投标，做好投标的先期准备和筛选工作，进而提高中标率和投标质量。

2. 施工管理

建设项目施工管理是为实现项目投资、进度、质量目标而进行的全过程、全方位的规划组织、控制和协调工作，内容是研究如何高效益地实现项目目标。建设项目的施工管理包括成本、进度、质量和安全控制，四个控制没有轻重之分，同等重要并有机结合（图 4.6-3）。

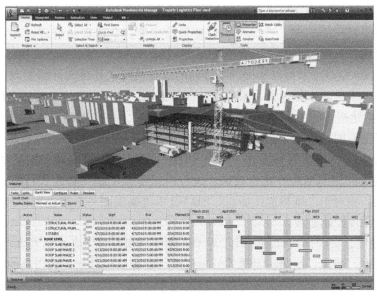

图 4.6-3 Naviswork 软件管理界面

（1）成本控制

成本控制不仅是财务意义上实现利润最大化，其终极目标是单位建筑面积自然资源消耗最少。任何成本的减少要在不影响建筑结构安全，不减弱社会责任的前提下，通过技术经济和信息化手段，优化设计、优化组合、优化管理，把无谓的浪费降至最低。

BIM 技术在处理实际工程成本核算中有着巨大的优势。建立 BIM 的 5D 施工资源信息模型（3D 实体、时间、工序）关系数据库，让实际成本数据及时进入 5D 关系数据库，成本汇总、统计、拆分对应瞬间可得。建立实际成本 BIM 模型，周期性（月、季）按时调整维护好该模型，统计分析工作就很轻松，软件强大的统计分析能力可轻松满足我们各种成本分析需求。基于 BIM 的实际成本核算方法，较传统方法具有极大优势：

① 快速。由于建立基于 BIM 的 5D 实际成本数据库，汇总分析能力大大加强，速度快，短周期成本分析不再困难，工作量小、效率高。

② 准确。成本数据动态维护，准确性大为提高，通过总量统计的方法，消除累积误差，成本数据随进度进展准确度越来越高。另外，通过实际成本 BIM 模型，很容易检查出哪些项目还没有实际成本数据，监督各成本实时盘点，提供实际数据。

③ 分析能力强。可以多维度（时间、空间、WBS）汇总分析更多种类、更多统计分析条件的成本报表。

④ 提升企业成本控制能力。将实际成本 BIM 模型通过互联网集中在企业总部服务器。企业总部成本部门、财务部门就可共享每个工程项目的实际成本数据，实现了总部与项目部的信息对称，总部成本管控能力大为加强。

（2）进度控制

进度控制是采用科学的方法确定进度目标，编制进度计划与资源供应计划，进行进度控制，在与质量、费用、安全目标协调的基础上，实现工期目标。由于进度计划实施过程中目标明确，而资源有限，不确定因素多，干扰因素多，这些因素有客观的、主观的，主客观条件的不断变化，计划也随着改变，因此，在项目施工过程中必须不断掌握计划的实施状况，并将实际情况与计划进行对比分析，必要时采取有效措施，使项目进度按预定的目标进行，确保目标的实现。进度控制管理是动态的、全过程的管理，其主要方法是规划、控制、协调。

利用 BIM4D 模拟技术可以掌握进度计划的实施状况，并将实际情况与计划进行对比分析，这样有助于排除未知因素、采取有效纠偏措施，确保项目进度按预定的目标进行。

① 4D 模拟建造。施工中进度计划的常规表示方法之一是编制网络横道图，为方便绘制项目的网络横道图，常将一个项目分成若干个子项目进度计划，由此施工中一旦遇到突发事件往往会引起各子项目横道图的手工调整、重新计算和核算工期的情况。而采用BIM 技术可充分利用模型的可视化效果，进行模拟建设，是一种先进行模拟而后进行实体建造的过程，相对于二维横道图而言，BIM 技术将横道图与三维模型相形成 4D 模拟建造，可以最大限度控制进度。

② 编制进度、资源供应计划。该工程子进度计划和资源供应计划繁多，除了土建外，还有幕墙、机电、装饰、消防、暖通等分项进度、资源供应计划，为正确的安排各项进度和资源的配置，尽最大限度减少各分项工程间的相互影响，该工程采用 BIM 技术建立 4D 模型，并结合其模型进度计划成初步进度计划，最后将初步进度计划与三维模型结合形成

4D 模型的进度、资源配置计划。在此过程中，决策部门各施工现场一直存在着信息交换。

（3）质量控制

质量控制主要是全面贯彻质量管理的思想，进行施工质量目标的事前准备工作、事中关键控制点和事后检查控制的系统过程，该控制过程主要是按照 PDCA（Plan，Do，Check，Action）的循环原理通过计划、实施、检查、处理的步骤展开控制。目前施工过程中对施工质量的控制主要是事前先召开方案讨论会议，然后在事中由专业技术人员和管理人员在现场进行跟踪式管理，而运用 BIM 碰撞检测等技术则是先建立模型对重点部位进行预测，再以模型为导向进行事中管理，最后再次进行事后排除检查。

① 三维模型展示工序流程。该工程有深基坑开挖、落地脚手架搭设等 6 个专项方案和防水工程、地下室施工等 14 个一般方案，每一个方案都是质量控制的重点，通过建立的 BIM 模型可以很清楚地展示每一个施工质量控制重点。针对该工程班组的专业化水平不是很高的特点，BIM 可视化技术在施工班组进行技术交底时，表现出极大的优势。例如，同查看含有建筑术语的二维图和照样板施工的传统方法相比，施工班组通过三维模型，可以快速了解隐藏信息，特别是对细节问题如钢筋的放置、钢节点和网架节点的处理、管线布置等信息的处理上表现明显。

② 管件的碰撞检查。代替水、暖、电三者分开的二维平面系统图，通过搭建的 BIM 信息平台，利用 MEP 的碰撞检测技术，将结构、暖通、机电整合在一起，有效检测它们之间相交叉的地方，协调好三者的空间位置达到提前解决冲突的目的，做好事前控制。

③ 二维出图以及参数化设置。在处理饰面、防水洞口、泛水、幕墙和管道构件安装等细部时，可事先将上述构件的图元属性先调为精细模式，再进行隔离图元操作，生成二维剖面图，替代查阅各类图集，在加快速度的同时也保证了质量。同时根据参数设置也可以很方便地修改尺寸大小及位置。

④ 高集成化方便信息查询和搜集。BIM 技术具有高集成化的特点，其建立的模型实质为一个庞大的数据库，在进行质量检查时可以随时调用模型，查看各个构件，例如预埋件位置查询，起到对整个工程逐一排查的作用，事后控制极为方便。

（4）安全控制

安全控制就是在施工全过程中始终坚持"安全第一，预防为主"的方针，以防安全事故的发生。传统进行安全控制的方法很难用可视化的效果进行演示，其标准规范和注意事项只能在施工班组交底和安全工作会议上讲解，并没有完全结合现场的实际工况。采用 BIM 技术可视化等特点，用不同颜色标注施工中各空间位置，展现危险与安全区域，真正做到提前控制。

① 碰撞检测技术检查安全问题。利用碰撞检测技术可模拟施工设备的运行，例如调试塔吊作业半径和检测是否与脚手架等建筑突出部位发生碰撞，此外还可以检测天泵、运土车、挖掘机等安全作业半径，从而达到提前预知危险的目的。

② 施工空间安全管理。对每个现场施工作业人员来讲，安全空间都是有限的，特别是在该项目中，各分包单位材料、机械设备等的摆放以及每个施工队的施工作业面都存在大量的交叉空间。在该工程中 BIM 技术对"四口"、"五临边"、"物料堆放区"等地方进行了危险空间区域的划分，提前做好施工部署，保证了每个劳务人员的安全和施工的有序进行。

③ 制定并优化应急预案。该工程首次利用 BIM 技术制定和优化了五项应急子预案，包括作业人员的安全出入口、机械和设备的运行路线、消防路线、紧急疏散路线、救护路线，同时通过 BIM 模型中生成的 3D 动画来同工人沟通，达到了很好的效果。

课 后 习 题

一、单项选择题

1. BIM 目标可以分为两种类型，第一类跟项目的整体表现有关，第二类跟（　　）有关。

A. 具体任务的效率 　　　　　　　　　　B. 企业文化

C. 企业技术 　　　　　　　　　　　　　D. 项目成本

2. 下列选项不属于 BIM 实施规划流程内容的是（　　）。

A. 选择 BIM 应用技术路线 　　　　　　　B. 确定 BIM 应用具体内容

C. 制定 BIM 应用业务目标 　　　　　　　D. 组建 BIM 应用团队人员

3. 按 BIM 组织架构表成立总包 BIM 系统执行小组，由 BIM 系统总监全权负责。经业主审核批准，小组人员立刻进场，最快速度投入系统的创建工作。上述描述体现的是（　　）。

A. 系统运行保障体系的建立 　　　　　　B. 系统运行例会制度的建立

C. 系统运行检查机制的建立 　　　　　　D. BIM 系统运行工作计划的编制

4. 系统运行例会制度不包括（　　）。

A. BIM 系统联合团队成员，每周召开一次专题会议

B. BIM 操作人员遇到技术难点随时组织临时会议

C. BIM 系统联合团队成员，必须参加每周的工程例会和设计协调会

D. 总包 BIM 系统执行小组，每周内部召开一次工作碰头会

5. 模型维护与应用机制不包括（　　）。

A. 根据各分包单位的计划，编制各专业碰撞检测计划、修改后重新提交计划

B. 督促各分包在施工过程中维护和应用 BIM 模型，按要求及时更新和深化 BIM 模型，并提交相应的 BIM 应用成果

C. 在得到管线布局最佳状态的三维模型后，按要求分别导出管线综合图、综合剖面图、支架布置图以及各专业平面图，并生成机电设备及材料量化表

D. 集成和验证最终的 BIM 竣工模型，按要求提供给业主

6. 下列选项中关于 BIM 实施规划流程正确的是（　　）。

A. 先制定 BIM 应用业务目标，然后确定 BIM 应用具体内容，最后选择 BIM 应用技术路线

B. 先确定 BIM 应用具体内容，然后制定 BIM 应用业务目标，最后选择 BIM 应用技术路线

C. 先选择 BIM 应用技术路线，然后确定 BIM 应用具体内容，最后制定 BIM 应用业务目标

D. 先选择 BIM 应用技术路线，然后制定 BIM 应用业务目标，最后确定 BIM 应用具体内容

7. 设计主导管理模式指的是由业主委托一家( )单位，将拟建项目所需的 BIM 应用要求等以 BIM 合同的方式进行约定，由该单位建立 BIM 设计模型，并在项目实施过程中提供 BIM 技术指导、模型信息的更新与维护、BIM 模型的应用管理等。

A. 设计   B. 施工

C. BIM 咨询   D. 政府

8. 下列说法正确的是( )。

A. 业主主导模式下，初始成本较低，协调难度一般，运营支持程度低，对业主要求较低

B. 业主主导模式下，初始成本较高，协调难度大，应用扩展性最丰富，运营支持程度高，对业主要求高

C. 业主主导模式下，初始成本较高，协调难度一般，应用扩展性最丰富，运营支持程度一般，对业主要求高

D. 业主主导模式下，初始成本较高，协调难度小，应用扩展性一般，运营支持程度高，对业主要求高

9. 下列关于业主自主 BIM 应用管理模式的适用情况说法正确的是( )。

A. 适用的项目范围、规模大小较为广泛

B. 适用于中小型规模、BIM 技术应用相对较为成熟的项目

C. 适用于规模较大，专业较多，技术复杂的大型工程项目

D. 适用于工程总承包项目等

10. 下列关于实施团队中团队角色及对应的 BIM 工作内容说法不正确的是( )。

A. 项目经理负责监督、检查项目执行进展

B. 测量负责人负责采集及复核测量数据，为每周 BIM 竣工模型提供准确数据基础，并且利用 BIM 模型导出测量数据指导现场测量作业

C. 安全环境管理部负责利用 BIM 模型优化资源配置组织

D. 物资设备管理部负责利用 BIM 模型生成清单，审批、上报准确的材料计划

11. BIM 实施阶段中技术资源配置主要包括软件配置及( )。

A. 人员配置   B. 硬件配置

C. 资金筹备   D. 数据准备

12. BIM 在方案策划阶段的应用内容主要包括现状建模、成本核算、场地分析和( )。

A. 深化设计   B. 碰撞检查

C. 总体规划   D. 施工模拟

13. BIM 在投标过程中的应用不包括( )。

A. 基于 BIM 的深化设计   B. 基于 BIM 的施工方案模拟

C. 基于 BIM 的 4D 进度模拟   D. 基于 BIM 的资源优化与资金计划

14. BIM 技术在设计阶段可视化设计交流的应用主要体现在三维设计和( )。

A. 施工图生成   B. 效果图及动画展示

C. 安全疏散分析   D. 协同设计

15. 下列不属于 BIM 技术在运维阶段中的应用的是( )。

A. 租赁管理　　　　　　　　　　　　B. 资产设备管理

C. 工程量自动统计　　　　　　　　　D. 能耗管理

16. BIM 技术在施工阶段中预制加工管理不包括(　　)。

A. 基于 BIM 技术对关键工艺进行展示

B. 基于 BIM 技术实现钢筋准确下料

C. 基于 BIM 技术可对构件进行详细信息查询

D. 基于 BIM 技术可出具构件加工详图

17. BIM 在工程项目质量管理中的关键应用点不包括(　　)。

A. 建模前期协同设计　　　　　　　　B. 碰撞检测

C. 大体积混凝土测温　　　　　　　　D. 防坠落管理

18. BIM 在工程项目施工安全管理中的应用不包括(　　)。

A. 施工准备阶段安全控制　　　　　　B. 施工动态监测

C. 三维技术交底及安装指导　　　　　D. 灾害应急管理

19. BIM 在工程项目施工物料管理中的应用不包括(　　)。

A. 公共安全管理　　　　　　　　　　B. 建立安装材料 BIM 模型数据库

C. 安装材料分类控制　　　　　　　　D. 用料交底

20. BIM 在工程项目成本控制中的应用不包括(　　)。

A. 快速精确的成本核算　　　　　　　B. 灾害应急管理

C. 预算工程量动态查询与统计　　　　D. 限额领料与进度款支付管理

二、多项选择题

1. 项目 BIM 实施保障措施主要包括(　　)。

A. 建立系统运行保障体系　　　　　　B. 编制 BIM 系统运行工作计划

C. 建立系统运行例会制度　　　　　　D. 建立系统运行检查机制

E. 模型维护与应用机制　　　　　　　F. BIM 模型的应用计划

G. 实施全过程规划　　　　　　　　　H. 协同平台准备

2. BIM 实施模式主要有(　　)。

A. 设计主导管理模式　　　　　　　　B. 政府主导管理模式

C. 咨询辅助管理模式　　　　　　　　D. 业主自主管理模式

E. 施工主导管理模式

3. 建立 BIM 数据库对整个工程项目的意义主要有(　　)。

A. 快速算量，精度提升　　　　　　　B. 数据调用，决策支持

C. 精确计划，减少浪费　　　　　　　D. 多算对比，有效管控

4. 下列选项属于 BIM 在工程项目施工安全管理中的应用的是(　　)。

A. 施工过程 4D 管理　　　　　　　　B. 施工动态监测

C. 工程量统计　　　　　　　　　　　D. 灾害应急管理

E. 模型碰撞检测

5. 项目评价内容主要包括(　　)。

A. 项目完成情况　　　　　　　　　　B. 项目成果

C. 项目维护计划　　　　　　　　　　D. 项目意义

6. BIM 技术在设计阶段的应用主要体现在（　　）。

A. 可视化设计交流 B. 设计分析

C. 协同设计与冲突检查 D. 设计阶段造价控制

E. 施工图生成 F. 移动终端现场管理

7. 虚拟施工管理主要包括（　　）。

A. 场地布置方案优化 B. 协同设计

C. 专项施工方案优化 D. 关键工艺展示

E. 土建主体结构施工模拟 F. 装修效果模拟

8. 绿色施工管理主要包括（　　）。

A. 节地 B. 节水

C. 节材 D. 节能

E. 节约资金

9. BIM 技术在竣工阶段的具体应用主要包括（　　）。

A. 检查结算依据 B. 核对工程数量

C. 公共安全管理 D. 物料管理

10. BIM 技术在运维阶段的具体应用主要包括（　　）。

A. 空间管理 B. 资产管理

C. 维护管理 D. 公共安全管理

E. 能耗管理

参考答案

一、单项选择题

1. A	2. D	3. A	4. B	5. A
6. A	7. A	8. B	9. C	10. C
11. B	12. C	13. A	14. B	15. C
16. A	17. D	18. C	19. A	20. B

二、多项选择题

1. ABCDEFGH	2. ACDE	3. ABCD	4. ABD	5. ABD
6. ABCDE	7. ACDEF	8. ABCD	9. AB	10. ABCDE

第 5 章　BIM 模型与标准

本章导读

　　本章首先简单介绍了 BIM 建模精度及 IFC 标准，包括 LOD 理论简介、BIM 建模精度定义、IFC 标准框架、IFC 数据定义方式、IFC 实现方法及应用等，接下来对《建筑工程设计信息模型交付标准》及《建筑工程设计信息模型分类和编码标准》的术语、规则和内容做了简单介绍，以加强读者对 BIM 标准及流程的理解。

本章二维码

22. BIM 建模
精度

23. IFC 标准

24.《建筑信
息模型应用
统一标准》

25.《建筑
信息模型应
用统一标准
制定说明》

26.《建筑工
程设计信息模
型分类和编
码标准》

27.《建筑
工程设计信
息模型交付
标准》

5.1 BIM 建模流程

1. 建立网格及楼层线

建筑师绘制建筑设计图、施工图时，网格以及楼层为其重要的依据，放样、柱为判断皆须依赖网格才能让现场施作人员找到基地上的正确位置。楼层线则为表达楼层高度的依据，同时也描述了梁位置、墙高度以及楼板位置，建筑师的设计大多将楼板与梁设计在楼层线的下方，而墙则位于梁或楼板的下方。若没有楼层线，现场施工人员对于梁的位置、楼板位置以及墙高度的判断会很困难。因此在绘图的第一步，即为在图面上建立网格以及楼层线。

2. 导入 CAD 文档

将 CAD 文件导入软件可方便下一步骤建立柱梁板墙时，可直接点选图面或按图绘制。导入 CAD 时应注意单位以及网格线是否与 CAD 图相符。

3. 建立柱梁板墙等组件

将柱、梁、板、墙等构件依图面放置到模型上，依构件的不同类型选取相符的模型样式进行绘制工作。柱与梁应依其位置放置在网格线上，便于日后如果有梁柱位置移动时，方便一并修正。柱与梁建构完成后，即可绘制楼板、墙、楼梯、门、窗与栏杆等组件。

4. 彩现

彩现图为可视化沟通的重要工具，建筑师与业主讨论其设计时，利用三维模型可与业主讨论建物外型、空间意象以及建筑师的设计是否达成业主需求等功能。然而三维模型在建构时，常为了减低计算机资源消耗以及模型控制的便利，而采用较为简易的示意方式，并无表示实际材质于三维模型上。建筑信息模型可于三维模型上贴附材质，虽在绘图模式时并未显示，但可利用其彩现功能，计算表面材质与光影变化，对于业主来说，更能清楚地了解建筑的建筑外观。

5. 输出为 CAD 图与明细表

目前在新加坡等 BIM 应用较早的国家，其建管单位已经能接受建筑师缴交三维建筑信息模型作为审图的依据，然而在国内并无类似制度，建筑师缴交资料给予建管单位审核时，仍以传统图纸或 CAD 图为主，因此建筑信息模型是否能够输出为 CAD 图使用，则是重要的一环。三维建筑信息模型除各式图面外，也能输出数量计算表，方便设计者数量计算。日后倘若发生变更设计时，数量明细表也能自动改变。

5.2 BIM 建模精度

5.2.1 LOD 理论

虚拟现实中场景的生成对实时性要求很高，LOD 技术是一种有效的图形生成加速方法。1976 年，克拉克提出了细节层次（Levels of Detail，简称 LOD）模型的概念，认为当物体覆盖屏幕较小区域时，可以使用该物体描述较粗的模型，并给出了一个用于可见面判定算法的几何层次模型，以便对复杂场景进行快速绘制。1982 年，鲁宾（Rubin）结合光线跟踪算法，提出了用复杂场景的层次表示算法及相关的绘制算法，从而使计算机能以较少的时间绘制复杂场景。20世纪90年代初，图形学方向上派生出虚拟现实和科学计算可视化等新研究领域。虚拟现实和交互式可视化等交互式图形应用系统要求图形生成速度达到实时的效果，而计算机所提供的计算能力往往不能满足复杂三维场景的实时绘制要求，因而研究人员提出多种图形生成加速方法，LOD模型则是其中一种主要的方法。这几年在全世界范围内形成了对LOD技术的研究热潮，并且取得了很多有意义的研究结果。

LOD技术在不影响画面视觉效果的条件下，通过逐次简化景物的表面细节来减少场景的几何复杂性，从而提高绘制算法的效率。该技术通常对每一原始多面体模型建立几个不同精度的几何模型。与原模型相比，每个模型均保留了一定层次的细节。在绘制时，根据不同的标准选择适当的层次模型来表示物体。LOD技术具有广泛的应用领域。目前在实时图像通信、交互式可视化、虚拟现实、地形表示、飞行模拟、碰撞检测、限时图形绘制等领域都得到了应用，已经成为一项非常重要的技术。很多造型软件和VR开发系统都开始支持LOD模型。

5.2.2　BIM建模精度

模型的细致程度，英文称作Level of Details，也叫作Level of Development。描述了一个BIM模型构件单元从最低级的近似概念化的程度发展到最高级的演示级精度的步骤。美国建筑师协会（AIA）为了规范BIM参与各方及项目各阶段的界限，在其2008年的文档E202中定义了LOD的概念。这些定义可以根据模型的具体用途进行进一步的发展。

LOD的定义可以用于两种途径：确定模型阶段输出结果（Phase Outcomes）以及分配建模任务（Task Assignments）。

1. 模型阶段输出结果（Phase Outcomes）

随着设计的进行，不同的模型构件单元会以不同的速度从一个LOD等级提升到下一个。例如，在传统的项目设计中，大多数的构件单元在施工图设计阶段完成时需要达到LOD 300的等级，同时在施工阶段中的深化施工图设计阶段大多数构件单元会达到LOD 400的等级。但是有一些单元，例如墙面粉刷，永远不会超过LOD 100的层次。即粉刷层实际上是不需要建模的，它的造价以及其他属性都附着于相应的墙体中。

2. 任务分配（Task Assignments）

在三维表现之外，一个BIM模型构件单元能包含非常大量的信息，这个信息可能是多方来提供。例如，一面三维的墙体或许是建筑师创建的，但是总承包方要提供造价信息，暖通空调工程师要提供U值和保温层信息，一个隔声承包商要提供隔声值的信息等。为了解决信息输入多样性的问题，美国建筑师协会文件委员会提出了"模型单元作者"（MCA）的概念，该作者需要负责创建三维构件单元，但是并不一定需要为该构件单元添加其他非本专业的信息。

LOD被定义为5个等级，从概念设计到竣工设计，已经足够来定义整个模型过程。但是，为了给未来可能会插入的等级预留空间，定义LOD为100~500。具体的等级如下：

LOD 100-Conceptual 概念化。该等级等同于概念设计，此阶段的模型通常为表现建筑整体类型分析的建筑体量，分析包括体积，建筑朝向，每平方造价等（图5.2-1）。

LOD 200-Approximate geometry 近似构件（方案及扩初）。该等级等同于方案设计或扩初设计，此阶段的模型包含了普遍性系统包括的大致数量、大小、形状、位置以及方向等信息。LOD 200 模型通常用于一般性表现目的及系统分析（图 5.2-2）。

图 5.2-1 LOD 100   图 5.2-2 LOD 200

LOD 300-Precise geometry 精确构件（施工图及深化施工图）。该等级等同于传统施工图和深化施工图层次。此阶段模型应当包括业主在 BIM 提交标准里规定的构件属性和参数等信息，模型已经能够很好地用于成本估算以及施工协调（包括碰撞检查、施工进度计划以及可视化，图 5.2-3）。

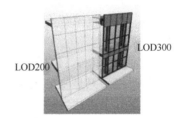

图 5.2-3 LOD 300

LOD 400-Fabrication 加工。此阶段的模型可以用于模型单元的加工和安装，如被专门的承包商和制造商用于加工和制造项目构件，如图 5.2-4 所示。

LOD 500-As-built 竣工。该阶段的模型表现了项目竣工的情形。模型将包含业主 BIM 提交说明里制定的完整的构件参数和属性。模型将作为中心数据库整合到建筑运营和维护系统中去。

在 BIM 实际应用中，我们的首要任务就是根据项目的不同阶段以及项目的具体目的来确定 LOD 的等级，根据不同等级所概括的模型精度要求来确定建模精度。可以说，LOD 让 BIM 应用有据可

图 5.2-4 LOD 400

循。当然，在实际应用中，根据项目具体目的的不同，LOD 也不用生搬硬套，适当的调整也是无可厚非的。LOD 在各阶段的发展，如图 5.2-5 所示。

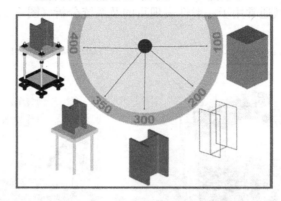

图 5.2-5　LOD 在各阶段的发展

5.3　IFC 标准

5.3.1　IFC 标准的发展

IAI 在 1997 年 1 月发布 IFC 信息模型的第一个完整版本，从那以后又陆续发布了几个版本，当前最新的正式版本是 IFC 2×3 final。在领域专家的努力下，IFC 信息模型的覆盖范围、应用领域、模型框架都有了很大的改进。下面简单介绍 IFC 标准各个版本的内容及发展历程。

1997 年 1 月发布的 IFC1.0，包括支持建筑设计、HVAC 工程设计、设备管理和成本预算的过程，这个信息模型只是将要定义的、完全共享的工程模型的一部分。IFC1.0 版本将其范围局限在以下几个可达到的目标：

(1) 定义了一个"核心"模型，并建立了可扩展的软件框架，保证在 IFC 模型的结构扩展过程中，各个版本之间差异最小。

(2) 重点定义了四个工业应用领域：建筑、HAVC 工程、工程管理、设备管理。但模型只支持这些领域用到的部分过程。

1997 年 12 月发布的 IFC1.5 没有扩大 IFC1.0 的领域范围。然而，在 IFC1.0 版本实践经验的基础上，验证了 IFC 的技术框架，并且扩展了 IFC 对象模型的核心，为商业软件开发提供了一个稳定的平台。

1998 年 7 月发布 IFC1.5.1 版本以 IFC1.5 模型为基础，修正了某些实现问题，验证了核心模型和资源。这一版本成为商业软件应用系统实现 IFC 标准的基础，这些软件包括 Allplan、ArchiCAD 和 Architectural Desktop（Autodesk）。2000 年中期，这些软件第一批通过了 IAI 认证。

1999 年 4 月发布的 IFC2.0 版本扩展了 IFC 模型的领域范围，并且极大提高了应用系统之间共享信息的能力。虽然为了支持新领域过程增加了一些额外特色，但关键的核心和资源模块并没有改变。BLIS（Building Lifeeycle Interopemble Software）项目中的一些公司一起为 IFC2.0 开发了商业目的的应用系统。2001 年中期，这些应用系统中的 13 个通过了 IAI 的认证过程。

2000 年 10 月发布的 IFC2×标示了一个 IFC 开发和应用的重要转变。其中，引入了模块化开发的框架和平台。在这个框架中可以用模块化的方法渐进、稳定地扩展模型的范围。研究项目用 IFC2×平台开发模块，当任务完成后独立地发布模块。它为整个信息模型建立了一个稳定的基础框架，在这个框架下可以用模块化方法扩展 IFC 的范围和能力。在这个版本，将整个信息模型分为两个部分：平台部分和非平台部分。平台部分是模型中相对稳定的部分，这一部分已经被 ISO 组织采纳为国际标准，编号为 ISO 16739。此外，在 IFC2×中引入了 IFCXML 规范，用 XML 模式定义语言 XSD（XML Schema Definition Language）定义了对应 EXPRESS 的整个 IFC 模型。这个规范定义了整个 IFC 模型 Express 语言到 XML 模式定义语言的映射，实现了用 XML 交换工程信息的方法。

2003 年 5 月发布的 IFC 2×2，在领域范围上有很大的扩展，特别是增加了结构分析领域的信息描述。与 IFC 的其他版本一样，IFC 2×2 也有完整版和平台版之分：IFC 2×2 Final，它是所有 IFC 的 Schema 的总和，它又可以分为两个部分，即平台版（platform）和非平台版（non-platform）。IFC 2×2 Platform 部分是 Schema 中的稳定不变的那一部分，这一部分 Schema 可以向上兼容，而且一般不会改变。非平台部分是还不稳定的，可以由各软件公司根据自己的需要进行改变。Final 部分的不稳定部分可能经过完善和考验之后被添加到 Platform 部分中。Schema 是 IFC 的一种模型，我们可以将 IFC 2×2 Platform 或 IFC 2×2 Final 的 Schema 文件通过中间组件转换，就可以生成符合 C++格式的类，这些类是我们进行 IFC 与其他软件间数据转换的基础。

2006 年 2 月发布的 IFC 2×3 版本，包括了很多基于 2004 年发布的 IFC 2×版本 2 附录 1 上的改进。IFC 2×3 是按照 IFC 新原则颁布的第一个 IFC 版本，已经被广泛所采用。

5.3.2 IFC 的整体框架

IFC 标准是一个类似面向对象的建筑数据模型。IFC 模型包括建筑整个生命周期内的各方面的信息，其中包含的信息量非常大而且涵盖面很广。为此，IFC 标准的开发人员充分地应用了面向对象分析和设计方法，并设计了一个总体框架和若干原则将这些信息包容进来并加以很好地组织，这就形成了 IFC 的整体框架。IFC 的总体框架是分层和模块化的，整体可分为四个层次，从下到上依次为资源层、核心层、共享层、领域层。

1. 资源层（Resource Layer）

IFC 资源层的类可以被 IFC 模型结构的任意一层类引用，可以说是最基本的，它和核心层一起在实体论水平上构成了产品模型的一般结构，虽然目前结构类的识别还不是基于实体论模型。它包含了一些独立于具体建筑的通用信息的实体（entities），如材料、计量单位、尺寸、时间、价格等信息。这些实体可与其上层（核心层、共享层和领域层）的实体连接，用于定义上层实体的特性。

这些类包括：IFC Utility Resource，IFC Measure Resource，IFC Geometry Resource，IFC Property Type Resource 和 IFC Property Resource。其中 IFC Utility Resource 包括一些项目管理使用的概念类：标识符、所有权、历史记录、注册表。IFC Measure Resource 采用 ISO 10303 第 41 部分度量类，列出数量的单位和度量标准。IFC Geometry Resource

规定了产品形状的几何和拓扑描述资源，这些资源部分由 ISO 10303 第 42 部分（集成通用资源：几何与拓扑表达）改写过来（IAI 1997b：4-40），IFC Property Type Resource 定义了对象和关系的各种各样的特性，它由人员、分类等级、造价、材料、日期和时间等类组成。子类"材料"是各种各样的材料表。这些类是通用的，而不是建筑专门的类，它们的作用是作为一种定义高级层里的实体属性的资源。

2. 核心层（Core Layer）

核心层提炼定义了一些适用于整个建筑行业的抽象概念，如 Actor，Group，Process，Product，Control，Relationship 等。比如说，一个建筑项目的空间、场地、建筑物、建筑构件等都被定义为 Product 实体的子实体，而建筑项目的作业任务、工期、工序等则被定义为 Process 和 Control 的子实体。核心层分别由核心（Kernel）和核心扩展（Core Extensions）两部分组成。

IFC Kernel 提供了 IFC 模型所要求的所有基本概念，它是一种为所有模型扩展提供平台的重要模型（IAI 1997a：6），这些构造不是 AEC/FM 特有的。Kernel 类有 IFC Object，IFC Relationship 和 IFC Modeling Aid。

核心扩展层包含 Kernel 类的扩展类：IFC Product，IFC Process，IFC Document 和 IFC Modeling Aid。核心扩展是为建筑工业和设备制造工业领域在 Kernel 里定义的类的特例，IFC Product-Extension 定义如元素、空间、场地、建筑和建筑楼层等概念（ibid：8-111）。IFC Process Extension 有子类，它是为了掌握关于生产产品的工作信息，在这些类里尽可能定义工作任务和资源。子类 IFC Document Extension 是在建设建筑中使用的典型文件类型的信息内容的详细说明，目前，只包含造价表。IFC Modeling Aid Extension 包含帮助项目模型开发的子类，如 IFC Design Grid 和 IFC Reference Point。

3. 共享层（Interoperability layer）

共享层分类定义了一些适用于建筑项目各领域（如建筑设计、施工管理、设备管理等）的通用概念，以实现不同领域间的信息交换。比如说，在 Shared Building Elements schema 中定义了梁、柱、门、墙等构成一个建筑结构的主要构件；而在 Shared Services Element schema 中定义了采暖、通风、空调、机电、管道、防火等领域的通用概念。

这层包含了在许多建筑施工和设备管理应用软件之间使用和共享的实体类。因此，Shared Building Elements 模块有梁、柱、墙、门等实体定义；Shared Building Services Elements 模块有流体、流体控制、流体属性、声音属性等实体定义；Shared Facilities Elements 模块有资产、所有者和设备类型等实体定义。

4. 领域层（Domain Layer）

领域层包含了为独立的专业领域的概念定义的实体，例如建筑、结构工程、设备管理等。它是 IFC 模型的最高级别层。分别定义了一个建筑项目不同领域（如建筑、结构、暖通、设备管理等）特有的概念和信息实体。比如说，施工管理领域中的工人、施工设备、承包商等，结构工程领域中的桩、基础、支座等，暖通工程领域中的锅炉、冷却器等。它包括建筑的空间顺序，结构工程的基础、桩、板实体，采暖和通风的加热炉、空调等备注。

5.3.3　IFC 标准的数据定义方式

IFC 采用形式化的数据规范语言 Express 来描述产品数据，采用面向对象的方法，把数据组织成有等级关系的类。IFC 把 EXPRESS 语言中确定的概念模型用于产品数据纯正文编码交换文件结构的语法，这一文件语法适合于在计算机系统之间进行产品数据的传输，任意 EXPRESS 语法都能映射到交换文件结构的语法中去。

EXPRESS 是一种概念模式语言，用来描述一定领域的类、与这些类有关的信息或属性（如颜色、尺寸、形状等）和这些类的约束（如唯一性），也可用来定义类之间的关系和加在这些关系上的约束。EXPRESS 用";"结束每条语句，每条语句之间可以不空格和换行，这样可以提高数据文件的可读性。在类的定义中，类的声明用关键词 ENTTTY 开始和 END 结束。所有表示其特征的属性和行为关系都要声明。属性是类的特性（数据和行为关系），需要它来支持对类的理解和使用。

EXPRESS 语言通过一系列的说明来进行描述，这些说明主要包括类型说明（Type）、实体说明（Entity）、规则说明（Rule）、函数说明（Function）与过程说明（Procedure）。EXPRESS 语言中语言的定义和对象描述主要靠实体说明（Entity）来实现，在 IFC 2×3 中共定义了 653 个实体类型。一个实体说明定义了一种对象的数据类型和它的表示符号，它是对现实世界中一种对象的共同性质的描述。对象的特性在实体定义中则使用类的属性和规则来表达。实体的属性可以是 EXPRESS 中的简单数据类型（数字、字符串、布尔变量等），更多的是其他实体对象。与其他面向对象语言一样，EXPRESS 语言同样可以描述实体之间的继承派生关系。可以通过定义一个实体是另一个实体的子类（Subtype）或超类（Supertype）建立实体之间的继承关系，子类可以继承超类的属性。在 EXPRESS 语言支持多重继承，一个子类实体可以同时拥有多个超类，但是，在 IFC 标准并没有使用多重继承，所有的实体类型最多只有一个直接超类。

5.3.4 IFC 实现方法

当软件开发者实现 IFC 标准时，需要对 IFC 标准有深刻的、广泛的认识和理解。目前的 IFC 2×2 大约有 300 个类，而 IFC 2×2 _ final 则更多，大约有 1500 个类。由于 IFC 模型的复杂程度，从一个 IFC 文件海量的建筑设计数据中，读取自己软件需要的信息，是十分困难的。一些公司提供 IFC 通用平台，如日本 Secom Inc. 公司开发了 IFC server 工具包，芬兰的 Olof Granlund 公司开发了 BSPro COM-Server，挪威的 EPM Technology 公司开发了 EDM server。专业软件开发公司可以采用现有的 IFC 平台，可更方便、更快捷地实现基于 IFC 标准的信息交换与共享。

5.3.5 IFC 标准的应用

作为近年来兴起的国际标准，IFC 标准是面向对象的三维建筑产品数据标准，短短的几年中，其在建筑规划、建筑设计、工程施工、电子政务等领域获得广泛应用。新加坡政府的电子审图系统，是 IFC 标准在电子政务中应用的最好实例。在新加坡，所有的设计方案都要以电子方式递交政府审查，政府将规范的强制性要求编成检查条件，以电子方式自动进行规范检查，并能标示出违反规范的地方和原因。新加坡政府要求所有的软件都要输出符合 IFC 2×标准的数据，而检查程序只需识别符合 IFC 2×的数据，不需人工干预即可自动地完成任务。随着技术的进步，类似的电子政务项目会越来越多，而 IFC 标准扮演了越来越重要的角色。

IFC 标准在国外的广泛应用，引起我国有关部门和学术界的高度重视。我国从"九五"国家科技攻关计划开始，在科研项目中研究和应用 IFC 标准，并持续跟踪其发展，为将来的深层次研究和应用打下良好的基础。如在国家"863"计划"数字城市空间信息管理与服务系统及应用示范"项目的"基于空间信息的数字社区技术标准研究及应用示范"课题中，对 IFC 标准进行了深入研究和探讨，完成了 IFC 的翻译和本地标准化工作，开发了 IFC 标准的数据访问接口工具集，并在数字社区建设与管理领域应用、扩展了 IFC 标准。在"十五"国家科技攻关计划"建筑业信息化关键技术研究"的"基于国际标准 IFC 的建筑设计及施工管理系统研究"课题中，将进一步对 IFC 标准进行深入研究，为在我国应用该标准打下基础，并基于该标准，研究新一代的建筑设计及施工管理系统，其核心是解决建筑设计和施工管理过程的信息共享问题，开发更加高效的建筑设计和施工管理系统，实现建筑结构模型数据共享：不同开发商的 CAD 软件在 IFC 标准框架下实现信息共享，同一开发商的各专业 CAD 软件在结构模型数据集基础上实现信息共享，并实现建筑结构设计与施工信息的交流与共享。

5.3.6　IFC 在中国的应用

1. IFC 在中国的应用前景

IFC 标准中包含的内容非常丰富，其中我们可以借鉴的东西也很多，在中国的应用前景广阔，下面从两个方面加以说明。

首先，IFC 数据定义模式是我们应该借鉴的。我们大多数的软件开发还停留在自定义数据文件的水平上，简单地定义某一位置或某一项数据代表的含义，这种方式显然不适合大型系统的开发和扩展，更不要说数据交换。我们需要一个总体的规划，需要一个规范的数据描述方式。不然我们在前面简单定义数据节省的时间，会在后期修改和扩展中加倍地浪费掉，而且容易失去对系统的控制。

其次，IFC 数据定义内容是我们应该借鉴的。IFC 目前和将要加入的信息描述内容是非常丰富的，涉及建筑工程方方面面，这包括几何、拓扑、几何实体、人员、成本、建筑构件、建筑材料等。更为难得的是，这些信息用面向对象的方法、模块化的方式很好地组织起来，成为一个有机的整体。我们在定义自己的数据时，可以借鉴或直接应用这些数据定义。IAI 组织集中了全世界顶尖的领域专家和 IT 专家，由他们定义的信息模型经过了多方的验证和修改，是目前最优秀的建筑工程信息模型。如果我们抛开 IFC，完全自定义信息模型，只能保证定义的模型与之不同，而不能保证要比它好。吸收其他先进技术成果，不断创新，我们才能进步。

IFC 在中国的应用领域会很多，针对当前需求，主要在两个方面：

（1）企业应用平台

我国的建筑企业，特别是大中型设计企业和施工企业，都拥有众多的工程类软件。在一个工程项目中，往往会应用多个软件，而来自不同开发商的软件之间的交互能力很差。这就需要人工输入数据，工作量是非常大的，而且很难保证准确性。另一方面，企业积累了大量的历史资料，这些历史资料同样来自不同的软件开发商，如果没有一个统一的标准，也很难挖掘里面蕴藏的信息和知识。

因此，需要建立一个企业应用平台，集成来自各方的软件。而数据标准将是这个集成平台不可或缺的内容。

（2）电子政务

新加坡政府的电子审图系统，可能是 IFC 标准在电子政务中应用的最好实例。

在新加坡，所有的设计方案都要以电子方式递交政府审查，政府将规范的强制要求编成检查条件，以电子方式自动进行规范检查，并能标示出违反规范的地方和原因。这里一个最大的问题是，设计方案所用的软件各种各样，不可能为每一种软件编写一个规范检查程序。所以，新加坡政府要求所有的软件都要输出符合 IFC 2× 标准的数据，而检查程序只要能识别 IFC2× 的数据即可完成任务。

随着技术的进步，类似的电子政务项目会越来越多，而标准扮演了越来越重的角色。

2. IFC 在中国的应用问题

尽管 IFC 标准是对 STEP 标准的简化，并且是为建筑行业量身定做的信息标准，但还是一个庞大的信息模型，不容易掌握。系统的技术培训是引入标准的前提条件和首要任务。

IFC 作为建筑产品数据表达与交换的国际标准，支持建筑物全生命周期的数据交换与共享。在横向上支持各应用系统之间的数据交换，在纵向上解决建筑物全生命周期的数据管理。一栋建筑从规划、设计、施工，一直到后期物业管理，作为档案资料数据需要不断积累和更新，也需要统一的标准。应用 IFC 标准是一次有益的尝试，解决我国在工程建设数据管理方面的不足，使建筑数据模型作为真实建筑的资料信息，与之同步进化和发展，随时供工程与管理人员查询分析。建筑物作为城市的重要组成部分，建筑产品数据标准的研究必将带动数字城市建设的发展。现代城市是通过工程建设完成的，其管理与维护也离不开工程建设的支持。建筑数据模型应该成为数字城市的重要组成部分。建筑产品数据标准的研究是对数字城市理论的支持和完善。

要消除人为的"信息孤岛"，还要做到制度、标准的规范与健全，在制度、法律、标准上明确信息共享的度和量；其次，要从管理者做起，消除原先的信息共享的等级制度。消除一些部门的信息特权观念，真正做到信息共享，实现协同管理。实施信息化的目的就是要缩小数字鸿沟，实现资源和信息共享，最大限度地发挥信息所带来的效益。信息只有在共享之后才能重复开发利用，实现不断升值，缩小数字鸿沟才能实现均衡协调、可持续发展。

5.4 《建筑信息模型应用统一标准》

5.4.1 总则

（1）为贯彻执行国家技术经济政策，推进工程建设信息化实施，统一建筑信息模型应用基本要求，提高信息应用效率和效益，制定本标准。

（2）本标准适用于建设工程全生命期内建筑信息模型的创建、使用和管理。

（3）建筑信息模型应用，除应符合本标准外，尚应符合国家现行有关标准的规定。

5.4.2 术语和缩略语

1. 术语

（1）建筑信息模型 building information modeling，building information model

（BIM）

在建设工程及设施全生命期内，对其物理和功能特性进行数字化表达，并依此设计、施工、运营的过程和结果的总称。简称模型。

（2）建筑信息子模型 sub building information model（sub BIM）

建筑信息模型中可独立支持特定任务或应用功能的模型子集。简称子模型。

（3）建筑信息模型元素 BIM element

建筑信息模型的基本组成单元。简称模型元素。

（4）建筑信息模型软件 BIM software

对建筑信息模型进行创建、使用、管理的软件。简称 BIM 软件。

2. 缩略语

P BIM 基于工程实践的建筑信息模型应用方式 practice based BIM mode。

5.4.3　基本规定

（1）模型应用应能实现建设工程各相关方的协同工作、信息共享。

（2）模型应用宜贯穿建设工程全生命期，也可根据工程实际情况在某一阶段或环节内应用。

（3）模型应用宜采用基于工程实践的建筑信息模型应用方式（P BIM），并应符合国家相关标准和管理流程的规定。

（4）模型创建、使用和管理过程中，应采取措施保证信息安全。

（5）BIM 软件宜具有查验模型及其应用符合我国相关工程建设标准的功能。

（6）对 BIM 软件的专业技术水平、数据管理水平和数据互用能力宜进行评估。

5.4.4　模型结构与扩展

1. 一般规定

（1）模型中需要共享的数据应能在建设工程全生命期各个阶段、各项任务和各相关方之间交换和应用。

（2）通过不同途径获取的同一模型数据应具有唯一性。采用不同方式表达的模型数据应具有一致性。

（3）用于共享的模型元素应能在建设工程全生命期内被唯一识别。

（4）模型结构应具有开放性和可扩展性。

2. 模型结构

（1）BIM 软件宜采用开放的模型结构，也可采用自定义的模型结构。BIM 软件创建的模型，其数据应能被完整提取和使用。

（2）模型结构由资源数据、共享元素、专业元素组成，可按照不同应用、需求形成子模型。

（3）子模型应根据不同专业或任务需求创建和统一管理，并确保相关子模型之间信息共享。

（4）模型应根据建设工程各项任务的进展逐步细化，其详细程度宜根据建设工程各项任务的需要和有关标准确定。

3. 模型扩展

（1）模型扩展应根据专业或任务需要，增加模型元素种类及模型元素数据。

（2）增加模型元素种类宜采用实体扩展方式。增加模型元素数据宜采用属性或属性集扩展方式。

（3）模型元素宜根据适用范围、使用频率等进行创建、使用和管理。

（4）模型扩展不应改变原有模型结构，并应与原有模型结构协调一致。

5.4.5 数据互用

1. 一般规定

（1）模型应满足建设工程全生命期协同工作的需要，支持各个阶段、各项任务和各相关方获取、更新、管理信息。

（2）模型交付应包含模型所有权的状态，模型的创建者、审核者与更新者，模型创建、审核和更新的时间，以及所使用的软件及版本。

（3）建设工程各相关方之间模型数据互用协议应符合国家现行有关标准的规定；当无相关标准时，应商定模型数据互用协议，明确互用数据的内容、格式和验收条件。

（4）建设工程全生命期各个阶段、各项任务的建筑信息模型应用标准应明确模型数据交换内容与格式。

2. 交付与交换

（1）数据交付与交换前，应进行正确性、协调性和一致性检查，检查应包括下列内容：

① 数据经过审核、清理；

② 数据是经过确认的版本；

③ 数据内容、格式符合数据互用标准或数据互用协议。

（2）互用数据的内容应根据专业或任务要求确定，并应符合下列规定：

① 应包含任务承担方接收的模型数据；

② 应包含任务承担方交付的模型数据。

（3）互用数据的格式应符合下列规定：

① 互用数据宜采用相同格式或兼容格式；

②互用数据的格式转换应保证数据的正确性和完整性。

（4）接收方在使用互用数据前，应进行核对和确认。

3. 编码与存储

（1）模型数据应根据模型创建、使用和管理的需要进行分类和编码。分类和编码应满足数据互用的要求，并应符合建筑信息模型数据分类和编码标准的规定。

（2）模型数据应根据模型创建、使用和管理的要求，按建筑信息模型存储标准进行存储。

（3）模型数据的存储应满足数据安全的要求。

5.4.6 模型应用

1. 一般规定

（1）建设工程全生命期内，应根据各个阶段、各项任务的需要创建、使用和管理模型，并应根据建设工程的实际条件，选择合适的模型应用方式。

（2）模型应用前，宜对建设工程各个阶段、各专业或任务的工作流程进行调整和优化。

（3）模型创建和使用应利用前一阶段或前置任务的模型数据，交付后续阶段或后置任务创建模型所需要的相关数据，且应满足本标准第 5 章的规定。

（4）建设工程全生命期内，相关方应建立实现协同工作、数据共享的支撑环境和条件。

（5）模型的创建和使用应具有完善的数据存储与维护机制。

（6）模型交付应满足各相关方合约要求及国家现行有关标准的规定。

（7）交付的模型、图纸、文档等相互之间应保持一致，并及时保存。

2. BIM 软件

（1）BIM 软件应具有相应的专业功能和数据互用功能。

（2）BIM 软件的专业功能应符合下列规定：

① 应满足专业或任务要求；

② 应符合相关工程建设标准及其强制性条文；

③ 宜支持专业功能定制开发。

（3）BIM 软件的数据互用功能应至少满足下列要求之一：

① 应支持开放的数据交换标准；

② 应实现与相关软件的数据交换；

③ 应支持数据互用功能定制开发。

（4）BIM 软件在工程应用前，宜对其专业功能和数据互用功能进行测试。

3. 模型创建

（1）模型创建前，应根据建设工程不同阶段、专业、任务的需要，对模型及子模型的种类和数量进行总体规划。

（2）模型可采用集成方式创建，也可采用分散方式按专业或任务创建。

（3）各相关方应根据任务需求建立统一的模型创建流程、坐标系及度量单位、信息分类和命名等模型创建和管理规则。

（4）不同类型或内容的模型创建宜采用数据格式相同或兼容的软件。当采用数据格式不兼容的软件时，应能通过数据转换标准或工具实现数据互用。

（5）采用不同方式创建的模型之间应具有协调一致性。

4. 模型使用

（1）模型的创建和使用宜与完成相关专业工作或任务同步进行。

（2）模型使用过程中，模型数据交换和更新可采用下列方式：

① 按单个或多个任务的需求，建立相应的工作流程；

② 完成一项任务的过程中，模型数据交换一次或多次完成；

③ 从已形成的模型中提取满足任务需求的相关数据形成子模型，并根据需要进行补充完善；

④ 利用子模型完成任务，必要时使用完成任务生成的数据更新模型。

（3）对不同类型或内容的模型数据，宜进行统一管理和维护。

（4）模型创建和使用过程中，应确定相关方各参与人员的管理权限，并应针对更新进行版本控制。

5. 组织实施

（1）企业应结合自身发展和信息化战略确立模型应用的目标、重点和措施。

（2）企业在模型应用过程中，宜将 BIM 软件与相关管理系统相结合实施。

（3）企业应建立支持建设工程数据共享、协同工作的环境和条件，并结合建设工程相关方职责确定权限控制、版本控制及一致性控制机制。

（4）企业应按建设工程的特点和要求制定建筑信息模型应用实施策略。实施策略宜包含下列内容：

① 工程概况、工作范围和进度，模型应用的深度和范围；

② 为所有子模型数据定义统一的通用坐标系；

③ 建设工程应采用的数据标准及可能未遵循标准时的变通方式；

④ 完成任务拟使用的软件及软件之间数据互用性问题的解决方案；

⑤ 完成任务时执行相关工程建设标准的检查要求；

⑥ 模型应用的负责人和核心协作团队及各方职责；

⑦ 模型应用交付成果及交付格式；

⑧ 各模型数据的责任人；

⑨ 图纸和模型数据的一致性审核、确认流程；

⑩ 模型数据交换方式及交换的频率和形式；

⑪ 建设工程各相关方共同进行模型会审的日期。

5.5　《建筑信息模型应用统一标准制定说明》

5.5.1　总则

（1）2010 年，国务院做出了"坚持创新发展，将战略性新兴产业加快培育成为先导产业和支柱产业"的决定。现阶段，重点培育和发展的战略性新兴产业包括节能环保、新一代信息技术、生物、高端装备制造、新能源、新材料、新能源汽车等。对于其中"新一代信息技术产业"的培育发展，具体包括了促进物联网、云计算的研发和示范应用、提升软件服务、网络增值服务等信息服务能力，加快重要基础设施智能化改造、大力发展数字虚拟等技术要求和内容，详见《国务院关于加快培育和发展战略性新兴产业的决定》（国发〔2010〕32 号，2010 年 10 月）。2011 年，住房城乡建设部在《2011—2015 年建筑业信息化发展纲要》中明确提出，在"十二五"期间加快建筑信息模型（BIM）、基于网络的协同工作等新技术在工程中的应用。

建筑工业化和建筑业信息化是建筑业可持续发展的必由之路，信息化又是工业化的重要支撑。建筑业信息化乃至工程建设信息化，是在工程建设行业贯彻执行国家战略性新兴产业政策、推动新一代信息技术培育和发展的具体着力点，也将有助于行业的转型升级。

工程建设信息化可有效提高建设过程的效率和建设工程的质量。尽管我国各类工程项目的规划、勘察、设计、施工、运维等阶段及其中的各专业、各环节的技术和管理工作任务都已普遍应用计算机软件，但完成不同工作任务可能需要用到不同的软件，而不同软件之间的信息不能有效交换，以及交换不及时、不准确的问题普遍存在。建筑信息模型技术（后文简称 BIM 技术）支持不同软件之间进行数据交换，实现协同工作、信息共享，并为工程各参与方提供各种决策基础数据。BIM 技术的应用有助于实现我国工程建设信息化。

BIM 技术的应用，一方面是贯彻执行国家技术经济政策，推进工程建设信息化，另一方面可以提高工程建设企业的生产效率和经济效益。为有效发挥标准的引导和约束作用，本标准对建筑信息模型应用提出了统一的基本要求。

（2）BIM 技术可广泛应用于建筑工程、铁路工程、公路工程、港口工程、水利水电工程等工程建设领域。对某一具体的工程项目而言，又可以在其全生命期内的各阶段（规划、勘察、设计、施工、运维、拆除）应用。在不同工程建设领域、不同类型工程项目、项目全生命期不同阶段，可采用不同的 BIM 技术应用方式。本标准对各种 BIM 技术应用方式提出基本要求，是建筑信息模型应用的基础标准。

建筑信息模型应用是一项系统性工作。除本标准外，还将有一系列各级各类标准，对 BIM 技术应用进行规范和引导。这些建筑信息模型应用的相关标准，应遵守本标准的规定。

（3）BIM 技术的应用，不仅要遵守本标准的规定，还应遵守其他 BIM 技术应用标准（如建筑信息模型分类和编码标准，建筑信息模型存储标准等），以及国家法律法规和其他专业技术标准的要求。

5.5.2 术语和缩略语

1. 术语

（1）"BIM"可以指代"building information modeling"、"building information model"、"building information management"三个相互独立又彼此关联的概念。Building information model，是建设工程（如建筑、桥梁、道路）及其设施的物理和功能特性的数字化表达，可以作为该工程项目相关信息的共享知识资源，为项目全生命期内的各种决策提供可靠的信息支持。Building information modeling，是创建和利用工程项目数据在其全生命期内进行设计、施工和运营的业务过程，允许所有项目相关方通过不同技术平台之间的数据互用在同一时间利用相同的信息。Building information management，是使用模型内的信息支持工程项目全生命期信息共享的业务流程的组织和控制，其效益包括集中和可视化沟通、更早进行多方案比较、可持续性分析、高效设计、多专业集成、施工现场控制、竣工资料记录等。在本标准中，将建筑信息模型的创建、使用和管理统称为"建筑信息模型应用"，简称"模型应用"。单提"模型"时，是指"building information model"。

（2）在本标准条文中，"模型"一词是"建筑信息模型"和"建筑信息子模型"的统称。如遇到需单独表述"建筑信息子模型"的情况，则采用"子模型"作为简称。

（3）建筑信息模型元素包括工程项目的实际构件、部件（如梁、柱、门、窗、墙、设备、管线、管件等）的几何信息（如构件大小、形状和空间位置）、非几何信息（如结构类型、材料属性、荷载属性）以及过程、资源等组成模型的各种内容。本标准第 4.2 节的共享元素、专业元素均属于模型元素的范畴。

（4）相对传统的 CAD 软件而言，BIM 软件使用模型元素，CAD 软件使用图形元素，

BIM 软件可以比 CAD 软件处理更为丰富的信息，如技术指标、时间、成本、生产厂商等；BIM 软件具有结构化程度更高的信息组织、管理和交换能力。因此，本标准将专业技术能力、信息管理能力和信息互用能力作为判断是否 BIM 软件以及软件 BIM 能力的基本指标。

2. 缩略语

BIM 技术可由工程项目各相关方以不同的方法有效实施。结合我国多年的 BIM 研究与实践结果，本标准提出了基于工程实践的建筑信息模型应用方式，简称 P BIM 方式。从国内外实际情况而言，BIM 的基本概念和发展目标是比较清楚和一致的，但实现 BIM 应用目标和价值的具体方法、步骤目前世界各国都还处于探索阶段，因此基于已有的工程建设实践开展 BIM 应用是一种比较可行和切实有效的方式。P BIM 方式针对工程建设参与方的各项任务，在组合应用各种软件时，以信息资源互用为抓手，收集、组织并聚合相关任务应用软件成果信息，为其他任务应用软件提供可互用的信息资源。

在实际应用过程中，不同工程建设领域的项目，均可以按照一定规则划分为若干子项目，子项目又可以划分为若干任务。每个参与方的任务分工，以及与其他参与方的任务衔接都是明确的。在完成任务的过程中，每个参与方都需要利用相关的信息资源，使用与任务相关的应用软件，得到相应的任务成果信息以及为其他任务准备的交换信息。P BIM 方式使 BIM 应用更加符合我国工程实践需要，可以作为在我国实现 BIM 应用的主要技术路线之一。

5.5.3　基本规定

（1）实现建设工程各相关方的协同工作、信息共享是 BIM 技术能够支持工程建设行业工作质量和工作效率提升的核心理念和价值。本条对此提出原则要求。

（2）在建设工程全生命期内实现协同工作、信息共享，可最大限度地发挥 BIM 技术的作用，提高效率和效益。但由于目前 BIM 技术应用尚处于初级阶段，限于各种条件，有时候很难覆盖建设工程全生命期，或者即使能够应用其投入产出比也不合理。此时，可根据工程实际情况和需要，在工程全生命期内的若干阶段（规划、勘察、设计、施工、运维或拆除）或若干项任务中应用 BIM 技术。

（3）模型应用应根据实际情况，如工程特点、协作方 BIM 应用能力等，选择合适的方式。BIM 技术可由建设工程各相关方以各种不同的方式有效地使用。在建设工程的不同阶段，可能有重要的业务驱动因素需要以不同方式使用 BIM 技术；不同的工程建设领域有不同的业务驱动因素，其 BIM 技术的实施方式也可能不同。以建设工程全生命期的不同任务为驱动因素，采用基于工程实践的 BIM 应用方式（P BIM）是较为实用的 BIM 应用方式之一。在全生命期 BIM 软件信息交换标准还没有统一前，各企业、各项目以及项目的不同阶段都可用约定信息交换标准来实施 BIM 技术。通过实践，最终将形成不同领域的项目全生命期 BIM 软件信息交换标准。

（4）保证信息安全的措施包括适宜的软硬件环境、设置操作权限、进行防灾备份等。

（5）软件符合相关工程建设标准及其强制性条文的规定，既是对软件的基本要求，也是保证软件产生结果准确性的前提条件。BIM 软件要加强查验模型及其应用是否符合相关工程建设标准及其强制性条文功能的研制，以保证 BIM 技术应用时的工程质量、安全和性能。

（6）BIM软件是工程项目各参与方（包括技术和管理人员）执行标准、完成任务的必要工具。BIM应用水平与BIM软件的专业技术水平、数据管理能力和数据互用能力密切相关。对此进行评估，既可对软件的专业技术水平、实现协同工作和信息共享的能力进行认定，也可为提升BIM应用水平以及合理认定BIM技术的实际应用水平积累数据、奠定基础。

5.5.4　模型结构与扩展

1. 一般规定

（1）建设工程全生命期一般可划分为规划、勘察、设计、施工、运行维护、改造、拆除等阶段。各项任务指各个阶段涉及的建筑、结构、给水排水、暖通空调、电气、消防等多个专业任务。各相关的参与方一般包括建设单位、勘察设计单位、施工单位、监理单位以及材料设备供应商等。

（2）模型、子模型应按照一定的模型结构体系进行信息的组织和存储，否则会产生大量冗余的模型元素和信息，并可能导致模型数据的不一致等问题，难以支持建设工程全生命期各个阶段、各项任务和各相关方之间交换信息的一致性和信息共享。模型应用涉及多个子模型间的信息交换，只有保证所有获取信息的唯一性和一致性，才能确保模型数据的正确应用。

不同来源同一模型数据的唯一性可有效减少数据冗余，是建设工程全生命期海量模型数据管理的重要条件。采用不同方式表达的模型数据的一致性可避免数据差异和逻辑矛盾，是建设工程全生命期各个阶段、各项专业任务、各相关参与方模型共享和数据互用的基本保证。

（3）共享模型元素在建设工程全生命期内能够被唯一识别是模型共享和数据互用的必要条件，可以通过设置模型元素的唯一标识属性来实现。

（4）模型结构的开放性和可扩展性可实现面向应用需求的模型扩展和应用，是支持模型在建设工程全生命期内应用的必要条件。模型结构的开放性是通过提供开放的或标准的接口、服务和支持形式，以满足采用不同模型应用软件对模型数据的共享和互用。模型结构的可扩展性是通过提供开放的模型扩展方法和工具，易于按照应用需求增添、变更模型元素及数据，保证在建设工程全生命期内模型的可维护性和完整性。

2. 模型结构

（1）不同软件都有各自的模型结构。工业基础类（industry foundation classes，IFC）模型结构是目前广泛采用的公开模型结构。工业基础类标准（IFC标准）最初于1997年由国际协同工作联盟（international alliance of interoperability，IAI，现已更名为building SMART international，简称bSi）发布，为工程建设行业提供一个中性、开放的建筑数据表达和交换标准。其第一版IFC1.0主要描述建筑模型部分（包括建筑、暖通空调等）；1999年发布了IFC2.0，支持对建筑维护、成本估算和施工进度等信息的描述；2003年发布的IFC 2×2则在结构分析、设施管理等方面作了扩展；2006年发布的IFC 2×3版本实现了对建筑绝大多数信息的描述。2012年，bSi发布了最新的IFC4版本，在内容上进行了较大扩展和调整，包括扩展和完善构件类型、属性表达、过程定义等；简化成本信息定义；重构和调整施工资源、结构分析等部分的信息描述；增加了4D、GIS等应用模型的支持，数据格式上升级为IFC XML4，并新增了MVD XML。经历十几年的不断发展和完善，IFC标准已被采纳为国际标准ISO 16739，并成为目前国际上建筑数据表达和交换的事实标准。其核心部分已被等同采用为国家标准《工业基础类平台规范》(GB/T 25507—2010)。

随着 BIM 技术的发展和应用，针对模型数据互用需要解决三个关键问题：

① 对所需要交换信息的格式规范；

② 对信息交换过程的描述；

③ 对所交换信息的准确定义。

bSI 继推出 IFC 标准后，于 2006 年推出信息交付手册（Information Delivery Manual，简称 IDM），用于指导 BIM 数据的交换过程，提出国际字典框架（International Framework for Dictionaries，IFD），建立建筑行业术语体系，避免不同语种、不同词汇描述信息产生的歧义。IFC、IDM 和 IFD 分别对应并解决以上三个关键问题，对 BIM 的数据信息存储与表达、交换与交付、术语与编码进行了规范。IFC、IDM、IFD 均已列为 ISO 国际标准，三者相结合成为当前 BIM 应用的系列标准。

（2）IFC 标准采用面向对象的数据建模语言 EXPRESS 进行模型数据表达，以"实体"（Entity）作为数据定义的基本元素，通过预定义的类型、属性、方法及规则来描述建筑对象及其属性、行为和特征。一个完整的 IFC 模型由类型（Type）、实体（Entity）、函数（Function）、规则（Rule）、属性集（Property Set）以及数量集（Quantity Set）组成。IFC 模型划分为四个功能层次：资源层、核心层、共享层和领域层。每个层次又分为不同的模块，并遵守"重力原则"，即每个层次只能引用同层次和下层的信息资源，而不能引用上层信息资源，这有利于保证信息描述的稳定。IFC4 版本定义的模型结构如图 5.5 所示，每个功能层

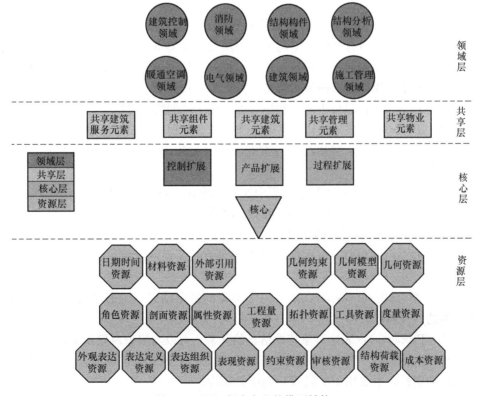

图 5.5 IFC4 版本定义的模型结构

的各模块分别由不同类型的模型元素组成，其中资源层包含资源数据，核心层与共享层包含共享核心元素和共享模型元素，领域层包含专业模型元素。说明如下：

① 资源数据：能支持共享模型元素和专业模型元素的基础信息描述。资源数据主要包括以下几类。

a. 几何资源：建筑的空间几何信息，包含几何模型、几何约束、拓扑关系及其相关资源。

b. 材料资源：建筑构件的材料及材质，包含材料名称、类别、材质、成分比例、关联构件及位置等。

c. 日期时间资源：事件时间、任务时间和资源时间信息，包含其日期、时间和持续时长等。

d. 角色资源：参与方的组织和个人信息，包含企业和个人的名称、角色、地址、从属关系以及其他相关描述等。

e. 成本资源：建设成本信息，包含成本项、成本量、关联构件/属性、关联清单、计算公式、币种及兑换关系等。

f. 荷载资源：结构荷载信息，包含荷载类型、大小、作用位置或区域等。

g. 度量资源：度量单位，包含字符及数字变量、国际标准单位、导出单位等。

h. 模型表达资源：模型表达定义和信息，包含表达定义、外观表达、表达组织以及表现资源等。

i. 其他资源：包含属性、工程量、剖面、工具、约束、审核以及外部引用等资源数据。

② 共享核心元素：IFC 核心层定义了 IFC 模型的基本框架和扩展机制。在 IFC 模型中，除资源层类型外，所有实体类型均由核心层实体 IFC Root 继承而来。核心层主要定义了各类模型元素的抽象父类型，包含核心、控制扩展、产品扩展、过程扩展四个模块，提供了一系列共享的模型元素抽象父类型，包括以下几类。

a. 产品（Product）：项目中所需供应、加工或生产的物理对象。

b. 过程（Process）：描述逻辑有序的工作方案、计划以及工作任务的信息。

c. 控制（Control）：控制和约束各类对象、过程和资源的使用，可以包含规则、计划、要求和命令等。

d. 资源（Resource）：用于描述过程中所使用的对象的资源元素。

e. 人员（Actors）：参与项目生命期的人和代理人。

f. 组（Group）：任意对象的集合。

g. 关系（Relationship）：表达模型对象之间关联关系的元素，包含一对一关系和一对多关系两类。

h. 对象类型（Object Type）：描述一个类型的特定信息，可通过与实例的关联来指定一类实例的共同属性。

i. 属性（Property）：表达对象特性信息的元素，可以与模型对象相关联。

j. 代理（Proxy）：一种可以通过相关属性定义的实体对象，可以具有一定的语义含义并且可附加属性，主要用于扩展 IFC 的语义结构。

③ 共享模型元素：能表达模型的共享信息，可用于不同应用领域之间的信息交互。

主要包含以下几类：

a. 共享建筑服务元素：用于暖通、电气、给水排水和建筑控制领域之间信息互用的基本元素，主要包括水、暖、电系统相关的基本实体、类型、属性集和数量集；

b. 共享组件元素：定义不同种类的小型组件，包括部件、附件、紧固件等基本实体、类型、属性集；

c. 共享建筑元素：建筑结构的主要构件，包括墙、梁、板、柱等基本实体、类型、属性集和数量集；

d. 共享管理元素：包括指令、要求、许可、成本表、成本项等建筑生命期各阶段通用管理相关的实体、类型和属性集；

e. 共享设施元素：包括家具设备、资产、资产清单、资产占有者等设施管理相关的实体、类型和属性集。

④ 专业模型元素：专业模型元素包括建筑、结构、给水排水、暖通、电气、消防、建筑控制、施工管理等专业特有的模型元素和专业信息，以及所引用的相关共享模型元素。专业模型元素可以是专业特有的元素类型，也可以是共享模型元素的扩展和深化。

⑤ 子模型是相对于整体模型的概念，是整体模型中支持特定应用功能的模型子集。子模型一般面向专业或任务，应包含专业或任务所需的专业模型元素以及形成完备信息模型所需的共享模型元素和资源数据，应具有支持完成专业或任务应用需求的基本信息。

IFC 模型结构中，是通过子模型视图来定义和构建子模型的。子模型视图提供了子模型中实体、属性、属性集、关联关系等模型元素的完整定义和应用规范，可针对工程项目全生命期某一个或多个任务需求构建相应的子模型。其实现方法可参照 building SMART 发布的 MVD（Model View Definition）和 IDM（Information Delivery Manual）。

⑥ 随着工程项目各项任务的进展，如设计阶段的方案设计、初步设计、施工图设计，施工阶段的施工准备、施工过程、竣工交付等，需要对模型不断丰富、细化。在任务进展过程中，模型详细程度随模型创建和应用不断调整、细化。首先，不同的项目、任务需求，会有不同的模型详细程度需求，例如包括哪些模型元素。其次，每个模型元素的详细程度在不同项目、任务时也会不同，例如其几何形状、专业信息的详细程度。

3. 模型扩展

（1）根据专业或任务的需要，模型应可扩展，增加新的模型元素或元素属性信息，保证模型能满足专业或任务应用的需求。

（2）模型的扩展需要数据描述标准的支持。数据描述标准中应定义实体扩展、属性扩展以及属性集扩展的方法和流程，以及各扩展方式的适用范围与要求、扩展结果的表述与验证方法、成果的认定与转换方式等。国际标准 ISO 16739-2013 定义了实体扩展和属性集扩展方式。

（3）有必要建立国家和行业级、企业级、项目级模型元素库，推动工程项目相关构件、部件、设备生产厂商提供产品模型。

（4）保持模型扩展前后模型结构的一致性，是保障模型在建设工程全生命期不同阶段、不同专业和任务以及不同参与方应用的必要条件。

5.5.5　数据互用

1. 一般规定

（1）BIM 技术应用过程中，建设工程全生命期各个阶段、各项任务和各相关方都需要获取、更新和管理信息，包括在模型中插入、获取、更新和修改信息，以履行修改完善模型数据的职责，并完成相应任务。数据互用是解决信息孤岛、实现信息共享和协同工作的基本条件和具体工作。为满足数据互用要求，模型必须考虑其他阶段、其他相关方的需要。

（2）本条规定了模型交付时模型创建、审核和更新工作的人员、时间等信息要求，以备查考。

（3）符合有关标准要求的建设工程各相关方之间模型数据互用协议，是保证顺利实现数据互用的基础。考虑到目前相关 BIM 应用标准尚在编制中，当没有相关标准时，可由各相关方商定数据互用协议。

（4）目前，建设工程全生命期各个阶段、各项任务的建筑信息模型应用标准正在编制过程中。这些标准需要更有针对性地提出本阶段、本任务及相关任务间数据互用的内容与格式要求。

2. 交付与交换

（1）模型、子模型应具有正确性、协调性和一致性，这样才能保证数据交付、交换后能被数据接收方正确、高效地使用。模型数据交换的格式应以简单、快捷、实用为原则。为便于多个软件间的数据交换与交付，这些软件可采用 IFC 等开放的数据交换格式。通常情况下模型不是一次性完成的，而且完成每个专业或任务所需要使用的数据和用于交付或交换的数据也是不完全一样的。因此，在交付或交换前对模型进行审核、清理以及清楚定义模型版本是保证模型数据可靠性的必要工作。

（2）不同的专业和任务需要的模型数据内容是不一样的。

（3）理论上任何不同形式和格式之间的数据转换都有可能导致数据错漏，因此在有条件的情况下应尽可能选择使用相同数据格式的软件。当必须进行不同格式之间的数据交换时，要采取措施（例如实际案例测试等）保证交换以后数据的正确性和完整性。

（4）一般而言，数据使用方（接收方）必须对自己需要使用的数据是否正确和完整负责。因此，在互用数据使用前，为保证互用数据的正确、高效使用，接收方应对互用数据的正确性、协调性和一致性以及其内容和格式进行核对和确认。

3. 编码与存储

（1）对数据进行分类和编码是提高数据可用性和数据使用效率的基础。

（2）按有关标准存储模型数据是模型支持建设工程全生命期各阶段、各参与方、各专业和任务应用的有效措施。

（3）模型包含比 CAD 更为丰富的数据，而且模型数据也无法像 CAD 数据那样进行硬拷贝保存，数字形式是模型数据的唯一保存形式。因此，模型数据的安全性问题比 CAD 数据的安全性问题更复杂，需要有切实可行的措施保证安全，包括存储介质安全、访问权限安全、数据发布安全等。

5.5.6 模型应用

1. 一般规定

（1）模型应用包括模型的创建、使用和管理。目前我国 BIM 应用总体还处于起步阶段，BIM 应用受限于从业人员技能、软硬件条件、各参与方协同模式以及模型应用范围等因素。针对不同的协同方式与应用范围，BIM 应用可采用集成或综合应用以及专业任务单项应用两种方式。不论采用何种模型应用方式，模型与子模型都应根据相关法律法规、标准规范、管理流程等，为完成本任务及后续相关工作提供充足的信息。

模型创建和使用前，应根据项目需求以及 BIM 应用环境和条件，选择合适的 BIM 应用方式。BIM 应用宜按照"重点突破，渐进发展"的策略，从重点的单任务应用到多任务应用，循序渐进，不断提升，最终实现建设工程全生命期 BIM 集成应用。

（2）BIM 技术应用正在推动工程建设领域规划、设计、施工、运维的一系列技术和管理创新，促进行业行为模式和管理方式的转变。BIM 技术应用会改变工程建设各个阶段或各项任务的生产方式和工作流程。在模型创建和使用前，结合 BIM 应用重新梳理、调整并优化原有工作流程，改进生产方式和管理方法，可更好地保证 BIM 技术应用的顺利实施和价值实现，提高效率和效益。

（3）前一阶段模型或前置任务模型交付，应包含后续阶段或后置任务创建模型所需要的相关信息，并满足本标准第 5 章规定的模型数据互用要求。前一阶段交付模型应便于下一阶段模型创建，保证所包含的共享信息的正确性和一致性。

（4）有条件的 BIM 应用相关方，应建立支撑 BIM 数据共享及协同应用的设备及网络环境，可结合相关方职责确定用户权限，明确数据交换的格式、内容以及各参与方的协同工作流程和数据所有权，提供相应的多用户权限控制及数据一致性控制机制。

（5）建立实施完善的数据存储、跟踪与维护机制，跟踪数据修改，避免多用户修改带来的数据不一致，不仅可保证数据安全，还可充分利用现有配置的硬件和软件资源，加快数据处理速度，提升数据存储性能，方便用户对数据的访问和管理。

（6）本条所指相关规定包括有关法律、法规、规章、规范性文件。

（7）每一次交付的模型、图纸、文档要一一对应，避免出现三者不一致。

2. BIM 软件

（1）BIM 软件是对建筑信息模型进行创建、使用、管理的软件。BIM 软件的专业功能是指其满足专业工作和任务要求的能力，数据互用功能是指其与其他相关软件进行数据交换的能力。

（2）BIM 软件的专业功能应满足完成特定专业工作和任务的要求，并符合相关工程建设标准的要求。BIM 软件支持专业功能定制开发，可提升软件的专业功能，提高使用的效率和效益。

（3）BIM 软件数据互用功能实现方式有 IFC 支持、不同软件之间双方约定以及提供开发工具等方式。

（4）由于 BIM 软件发展时间短、种类多、涉及专业或任务广、处理信息量大、对硬件资源要求高等原因，为保证 BIM 技术在实际工程中的应用顺利进行，采用相似条件测试 BIM 软件的专业功能和数据互用功能，可以避免 BIM 应用过程中因为模型组织不合理等因素而不得不返工重做或更换软硬件等问题的出现。

3. 模型创建

（1）模型创建前，应根据工程项目、阶段、专业、任务的需要，按照所选择 BIM 应用方式及其 BIM 应用环境和条件，对模型以及子模型的种类和数量进行总体规划。其中对子模型可支持的应用功能、数据交换需求以及各子模型间相互关系的确定，可参照 building SMART 发布的 IDM 和 ISO 29481 标准，并综合考虑我国建筑相关标准规范、工作流程以及后续任务需求。

（2）6.3.2 采用集成方式创建模型可支持各专业和任务基于同一个模型完成工作。分散方式是指不同专业和任务基于各自创建的不同模型完成工作。

（3）模型创建前，各相关方应共同制定模型创建规程或信息互用协议，建立统一的模型创建流程、坐标系及度量单位、信息分类、编码和命名等模型创建和协调规则。在模型创建过程中，各相关方应严格遵循统一的规程和协议，并定期进行模型会审，及时协调并解决潜在的模型和专业冲突，确保各相关方采用不同方式、不同软件创建的模型，符合专业协调和模型数据一致性要求，同时避免建模失败、成本增加及工期延误。

（4）采用数据格式相同或兼容的软件创建模型，可有效地保证模型数据互用的质量和效率。由于目前的 BIM 软件采用的数据格式和标准不统一，也缺乏通用的 BIM 数据共享工具，为了确保模型数据的互用性、准确性、完备性，支持模型的统一存储和管理，作出此规定。当采用数据格式不兼容的软件时，需要准备好数据转换标准或工具实现数据互用。常用的数据转换工具包括应用程序接口、软件模块等。

（5）尽管可以采用的模型创建方式和软件各有不同，但均应通过规范建模及协作流程等方式，保证模型之间协调一致。

4. 模型使用

（1）建设工程全生命期包括规划、设计、施工、运维等多个阶段，参与方涉及众多专业、部门和企业。模型创建和使用通常是随着工程进展和需要分阶段、按任务由不同的参与方完成。各参与方应充分利用前一阶段或前置任务子模型，通过对其模型数据进行提取、扩展和集成，形成本阶段或任务子模型，并在模型应用过程中不断补充、完善模型数据。即模型创建和使用与相关任务同步进行，实现模型对完成相关任务的支持。

（2）本条提出模型使用过程中的数据交换和更新方式，参照了 building SMART 发布的 IDM 和 ISO 29481 标准，采用面向工作流程的数据交换方式。IDM 可面向特定的业务流程和信息交换需求，定义模型数据的交换及过程。其实现方法是通过建立特定任务的业务流程和相应的信息交换需求，利用 MVD 子模型视图定义方法创建支持该任务需求的子模型，从而支持该任务各参与方之间准确、高效的信息交付与共享。

（3）对不同类型或内容的模型数据，目前常用的存储方式有数据库、文件，均宜进行统一管理和维护。

（4）模型创建、使用、管理的过程可能贯穿建设工程全生命期，涉及所有参与方和利益相关方，时间跨度大、牵涉人员广，权限和版本控制是其中最基本和重要的保障措施，可保证信息的更新可追溯。

5. 组织实施

（1）工程建设信息化既是行业发展的重要方向之一，也是对于业内各家企业的发展要求。因此，企业应根据自身实际，制订并执行企业信息化战略规划，同时充分考虑 BIM 技术的实施应用。当前，企业信息化基本停留在管理信息化和技术信息化互相孤立的阶段，如能结合 BIM 技术实现两者的集成或融合，能使企业信息化更加全面和完善。

（2）为了实现协同工作、数据共享，建设工程参与企业应首先做好数据软、硬件方面的准备工作，并根据职责确立包括各类用户的权限控制、软件和文件的版本控制、模型的一致性控制等在内的管理运行机制，以保障 BIM 应用顺利进行。

5.6 《建筑工程设计信息模型分类和编码标准》

根据住房城乡建设部"关于印发 2012 年工程建设标准规范制订修订计划的通知"（建标〔2012〕5 号）的要求，由中国建筑标准设计研究院编制工程国家标准《建筑工程设计信息模型分类和编码》。

本标准是为实现建筑工程建设与使用各阶段建筑工程信息的有序分类与传递，以及为建筑工程规划、设计、施工阶段的成本预算与控制，设计阶段项目描述建立，建筑信息模型数据库建立，规范建筑工程中建筑产品信息交换、共享，促进建筑工程信息化发展而制定的。

本标准填补了建筑工程数字化设计信息模型的分类与编码应用空白，对保证建筑工程信息化，实现建筑工程相关的行业管理，投资、标准、造价的信息化管理，具有重大的意义。建筑工程设计信息化的实现将对建筑行业产生深远的影响和不可估量的经济效益。

以下是《建筑工程设计信息模型分类和编码标准》征求意见稿的具体内容。

5.6.1 总则

为规范建筑工程信息的分类、编码与组织，实现建筑工程全生命周期信息的交换、共享，推动建筑信息模型的应用发展，制定本标准。

本标准适用于新建、改建和扩建的民用建筑及普通工业建筑信息的分类、编码及组织。

建筑信息模型分类、编码和组织，除应符合本标准外，尚应符合国家现行有关标准的规定。

5.6.2 术语

1. 元素（element）

建筑主体中独立或与其他部分结合，满足建筑主体主要功能的部分。

条文说明：来自 ISO 12006-2：2001，每个元素都满足了特定的主要功能，或独立，或与其他元素结合。元素应用的最广泛的时期是项目早期，以确定项目的物理特征、运营特征和美学特征。考虑元素时不与功能的材料、技术解决方案结合。对于每个元素，都可能有多个技术解决方案能够达到该元素的功能。

2. 工作成果（work result）

工作成果即在建筑工程施工阶段或建筑建成后的改建、维修、拆除活动中得到的建设成果。

条文说明：工作成果包括特定的技能和交易，所使用的建筑材料、人工、机械等建设资源，该工作成果相应的实体建设成果，及完成该工作成果相应的临时工作或其他准备或已完成工作。工作成果可以是建筑实体的一部分，也可以是非实体的，如脚手架工程、临时道路、场地清理等。

3. 建筑产品（building products）

建筑工程建设和使用全过程中所用到永久结合到建筑实体中的产品，包括各种材料、设备以及它们的组合。

条文说明：建筑产品是用于建设的基本单元。可以是单一产品个体、工厂生产的多个产品组合体、也可以是工厂生产的可独立运行的系统。当材料以原有的形式作为一个组件来实现工作效果时，它们也被视为产品。例如：砂，可作为独立产品在工程中使用，同时砂也是其他产品的构成材料，如预制混凝土制品。因此，基本材料（如砂）在表-30和表-40中都出现。表40-材料的焦点是材料的基本组成和物理性能，而不考虑材料的组合和使用。

4. 工程建设项目阶段（building construction project phase）

工程项目建设过程中根据一定的标准划分的段落。

条文说明：在对本项目阶段编码划分过程中，首要参考了现阶段国内建筑流程阶段划分及相关标准，另外也结合了BIM对现阶段及未来建筑行业中建筑各流程发展趋势的影响。由于团队与企业间整合与协作的逐步深入，原来单一的单线式建筑流程被逐步整合，建筑团队在共享的信息平台上将其完成。设计与施工阶段开始相互融合，制造业与IT产业也在加速融入，原有的设计与施工中各个环节的界限在整合的背景下变得模糊。此外，借助于BIM配套软件的应用与相互兼容，在强大的计算辅助下，项目实施前的准备活动可以更高水平地铺开并为以后的工作完成更深层次的前期分析。在项目后期的运营维护阶段，BIM依然能继续发挥效能，指导并辅助工程师参与建筑的设备保养与维护。因此，本编码标准共列了三个一级类目：

（1）项目前期阶段。主要包含业主、政府通过大致概念化的模型化的信息、政策分析、城市协调、经济等角度考量建筑项目的实施可行性；

（2）项目实施阶段。BIM的改革不仅使建筑下游的施工方工作提前，也通过BIM数据库的方式建立针对不同专业的协作与沟通平台，因此项目实施阶段中包含了完整的建筑项目由概念化直至项目实体交付的流程；

（3）项目后期管理阶段。此阶段指建筑项目在交付后使用期间所需要的任务工作。

5. 行为（action）

工程相关方在工程建设中表现出的工作与活动。

条文说明：由于本标准编码需要收集并梳理建筑全生命周期中所有的相关工作与活动，因此在建筑信息模型应用的基础上首先考虑模型化信息对建筑业、制造业、IT产业的整体影响，以及对建筑咨询而言活动业务的变化。另外，考量到现国内建筑过程还需要足够的时间与未来的BIM产业链进行对接，因此本标准编码也充分参照了国内现行的建筑流程。

本标准编码将建筑流程中的工作行为划分为十一大板块：投资行为、设计行为、实施行为、运营与维护、咨询行为、政府行为、管理行为、沟通行为、决策行为、文档管理行为、日常行为。

6. 组织角色（organizational roles）

在整个工程项目生命周期中的任一过程和工序的专业领域的参与者，包括个人和团队。

条文说明：表 31 的关键概念在于在一个给定的项目的背景下参与者的责任范围和参与者的工作职能，而不考虑其领域的专门知识，教育，经验，或培训。一些组织角色意味着特定领域的专业知识，但一般那些问题是由表 22-专业领域充分解决。参与者可以是个人，小组或团队，一个公司，一个协会，一个机构，一个研究所，或其他类似组织。

7. 专业领域（disciplines）

指一定科学领域或一门科学的分支。

8. 工具（tool）

指在工程项目生命周期中使用的软件、设备、物品等。

条文说明：建筑实体全寿命周期相关的进程需要用的资源，用于完成项目的设计和建造，但它们不会成为最终的建筑主体的组成部分。很多参与者使用它们以执行各项服务，如计算机硬件、CAD 软件、临时围栏、反铲挖土机、塔式起重机、排水网络设施、模具锤、轻型卡车、工地活动房。

9. 信息（information）

在创造和维护建设环境过程中供参考和利用的数据。

条文说明：信息可以存在于各种各样的媒体中，包括印刷和数字化形式。信息可以作为一般参照和监管数据，例如制造标准，或者它也可作为类似于项目手册的具体项目标准。信息是在创造和维持建设环境过程中交流的主要工具。通常，信息需要被归档、存储以及检索。信息表主要是对任何项目在其生命周期内所访问、创建、使用和交换的信息类型和形式进行分类。

10. 材料（material）

用于工程建设或制造建筑产品的基本物质。

条文说明：这些物质可以是天然物质或人工合成物质，通常具有化学成分，而与形状定义无关。如金属化合物、岩石、土壤、木材、玻璃、塑料、橡胶等。材料范围非常广泛，本标准分类目对建筑工程领域主要的、常用的产品材质进行定义和分类，用于描述建筑产品的基本物质属性值。

11. 属性（property）

建设实体可以测量和检测的物理或理论上的特征。

条文说明：如颜色、宽度、长度、厚度、深度、直径、面积、重量、强度、防火性能、防潮性能等，属性只对特指的建设实体有实际意义。

12. 归档（archive）

按照一定原则进行信息提取、集合、存档的过程。

条文说明：通过建筑工程设计信息分类编码组织的信息集合，需要遵循一定的原则，以一定的顺序进行存档整理。从而保证信息集合的有序性。

5.6.3 基本规定

1. 分类对象和分类方法

（1）建筑信息模型分类对象应包括建筑工程中的建设资源、建设进程、建设成果。

183

条文说明：建筑信息模型分类是我国建筑工程一个新的分类系统，将在很多领域广泛应用。从组织图书馆材料、产品说明、项目信息、直到为电子数据库提供分类体系都会用到，是针对建筑、工程、施工领域制定并作为信息分类的标准原则使用。它贯穿了整个建筑生命周期：从概念期到报废期甚至回收期。它也包括了构成建设环境的所有建造工程。为了建筑工程全生命周期的信息化应用，有必要将建筑工程中所涉及的对象进行分类。

（2）建设资源、建设进程、建设成果应如表 5.6-1 所示，按照建筑信息模型分类表进行分类，分类应按照对应附录执行。

建筑信息模型分类表 表 5.6-1

表编号	分类名称	附录	表编号	分类名称	附录
10	按功能分建筑物	A	22	专业领域	J
11	按形态分建筑物	B	30	建筑产品	K
12	按功能分建筑空间	C	31	组织角色	L
13	按形态分建筑空间	D	32	工具	M
14	元素	E	33	信息	N
15	工作成果	F	40	材料	P
20	工程建设项目阶段	G	41	属性	Q
21	行为	H	—	—	—

条文说明：建筑信息模型分类包括 15 张表，每张表代表建设工程信息的一个方面。每张表都可以单独使用，对特定类型的信息进行分类，也可以与其他表结合，为更加复杂的信息进行分类。其中表 10～表 15 用于整理建设结果。表 30～表 33 以及表 40、表 41 用于组织建设资源。表 20～表 22 用于建设过程的分类。

这 15 个分类表与 ISO 12006-2 中第四部分所提到的表相对应，如表 5.6-2 所示。

分类表 表 5.6-2

表 10-按功能分建筑物	ISO 表 4.2 建筑实体（按照功能或用户活动分类） ISO 表 4.3 建筑综合体（按照功能或用户活动分类） ISO 表 4.6 设施（建筑综合体、建筑实体和建筑空间按照功能或用户活动分类）
表 11-按形态分建筑物	ISO 表 4.1 建筑实体（按照形态分类）
表 12-按功能分建筑空间	ISO 表 4.5 建筑空间（按照功能或用户活动分类）
表 13-按形态分建筑空间	ISO 表 4.4 建筑空间（按照附件等级分类）
表 14-元素	ISO 表 4.7 基本要素（按照建筑实体的特别主导功能分类） ISO 表 4.8 设计原理（按照工作类型分类）
表 15-工作成果	ISO 表 4.9 工作成果（按照工作类型分类）
表 20-工程建设项目阶段	ISO 表 4.11 建筑实体寿命周期阶段（按照阶段中各过程的所有特性分类） ISO 表 4.12 项目阶段（按照阶段中各过程的所有特性分类）
表 21-行为	ISO 表 4.10 管理过程（按照过程类型分类）
表 22-专业领域	ISO 表 4.15 施工代理（按照学科分类）
表 30-建筑产品	ISO 表 4.13 建筑产品（按照功能分类）

续表

表31-组织角色	ISO 表 4.15 施工代理人（按照限定条款分类）
表32-工具	ISO 表 4.14 施工辅助（按照功能分类）
表33-信息	ISO 表 4.16 建设信息（按照媒介类型分类）
表40-材料	ISO 表 4.17 性能及特点（按照材料类型分类）
表41-属性	ISO 表 4.17 性能及特点（按照材料类型分类）

（3）单个分类表内的分类对象宜分为一级类目"大类"、二级类目"中类"、三级类目"小类"、四级类目"细类"。

条文说明：如表 30-建筑产品表中所规定的墙体材料可分为如表 5.6-3 所示。

建筑产品分类表　　　　　　　　　　　　表 5.6-3

层级	类目	分类名（中文）	分类名（英文）
一级类目	大类	墙体材料	Walling material
二级类目	中类	砖	Brick
三级类目	小类	烧结砖	Fired brick
四级类目	细类	普通砖	Common brick
四级类目	细类	空心砖	Hollow brick
四级类目	细类	多孔砖	Perforated brick
三级类目	小类	非烧结砖	Non-fired brick
四级类目	细类	混凝土普通砖	Concrete common brick

2. 编码及扩展原则

（1）建筑信息模型分类表代码应采用两位数字表示，单个分类表内各层级代码应采用两位数字表示，各代码之间用英文"."隔开。

（2）表内分类对象的编码应按照以下规定执行：

分类对象编码由表编码、大类代码、中类代码、小类代码、细类代码组成，表编码与分类对象编码之间用"-"连接。

大类编码采用 6 位数字表示，前两位为大类代码，其余四位用零补齐。

中类编码采用 6 位数字表示，前两位为大类代码，加中类代码，后两位用零补齐。

小类编码采用 6 位数字表示，前四位为上位类代码，加小类代码。

细类编码采用 8 位数字表示，在小类编码后增加两位细类代码。

条文说明：如表 5.6-4 所示，为建筑产品表中所规定的墙体材料编码。

墙体材料分类表　　　　　　　　　　　　表 5.6-4

编码	分类名（中文）	分类名（英文）
13-02 00 00	墙体材料	Walling material
13-02 10 00	砖	Brick
13-02 10 10	烧结砖	Fired brick
13-02 10 10 10	普通砖	Common brick
13-02 10 10 20	空心砖	Hollow brick

编码	分类名（中文）	分类名（英文）
13-02 10 10 30	多孔砖	Perforated brick
13-02 10 20	非烧结砖	Non-fired brick
13-02 10 20 10	混凝土普通砖	Concrete common brick

（3）类目和编码的扩展应按照以下规定执行：

建筑信息模型的分类方法和编码原则应符合《信息分类和编码的基本原则和方法》（GB/T 7027）的规定。

建筑信息模型分类应符合科学性、系统性、可扩延性、兼容性、综合实用性原则。

增加类目和编码，标准中已规定的类目和编码应保持不变。

增加各层级类目编码应按照本标准第3.1节规定执行。

增加的最高层级代码应在90～99之间编制。

自定义层级代码的最高层级应采用90～99之间的数字进行编制。如表5.6-5所示，为建筑产品表的墙体材料大类中增加新种类的代码。

墙体材料新增种类表

表 5.6-5

编码	分类名（中文）	分类名（英文）
13-02 00 00	墙体材料	Walling material
13-02 10 00	砖	Brick
13-02 10 10	烧结砖	Fired brick
13-02 10 10 10	普通砖	Common brick
13-02 10 10 20	空心砖	Hollow brick
13-02 10 10 30	多孔砖	Perforated brick
13-02 10 20	非烧结砖	Non-fired brick
13-02 10 20 10	混凝土普通砖	Concrete common brick
13-02 90 00	×××	×××
13-02 90 10	×××××	×××××

5.6.4 应用方法

1. 编码的运算符号

（1）为了在复杂情况下精确描述对象，应采用运算符号联合多个编码一起使用。

条文说明：常用的单个编码，往往不能满足我们对于所有对象进行描述的要求，需要借助这些运算符号来组织多个编码，实现精确描述、准确表意的目的。

（2）编码的运算符号宜采用"+"、"/"、"<"、">"符号表示，并按照对应规则使用。

①"+"用于将同一表格或不同表格中的编码联合在一起，以表示两个或两个以上编码含义的集合。

条文说明：使用"+"表示编码含义的概念集合，并且"+"联合的编码所表示的含义和性质不相互影响。

② "/" 用于将单个表格中的编码联合在一起，定义一个表内的连续编码段落，以表示适合对象的分类区间。

条文说明：使用 "/" 表示一张表中连续的对象分类，连续编码段落由 "/" 前的编码开始，直至 "/" 后的编码结束。

③ "<"、">" 用于将同一表格或不同表格中的编码联合在一起，以表示两个或两个以上编码对象的从属或主次关系，开口背对是开口正对编码所表示对象的一部分。

条文说明：大于号和小于号的作用在于，在加号运算基础上，改变了参与复合交集运算双方的重要顺序，从而代替加号运算符。在使用时 "<" 和 ">" 是等价的。"<"、">" 运算符号的分类编码排列顺序非常重要，因为这两个符号均意味着参与运算的两个物项在概念重要性上存在先后顺序。在某些情况下我们希望更关注的被分类物项能够在保持固有含义的情况下加载更多的信息。为了实现这个目的，需要改变分类编码的先后顺序，同时运算符要从小于号改为大于号。比如 11-13 24.11<13-15.11.34.11 仍然代表 "医院办公区"，但是存储时将仍然以医院这个大分类进行存储。任何情况下，均应保持这样一个规则：无论使用大于号还是小于号，符号开口的方向都必须朝向概念更重要的那个分类物项。

2. 编码的应用原则

(1) 建筑工程设计信息分类编码及运算符号的运用宜依赖于信息技术。

条文说明：建筑工程设计信息分类编码的核心功能在于实现建筑信息的分类、检索、信息传递，这依赖信息技术（主要是关系型或面向对象的数据库技术），运用该技术通过算法提取信息并生成报告，实现比文件存储管理更加灵活、强大的信息管理方式。

(2) 归档应按照以下规定执行：

① 无运算符号的单个编码按照表、大类、中类、小类、细类的层级，依次对各级代码按照从小到大的顺序归档。

条文说明：分类表内的条目按升序排列。首先按照表格序号排序，然后按照大类代码排序，之后按照中类代码排序，接着按照小类代码排序，最后按照细类代码排序，以此类推。

② 由同一类运算符号联合的组合编码集合，应按从左到右、从小到大的顺序逐级进行归档。

条文说明：例如，如表 5.6-6 所示的顺序进行归档。

归档顺序表 表 5.6-6

类型	编码	对象
由 "+" 联合	10-27.05.00+11-13.25.03	主题公园临时舞台
由 "+" 联合	10-39.01.00+12-33.13.00	综合医院办公空间
由 "+" 联合	11-13.25.03+10-27.05.00	主题公园临时舞台
由 "+" 联合	12-33.13.00+10-39.01.00	综合医院办公空间

③ 由单个编码和组合编码构成的编码集合，应先对由 "/" 联合的组合编码进行归档，再对单个编码进行归档，之后对由 "+" 联合的组合编码进行归档，最后对由 "<"、">" 联合的组合编码进行归档。

条文说明：例如，如表 5.6-7 所示的顺序进行归档。

归档顺序表　　　　　　　　　　　　　　　　　　　　　　　表 5.6-7

类型	编码	对象
由"/"联合	15-26.00.00/15-27.90.00	所有与电气和建筑智能化相关的工作成果
单个编码	10-53.01.03	航站楼
由"+"联合	30-40.00.00+12-33.13.01	带空调的办公室
由"<、>"联合	12-33.13.00<10-39.01.00	综合医院办公空间

（3）当有不同的组合编码表达同一对象时，归档顺序在前的编码为这一对象的引用编码。

条文说明：由于会有多个编码或组合编码可以表达某一对象的含义，因此需要规定在使用分类编码组织信息集合时，对象通用的编码，即对象的引用编码。

（4）可将其他编码系统与建筑工程设计信息分类编码结合使用。

条文说明：在组织复杂的信息集合时，有时仅依靠建筑信息模型分类编码并不能满足特定的表意需求。这时建筑工程设计信息分类编码可与产品编号结合、与合同编号结合、与时间编码结合等方式满足特定需求。

5.7　《建筑工程设计信息模型交付标准》

根据住房城乡建设部"关于印发 2012 年工程建设标准规范制订修订计划的通知"（建标〔2012〕5 号）的要求，由中国建筑标准设计研究院编制工程国家标准《建筑工程设计信息模型交付标准》。

本标准编制的目的在于提供一个具有可操作性的、兼容性强的统一基准，以指导基于建筑信息模型的建筑工程设计过程中，各阶段数据的建立、传递和解读，特别是各专业之间的协同，工程设计参与各方的协作，以及质量管理体系中的管控等过程。另外，该标准也用于评估建筑信息模型数据的完整度，以用于在建筑工程行业的多方交付。

该标准意义重大，将使得国内各设计企业（团队）能够在同一个数据体系下工作，从而能够进行广泛的数据交换和共享。针对产业链条的其他节点，也能够提供统一的数据端口，在建造和运维等其他过程中无缝对接，使建筑信息模型发挥出最大化的社会效益，也为建筑工业的信息化提供强有力的保障。

以下是 BIM 国标《建筑工程设计信息模型交付标准》征求意见稿的具体内容。

5.7.1　总则

为保障国内建筑工程建设过程中，对工程设计信息模型的交付行为提供一个具有可操作性的、兼容性强的统一基准，特制定本标准。

本标准适用于建筑工程设计和建造过程中，基于建筑信息模型的数据的建立、传递和解读，特别是各专业之间的协同，工程设计参与各方的协作，以及质量管理体系中的管控、交付等过程。另外，本标准也用于评估建筑信息模型数据的成熟度。

本标准适用的建筑工程范围是各类民用建构筑物，包括住宅建筑、公共建筑、地下空间等。普通工业类和基础设施建构筑物，包括仓储建筑、地下交通设施中的民用建筑物。

本标准为建筑信息模型提供统一的数据端口，以促使国内各设计企业（团队）在同一数据体系之下工作与交流，并实施广泛的数据交换和共享。

建筑工程设计信息模型的建立和交付，除应符合本标准外，尚应符合国家现行有关标准的规定。

5.7.2 术语

1. 建筑信息模型（Building Information Model）

个体名词，包含建筑全生命期或部分阶段的几何信息及非几何信息的数字化模型。建筑信息模型以数据对象的形式组织和表现建筑及其组成部分，并具备数据共享、传递和协同的功能。

2. 建筑信息化模型（Building Information Modeling）

集合名词，在项目全生命周期或各阶段创建、维护及应用建筑信息模型（Building Information Model）进行项目计划、决策、设计、建造、运营等的过程。一般情况下，也可简称为"建筑信息模型"。

3. 全生命周期（Life-Cycle）

建筑物从计划建设到使用过程终止所经历的所有阶段的总称，包括但不限于策划、立项、设计、招投标、施工、审批、验收、运营、维护、拆除等环节。

4. 协同（Collaboration）

基于建筑信息模型数据共享及互操作性的协调工作的过程，主要包括项目参与方之间的协同、项目各参与方内部不同专业之间或专业内部不同成员之间的协同，以及上下游阶段之间的数据传递及反馈等。从概念上，协同包括软件、硬件及管理体系三方面的内容。

5. 使用需求（Utilization Requirements）

根据项目阶段和工程需求而确定的对于建筑工程信息模型信息需求。

6. 几何信息（Geometric Information）

表示建筑物或构件的空间位置及自身形状（如长、宽、高等）的一组参数，通常还包含构件之间空间相互约束关系，如相连、平行、垂直等。

7. 非几何信息（non-Geometric Information）

建筑物及构件除几何信息以外的其他信息，如材料信息、价格信息及各种专业参数信息等。

8. 模型精细度（Level of Details）

表示模型包含的信息的全面性、细致程度及准确性的指标。

9. 信息粒度（Information Granularity）

在不同的模型精细度下，建筑工程信息模型所容纳的几何信息和非几何信息的单元大小和健全程度。

10. 建模精度（Level of Model Detail）

在不同的模型精细度下，建筑工程信息模型几何信息的全面性、细致程度及准确性指标。几何精度采用两种方式来衡量，一是反映对象真实几何外形、内部构造及空间定位的精确程度；二是采用简化或符号化方式表达其设计含义的准确性。

11. 建模几何精细度（Geometric Fineness）

建模过程中，模型几何信息可视化精细程度指标。低于建模几何精度的几何变化，当不影响使用需求时，可不必可视化表达。

12. 交付过程（Delivery procedure）

将符合要求的基于建筑信息模型（Building Information Model）的设计成果按协议或约定交付业主或委托方的过程。

13. 交付物（Deliverables）

基于建筑信息模型（Building Information Model）的可供交付的设计成果，包括但不限于各专业信息模型（原始模型或经产权保护处理后的模型）、基于信息模型形成的各类视图、分析表格、说明文档、辅助多媒体等。

14. 交付人（Deliverables Provider）

提供交付物的一方。

15. 专业交付信息集合（Professional Information Deliverable Set）

根据使用需求，从建筑工程信息模型中提取的工程信息的集合。

16. 碰撞检测（Collision Detection）

检测建筑信息模型包含的各类构件或设施是否满足空间相互关系的过程。通常包括重叠检测，如结构构件与建筑门窗的重叠，设备管线与结构构件的穿插等；以及最小距离检测，如管线与其他管线或构件间是否满足最小设计及安装距离的要求等。

5.7.3　基本规定

建筑工程信息模型所包含的信息以及交付物应符合工程项目的使用需求。工程项目的使用需求与工程性质、阶段、目的有关。

建筑工程信息模型的信息对应的输入方应保证所输入数据的准确性和完整性。

建筑工程信息模型可包含超越使用需求的冗余信息，但是信息的输入方应采取必要措施减少冗余信息的产生。

建筑工程信息模型的信息应包含两种类型：几何信息和非几何信息。

建筑工程信息模型的信息粒度与建模精度可不完全一致，应以模型信息作为优先采信的有效信息。

建筑工程各类对象和信息应赋予分类和编码信息，并应符合《建筑工程设计信息模型分类和编码标准》（GB/T ×××××）的规定。

5.7.4　命名规则

1. 对象和参数的命名

建筑工程信息所描述的对象以及参数的命名均应符合下列规则：

建筑工程对象和各类参数的命名应符合《建筑工程设计信息模型分类和编码标准》（GB/T ×××××）的规定。

在建筑工程信息模型全生命周期内，同一对象和参数的命名应保持前后一致。

2. 文件命名

（1）建筑工程信息模型及其交付物文件的命名宜符合下列规定：

文件的命名宜包含项目、分区或系统、专业、类型、标高和补充的描述信息。

文件的命名宜使用汉字、拼音或英文字符、数字和连字符"-"的组合。

在同一项目中，应使用统一的文件命名格式，且始终保持不变。

（2）建筑工程信息模型及其交付物文件的命名格式宜符合下列规定：

文件的命名可由项目代码、分区或系统、专业代码、类型、标高、描述依次组成，由连字符"-"隔开所示。

项目代码（PROJECT）：用于识别项目的代码，由项目管理者制定。如采用英文或拼音，宜为3个字母。

分区/系统（ZONE/SYSTEM）：用于识别模型文件与项目的哪个建筑、地区、阶段或分区相关（如果项目按分区进一步细分）。

专业代码（DISCIPLINE）：用于区分项目涉及的相关专业。

类型（TYPE）：当单个项目的建筑工程信息模型拆分为多个模型时，用于区分模型用途。

标高（LEVEL）、层：用于识别模型文件所处的楼层或者标高位置。

描述（CONTENT）：描述性字段，用于进一步说明文件中的内容。避免与其他字段重复。

5.7.5 建筑工程信息模型要求

1. 总体要求

（1）建筑工程信息模型的建模坐标应与真实工程坐标一致。一些分区模型、构件模型未采用真实工程坐标时，宜采用原点（0，0，0）作为特征点，并在建筑工程信息模型使用周期内不得变动。

（2）在满足项目需求的前提下，宜采用较低的建模精细度，并应符合下列规定：

① 建模精细度应满足建筑工程量计算要求；

② 建模精细度宜符合施工工法和措施，为施工深化预留条件；

③ 输入的建筑工程信息应满足现行有关工程文件编制深度规定。

（3）在满足建模精细度的前提下，可使用二维图形、文字、文档、影像补充和增强建筑工程信息。

（4）使用文档或影像文件补充和增强建筑工程信息时，应标注补充文件和被补充模型之间的链接。

（5）建筑信息模型的对象的几何信息和非几何信息应由唯一的属性进行规定。

2. 模型精细度

建筑工程信息模型精细度应由信息粒度和建模精度组成。

建筑工程信息模型精细度分为五个等级，应符合如表5.7-1所示的规定。

建筑工程信息模型精度细分表　　　　　　表5.7-1

等级	英文名	简称
100级精细度	Level of Detail 100	LOD100
200级精细度	Level of Detail 200	LOD200

等级	英文名	简称
300 级精细度	Level of Detail 300	LOD300
400 级精细度	Level of Detail 400	LOD400
500 级精细度	Level of Detail 500	LOD500

在日常使用中，可根据使用需求拟定模型精细度。一些常规的建筑工程阶段和使用需求，其对应的模型精细度建议如表 5.7-2 所示。

建筑工程各阶段使用需求及对应的模型精细度建议表　　　　表 5.7-2

阶段	英文	阶段代码	建模精细度	阶段用途
勘察/概念化设计	Servey/Conceptural Design	SC	LOD 100	项目可行性研究 项目用地许可
方案设计	Schematic Design	SD	LOD200	项目规划评审报批 建筑方案评审报批 设计概算
初步设计/施工图设计	Design Development/Construction Documents	DD/CD	LOD 300	专项评审报批 节能初步评估 建筑造价估算 建筑工程施工许可 施工准备 施工招投标计划 施工图招标控制价
虚拟建造/产品预制/采购/验收/交付	Virtual Construction/Pre-Fabrication/Product Bidding/As-Built	VC	LOD 400	施工预演 产品选用 集中采购 施工阶段造价控制
		AB	LOD500	施工结算

3. 信息粒度

（1）建筑工程信息模型信息粒度应由建筑基本信息系统、建筑属性信息系统、场地地理信息及室外工程系通过、建筑外围护信息系统、建筑其他构件信息系统、建筑水系统设备信息系统、建筑电气系统信息系统、建筑暖通系统信息系统组成。

（2）各类信息系统的信息粒度宜符合模型精细度等级的规定。

（3）建筑基本信息系统信息粒度应符合如表 5.7-3 所示的规定。

建筑基本信息系统信息粒度表　　　　表 5.7-3

建筑信息	LOD 100	LOD 200	LOD 300	LOD 400
项目名称	▲	▲	▲	▲
建设地点	▲	▲	▲	▲

续表

建筑信息	LOD 100	LOD 200	LOD 300	LOD 400
建设指标	▲	▲	▲	▲
建设阶段	▲	▲	▲	▲
业主信息	▲	▲	▲	▲
建筑信息模型提供方	▲	▲	▲	▲
其他建设参与方信息	—	△	△	▲
建筑类别或等级	—	△	▲	▲

注：表中"▲"表示应具备的信息，"△"表示宜具备的信息，"—"表示可不具备的信息。

（4）建筑属性信息系统信息粒度应符合如表5.7-4所示的规定。

建筑属性信息系统信息粒度表 表 5.7-4

建筑属性信息		LOD100	LOD200	LOD300	LOD400	LOD500	备注（编码）
识别特征	设施识别	△	△	△	△	▲	01.10.00
	空间识别	—	△	△	△	▲	01.20.00
	占有识别	—	—	△	△	▲	01.30.00
	工作成果识别	△	△	△	△	▲	01.40.00
	身份识别	—	—	—	△	▲	01.50.00
	通信识别	△	△	△	△	▲	01.60.00
位置特征	地理位置	△	△	▲	▲	▲	02.10.00
	行政区划	△	△	▲	▲	▲	02.20.00
	制造和生产位置	—	—	—	▲	▲	02.30.00
	楼内位置	—	△	△	▲	▲	02.40.00
时间和资金特征	时间和计划	—	—	△	△	▲	03.10.00
	投资	△	△	△	△	▲	03.20.00
	成本	△	△	△	△	▲	03.30.00
	收益	△	△	△	△	▲	03.40.00
来源特征	制造商	—	—	—	▲	▲	04.10.00
	产品	—	—	△	△	▲	04.20.00
	保修	—	—	—	—	▲	04.30.00
	运输	—	—	—	△	▲	04.40.00
	安装	—	—	△	▲	▲	04.50.00
物理特征	数量属性	△	△	▲	▲	▲	05.10.00
	形状属性	△	△	▲	▲	▲	05.13.00
	一维尺寸	△	△	▲	▲	▲	05.16.00
	二维尺寸	△	△	▲	▲	▲	05.19.00
	空间尺寸	—	—	▲	▲	▲	05.23.00
	比值量	—	—	△	▲	▲	05.26.00
	可回收、可再生	—	△	△	△	▲	05.29.00

续表

建筑属性信息		LOD100	LOD200	LOD300	LOD400	LOD500	备注(编码)
物理特征	化学组成	—	—	△	△	△	05.33.00
	规定含量	—	△	△	▲	▲	05.36.00
	温度	—	△	△	△	▲	05.39.00
	结构荷载	—	—	△	▲	▲	05.43.00
	空气和其他气体	—	—	△	△	▲	05.46.00
	液体	—	—	△	△	▲	05.49.00
	质量	—	—	△	△	▲	05.53.00
	受力	—	—	△	△	▲	05.56.00
	压力	—	—	△	△	▲	05.59.00
	磁	—	—	△	△	▲	05.63.00
	环境	—	△	△	△	▲	05.66.00
	建材检测属性	—	—	△	△	△	05.69.00
性能特征	测试属性	—	—	—	△	△	06.10.00
	容差属性	—	—	—	△	△	06.15.00
	功能和使用属性	—	—	—	△	△	06.20.00
	强度属性	—	—	△	△	▲	06.25.00
	耐久性属性	—	—	△	△	▲	06.30.00
	燃烧属性	—	—	△	△	▲	06.35.00
	密封属性	—	—	△	△	▲	06.40.00
	透气和防潮指标	—	—	△	△	▲	06.45.00
	声学属性	—	—	△	△	▲	06.50.00
	建材检测属性	—	—	—	—	△	06.55.00

注：表中"▲"表示应具备的信息，"△"表示宜具备的信息，"—"表示可不具备的信息。

（5）场地地理信息及室外工程系统信息粒度应符合如表5.7-5所示的规定。

场地地理信息及室外工程系统信息粒度表　　　　表5.7-5

建筑信息	LOD 100	LOD 200	LOD 300	LOD 400	LOD 500	备注
场地边界（用地红线）	▲	▲	▲	▲	—	—
现状地形	▲	▲	▲	▲	—	
现状道路、广场	▲	▲	▲	▲	—	
现状景观绿化/水体	▲	▲	▲	▲	—	
现状市政管线	—	△	▲	▲	—	
新（改）建地形	△	▲	▲	▲	—	
新（改）建道路	△	▲	▲	▲	—	
新（改）建绿化/水体	—	△	▲	▲	—	
新（改）建室外管线	—	△	▲	▲	—	
现状建筑物	▲	△	△	△	—	体量化表达

续表

建筑信息	LOD 100	LOD 200	LOD 300	LOD 400	LOD 500	备注
新（改）建建筑物	▲	—	—	—	—	体量化表达
气候信息	△	△	△	△		—
地质条件	△	△	▲	▲		—
地理坐标	▲	▲	▲	▲		—
散水/明沟、盖板	—	△	▲	▲		—
停车场	▲	△	▲	▲		—
停车场设施	—	△	▲	▲		—
室外消防设备	—	△	▲	▲		—
室外附属设施	△	△	▲	▲		—

注：表中"▲"表示应具备的信息，"△"表示宜具备的信息，"—"表示可不具备的信息。

（6）建筑外围护信息系统信息粒度应符合如表 5.7-6 所示的规定。

建筑外围护信息系统信息粒度表　　　　　　　表 5.7-6

建筑信息		LOD 100	LOD 200	LOD 300	LOD 400	LOD 500	备注
墙体/柱	基层/面层	—	△	▲	▲	—	—
	保温层	—	△	▲	▲	—	—
	防水层	—	△	▲	▲	—	—
	安装构件	—	—	△	▲	—	—
幕墙	支撑体系	—	△	▲	▲	—	—
	嵌板体系	—	▲	▲	▲	—	—
	安装构件	—	—	▲	▲	—	—
门窗	框材/嵌板	—	△	▲	▲	—	—
	填充构造	—	△	▲	▲	—	—
	安装构件	—	—	△	▲	—	—
屋面	基层/面层	—	△	▲	▲	—	—
	保温层	—	△	▲	▲	—	—
	防水层	—	△	▲	▲	—	—
	安装构件	—	—	△	▲	—	—
外围护其他构件				▲	▲	—	—

注：表中"▲"表示应具备的信息，"△"表示宜具备的信息，"—"表示可不具备的信息。

（7）建筑其他构件信息系统信息粒度应符合如表 5.7-7 所示的规定。

建筑其他构件信息系统信息粒度表　　　　　　　表 5.7-7

建筑信息		LOD 100	LOD 200	LOD 300	LOD 400	LOD 500	备注
楼/地面	基层/面层	—	△	▲	▲	—	—
	保温层	—	△	▲	▲	—	—
	防水层	—	△	▲	▲	—	—
	安装构件	—	—	△	▲		

续表

建筑信息		LOD 100	LOD 200	LOD 300	LOD 400	LOD 500	备注
地基/基础	基坑	—	△	▲	▲	—	—
	基坑防护	—	△	▲	▲	—	—
	基础	—	△	▲	▲	—	—
	保温层	—	—	△	▲	—	—
	防水层	—	—	△	▲	—	—
楼梯	基层/面层	—	△	▲	▲	—	—
	栏杆/栏板	—	△	▲	▲	—	—
	防滑条	—	△	△	▲	—	—
	安装构件	—	—	▲	▲	—	—
内墙/柱	基层/面层	—	—	▲	▲	—	—
	防水层	—	—	△	△	—	—
	安装构件	—	—	△	▲	—	—
内门窗	框材/嵌板	—	△	▲	▲	—	—
	填充构造	—	△	▲	▲	—	—
	安装构件	—	△	▲	▲	—	—
建筑装修	室内构造	—	△	▲	▲	—	—
	地板	—	△	▲	▲	—	—
	吊顶	—	△	▲	▲	—	—
	墙饰面	—	△	▲	▲	—	—
	梁柱饰面	—	△	▲	▲	—	—
	天花饰面	—	△	▲	▲	—	—
	楼梯饰面	—	△	▲	▲	—	—
	指示标志	—	—	△	▲	—	—
	家具	—	△	△	▲	—	—
	设备	—	△	▲	▲	—	—
运输设备	主要设备	—	△	▲	▲	—	—
	附件	—	△	▲	▲	—	—

注：表中"▲"表示应具备的信息，"△"表示宜具备的信息，"—"表示可不具备的信息。

（8）建筑水系统设备信息系统信息粒度应符合如表 5.7-8 所示的规定。

建筑水系统设备信息系统信息粒度表　　　　　　　　　表 5.7-8

建筑信息		LOD 100	LOD 200	LOD 300	LOD 400	LOD 500	备注
生活水系统	给水排水管道	—	△	▲	▲	—	—
	管件	—	△	▲	▲	—	—
	安装附件	—	△	△	▲	—	—
	阀门	—	△	▲	▲	—	—

续表

建筑信息		LOD 100	LOD 200	LOD 300	LOD 400	LOD 500	备注
生活水系统	仪表	—	△	▲	▲	—	—
	水泵	—	△	▲	▲	—	—
	喷头	—	△	▲	▲	—	—
	卫生器具	—	▲	▲	▲	—	—
	地漏	—	△	▲	▲	—	—
	设备	—	▲	▲	▲	—	—
	电子水位警报装置	—	△	▲	▲	—	—
消防水系统	消防管道	—	△	▲	▲	—	—
	消防水泵	—	△	▲	▲	—	—
	消防水箱	—	△	▲	▲	—	—
	消火栓	—	△	▲	▲	—	—
	喷淋头	—	△	▲	▲	—	—

注：表中"▲"表示应具备的信息，"△"表示宜具备的信息，"—"表示可不具备的信息。

（9）建筑电气系统信息系统信息粒度应符合如表 5.7-9 所示的规定。

建筑电气系统信息系统信息粒度表　　　　表 5.7-9

建筑信息		LOD 100	LOD 200	LOD 300	LOD 400	LOD 500	备注
动力	桥架	—	△	▲	▲	—	—
	桥架配件	—	△	△	▲	—	—
	柴油发电机	—	△	▲	▲	—	—
	柴油罐	—	△	▲	▲	—	—
	变压器	—	△	▲	▲	—	—
照明	开关柜	—	△	▲	▲	—	—
	灯具	—	△	▲	▲	—	—
	母线	—	△	▲	▲	—	—
	开关插座	—	△	▲	▲	—	—
消防	消防设备	—	△	▲	▲	—	—
	灭火器	—	△	▲	▲	—	—
	报警装置	—	△	▲	▲	—	—
	安装附件	—		△	▲	—	—
安防	监测设备	—	△	▲	▲	—	—
	终端设备	—	△	▲	▲	—	—
防雷	接地装置	—	△	▲	▲	—	—
	测试点	—	△	▲	▲	—	—
	断接卡	—	△	▲	▲	—	—
通信	通信设备机柜	—	△	▲	▲	—	—
	监控设备机柜	—	△	▲	▲	—	—
	通信设备工作台	—	△	▲	▲	—	—
自动化	路闸	—	△	▲	▲	—	—
	智能设备	—	△	▲	▲	—	-

注：表中"▲"表示应具备的信息，"△"表示宜具备的信息，"—"表示可不具备的信息。

（10）建筑暖通系统信息系统信息粒度应符合如表 5.7-10 所示的规定。

建筑暖通系统信息系统信息粒度表　　表 5.7-10

建筑信息		LOD 100	LOD 200	LOD 300	LOD 400	LOD 500	备注
暖通风系统	风管	—	△	▲	▲	—	—
	管件	—	—	▲	▲	—	—
	附件	—	—	△	▲	—	—
	风口	—	△	▲	▲	—	—
	末端	—	△	▲	▲	—	—
	阀门	—	△	▲	▲	—	—
	风机	—	△	▲	▲	—	—
	空调箱	—	△	▲	▲	—	—
暖通水系统	暖通水管道	—	△	▲	▲	—	—
	管件	—	—	△	▲	—	—
	附件	—	—	△	▲	—	—
	阀门	—	—	△	▲	—	—
	仪表	—	—	▲	▲	—	—
	冷热水机组	—	△	▲	▲	—	—
	水泵	—	△	▲	▲	—	—
	锅炉	—	—	▲	▲	—	—
	冷却塔	—	△	▲	▲	—	—
	板式热交换器	—	△	▲	▲	—	—
	风机盘管	—	△	▲	▲	—	—

注：表中"▲"表示应具备的信息，"△"表示宜具备的信息，"—"表示可不具备的信息。

4. 建模精度

（1）LOD 100 模型精细度的建模精度宜符合如表 5.7-11 所示的规定。

LOD 100 模型精细度的建模精度表　　表 5.7-11

需要输入的对象信息	建模精度要求
现状场地	等高距宜为 5m
设计场地	等高距宜为 5m，应在剖切视图中观察到与现状场地的填挖关系
现状建筑	宜以体量化图元表示，建模几何精度宜为 10m
新（改）建建筑	宜以体量化图元表示，建模几何精度宜为 3m
其他	可以二维图形表达

（2）LOD 200 模型精细度的建模精度宜符合如表 5.7-12 所示的规定。

LOD 200 模型精细度的建模精度表　　表 5.7-12

需要录入的对象信息	建模要求
现状场地	等高距宜为 1m 若项目周边现状场地中有地铁车站、变电站、水处理厂等基础设施时，宜采用简单几何形体表达，且宜输入设施使用性质、性能、污染等级、噪声等级等对于项目设计产生的影响、周边的城市公共交通系统的综合利用等非几何信息 除非可视化需要，场地及其周边的水体、绿地等景观可以二维区域表达 水文地质条件等非几何信息

需要录入的对象信息	建模要求
设计场地	等高距宜为1m 应在剖切视图中观察到与现状场地的填挖关系
道路	道路定位、标高、横坡、纵坡、横断面设计相关内容，可以二维区域表达
墙体	在"类型"属性中区分外墙和内墙 外墙定位基线应与墙体核心层外表面重合，如有保温层，应与保温层外表面重合 内墙定位基线宜与墙体核心层中心线重合 如外墙跨越多个自然层，宜按单个墙体建模 除了竖向交通围合墙体，内墙不宜穿越楼板建模 外墙外表皮应被赋予正确的材质
幕墙系统	支撑体系和安装构件可不表达，应对嵌板体系建模，并按照设计意图分划
楼板	除非设计要求，无坡度楼板顶面与设计标高应重合。有坡度楼板根据设计意图建模
屋面	平屋面建模可不考虑屋面坡度，且结构构造层顶面与屋面标高线宜重合 坡屋面与异形屋面应按设计形状和坡度建模，主要结构支座顶标高与屋面标高线宜重合
地面	当以楼板或通用形体建模替代时，应在"类型"属性中注明"地面" 地面完成面与地面标高线宜重合
门窗	门窗可使用精细度较高的模型 如无特定需求，窗可以幕墙系统替代，但应在"类型"属性中注明"窗"
柱子	非承重柱应归类于"建筑柱"，承重柱应归类于"结构柱"，应该"类型"属性中注明 除非有特定要求，柱子不宜按照施工工法分层建模 柱子截面应为柱子外廓尺寸，建模几何精度可为100mm
楼梯	楼梯栏杆扶手可简化表达
垂直交通设备	如无可视化需求，可以二维表达，但应输入足够的非几何信息
坡道	宜简化表达，当以楼板或通用形体建模替代时，但应在"类型"属性中注明"坡道"
栏杆或栏板	可简化表达
空间或房间	空间或房间的高度的设定应遵守现行法规和规范 空间或房间的宜标注为建筑面积，当确有需要标注为使用面积时，应在"类型"属性中注明"使用面积" 空间或房间的面积，应为模型信息提取值，不得人工更改
梁	可以二维方式表达
家具	如无可视化需求，可以二维表达，但应输入足够的非几何信息
其他	其他建筑构配件可按照需求建模，建模几何精度可为100mm 建筑设备可以简单几何形体替代，但应表示出最大占位尺寸

（3）LOD 300 模型精细度的建模精度宜下列规定，并宜符合如表5.7-13所示的规定。各构造层次均应赋予材质信息，信息应按照《建筑工程设计信息模型分类和编码标准》进行分类和编码。

LOD300 模型精细度的建模精度表　　　　表 5.7-13

需要录入的对象信息	精细度要求
现状场地	等高距应为1m 若项目周边现状场地中有铁路、地铁、变电站、水处理厂等基础设施时，宜采用简单几何形体表达，但应输入设施使用性质、性能、污染等级、噪声等级等对于项目设计产生影响的非几何信息 除非可视化需要，场地及其周边的水体、绿地等景观可以二维区域表达

续表

需要录入的对象信息	精细度要求
设计场地	等高距应为 1m 应在剖切视图中观察到与现状场地的填挖关系 项目设计的水体、绿化等景观设施应建模，建模几何精度应为 300mm
道路及市政	建模道路及路缘石 建模现状必要的市政工程管线，建模几何精度应为 100mm
墙体	在"类型"属性中区分外墙和内墙 墙体核心层和其他构造层可按独立墙体类型分别建模 外墙定位基线应与墙体核心层外表面重合，无核心层的外墙体，定位基线应与墙体内表面重合，有保温层的外墙体定位基线应与保温层外表面重合 内墙定位基线宜与墙体核心层中心线重合，无核心层的外墙体，定位基线英语墙体内表面重合 在属性中区分"承重墙"、"非承重墙"、"剪力墙"等功能，承重墙和剪力墙应归类于结构构件 属性信息应区分剪力墙、框架填充墙、管道井壁等 如外墙跨越多个自然层，墙体核心层应分层建模，饰面层可跨层建模 除剪力墙外，内墙不应穿越楼板建模，核心层应与接触的楼板、柱等构件的核心层相衔接，饰面层应与接触的楼板、柱等构件的饰面层对应衔接 应输入墙体各构造层的信息，构造层厚度不小于 3mm 时，应按照实际厚度建模 必要的非几何信息，如防火、隔声性能、面层材质做法等
幕墙系统	幕墙系统应按照最大轮廓建模为单一幕墙，不应在标高，房间分隔等处断开 幕墙系统嵌板分隔应符合设计意图 内嵌的门窗应明确表示，并输入相应的非几何信息 幕墙竖梃和横撑断面建模几何精度应为 5mm 必要的非几何属性信息如各构造层、规格、材质、物理性能参数等
楼板	应输入楼板各构造层的信息，构造层厚度不小于 5mm 时，应按照实际厚度建模 楼板的核心层和其他构造层可按独立楼板类型分别建模 主要的无坡度楼板建筑完成面应与标高线重合 必要的非几何属性信息，如特定区域的防水、防火等性能
屋面	应输入屋面各构造层的信息，构造层厚度不小于 3mm 时，应按照实际厚度建模 楼板的核心层和其他构造层可按独立楼板类型分别建模 平屋面建模应考虑屋面坡度 坡屋面与异形屋面应按设计形状和坡度建模，主要结构支座顶标高与屋面标高线宜重合 必要的非几何属性信息，如防水保温性能等
地面	地面可用楼板或通用形体建模替代，但应在"类型"属性中注明"地面" 地面完成面与地面标高线宜重合 必要的非几何属性信息，如特定区域的防水、防火等性能
门窗	门窗建模几何精度应为 5mm 门窗可使用精细度较高的模型 应输入外门、外窗、内门、内窗、天窗、各级防火门、各级防火窗、百叶门窗等非几何信息

需要录入的对象信息	精细度要求
柱子	非承重柱子应归类于"建筑柱"，承重柱子应归类于"结构柱"，应在"类型"属性中注明 柱子宜按照施工工法分层建模 柱子截面应为柱子外廓尺寸，建模几何精度宜为 10mm 外露钢结构柱的防火防腐等性能
楼梯或坡道	楼梯或坡道应建模，并应输入构造层次信息 平台板可用楼板替代，但应在"类型"属性中注明"楼梯平台板"
垂直交通设备	建模几何精度为 50mm 可采用生产商提供的成品信息模型，但不应指定生产商 必要的非几何属性信息，包括梯速，扶梯角度，电梯轿厢规格、特定使用功能（消防、无障碍、客货用等）、联控方式、面板安装、设备安装等方式等
栏杆或栏板	应建模并输入几何信息和非几何信息，建模几何精度宜为 20mm
空间或房间	空间或房间的高度的设定应遵守现行法规和规范 空间或房间的宜标注为建筑面积，当确有需要标注使用面积时，应在"类型"属性中注明"使用面积" 空间或房间的面积，应为模型信息提取值，不得人工更改
梁	应按照需求输入梁系统的几何信息和非几何信息，建模几何精度宜为 50mm 外露钢结构梁的防火防腐等性能
结构钢筋	应按照专业需求输入全部设备（如水泵、水箱等）的外形控制尺寸和安装控制间距等几何信息及非几何信息，输入给水排水管道的空间占位控制尺寸和主要空间分布 影响结构的各种竖向管井的占位尺寸 影响结构的各种孔洞、集水坑位置和尺寸
给水排水系统	设备、金属槽盒等应具有空间占位尺寸、定位等几何信息，设计阶段可采用生产商提供的成品信息模型（应为通用型产品尺寸） 影响结构构件承载力或钢筋配置的管线、孔洞等应具有位置、尺寸等几何信息 设备、金属槽盒等还应具有规格、型号、材质、安装或敷设方式等非几何信息；大型设备还应具有相应的荷载信息
强电系统	设备、金属槽盒等应具有空间占位尺寸、定位等几何信息，设计阶段可采用生产商提供的成品信息模型（应为通用型产品尺寸） 影响结构构件承载力或钢筋配置的管线、孔洞等应具有位置、尺寸等几何信息 设备、金属槽盒等应具有规格、型号、材质、安装或敷设方式等非几何信息；大型设备还应具有相应的荷载信息
智能化弱电系统	应按照专业需求输入全部设备（如冷水机组、水泵、空调机组等）的外形控制尺寸和安装控制间距等几何信息及非几何信息，输入全部管线的空间占位控制尺寸和主要空间分布 影响结构的各种竖向管井的占位尺寸 影响结构的各种孔洞位置和尺寸

续表

需要录入的对象信息	精细度要求
暖通空调系统	应按照专业需求输入全部设备（如水泵、水箱等）的外形控制尺寸和安装控制间距等几何信息及非几何信息，输入给水排水管道的空间占位控制尺寸和主要空间分布 影响结构的各种竖向管井的占位尺寸 影响结构的各种孔洞、集水坑位置和尺寸
家具	设备、金属槽盒等应具有空间占位尺寸、定位等几何信息。设计阶段可采用生产商提供的成品信息模型（应为通用型产品尺寸） 影响结构构件承载力或钢筋配置的管线、孔洞等应具有位置、尺寸等几何信息 设备、金属槽盒等还应具有规格、型号、材质、安装或敷设方式等非几何信息；大型设备还应具有相应的荷载信息
其他	其他建筑构配件可按照需求建模，建模几何精度可为100mm 建筑设备可以简单几何形体替代，但应表示出最大占位尺寸

（4）LOD400模型精细度的建模精度宜下列规定，并宜符合如表5.7-14所示的规定。应满足LOD300建模精细度的要求基础之上进行深化。

各构造层次均应赋予材质信息数据应按照《建筑工程设计信息模型分类和编码标准》进行分类和编码。

LOD400模型精细度的建模精度表　　　　　　　表5.7-14

需要录入的对象信息	精细度要求
现状场地	等高距应为0.1m
设计场地	等高距应为0.1m 应在剖切视图中观察到与现状场地的填挖关系
道路及市政	建模道路及路缘石 建模现状必要的市政工程管线，建模几何精度应为100mm
墙体	在"类型"属性中区分外墙和内墙 墙体核心层和其他构造层可按独立墙体类型分别建模 外墙定位基线应与墙体核心层外表面重合，无核心层的外墙体，定位基线应与墙体内表面重合，有保温层的外墙体定位基线应与保温层外表面重合 内墙定位基线宜与墙体核心层中心线重合，无核心层的外墙体，定位基线英语墙体内表面重合 在属性中区分"承重墙"、"非承重墙"、"剪力墙"等功能，承重墙和剪力墙应归类于结构构件 如外墙跨越多个自然层，墙体核心层应分层建模，饰面层可跨层建模 内墙不应穿越楼板建模，核心层应与接触的楼板、柱等构件的核心层相衔接，饰面层应与接触的楼板、柱等构件的饰面层对应衔接 应输入墙体各构造层的信息，包括定位、材料和工程量 构造层厚度不小于1mm时，应按照实际厚度建模

需要录入的对象信息	精细度要求
幕墙系统	幕墙系统应按照最大轮廓建模为单一幕墙，不应在标高，房间分隔等处断开 幕墙系统嵌板分隔应符合设计意图 内嵌的门窗应明确表示，并输入相应的非几何信息 幕墙竖梃和横撑断面建模几何精度应为 3mm
楼板	在"类型"属性中区分建筑楼板和结构楼板 应输入楼板各构造层的信息，构造层厚度不小于 3mm 时，应按照实际厚度建模 楼板的核心层和其他构造层可按独立楼板类型分别建模 无坡度楼板建筑完成面应与标高线重合
柱子	非承重柱子应归类于"建筑柱"，承重柱子应归类于"结构柱"，应在"类型"属性中注明 柱子宜按照施工工法分层建模 柱子截面应为柱子外廓尺寸，建模几何精度宜为 3mm
屋面	应输入屋面各构造层的信息，构造层厚度不小于 3mm 时，应按照实际厚度建模 楼板的核心层和其他构造层可按独立楼板类型分别建模 平屋面建模应考虑屋面坡度 坡屋面与异形屋面应按设计形状和坡度建模，主要结构支座顶标高与屋面标高线宜重合
地面	地面可用楼板或通用形体建模替代，但应在"类型"属性中注明"地面" 地面完成面与地面标高线宜重合
门窗	门窗建模几何精度应为 3mm 门窗可使用精细度较高的模型 应输入外门、外窗、内门、内窗、天窗、各级防火门、各级防火窗、百叶门窗等非几何信息
楼梯或坡道	楼梯或坡道应建模，并应输入构造层次信息 平台板可用楼板替代，但应在"类型"属性中注明"楼梯平台板"
垂直交通设备	建模几何精度为 20mm 可采用生产商提供的成品信息模型，但不应指定生产商
栏杆或栏板	应建模并输入几何信息和非几何信息，建模几何精度宜为 10mm
空间或房间	空间或房间的高度的设定应遵守现行法规和规范 空间或房间的宜标注为建筑面积，当确有需要标注为使用面积时，应在"类型"属性中注明"使用面积" 空间或房间的面积，应为模型信息提取值，不得人工更改
梁	应按照需求输入梁系统的几何信息和非几何信息，建模几何精度宜为 3mm

续表

需要录入的对象信息	精细度要求
结构钢筋	根据项目需求，复杂节点和重要节点输入钢筋的编号，计算尺寸（如规格、长度、截面面积），材料力学性能（如钢材型号、等级），应可根据模型信息自动提取钢筋工程量（如根数、总长度、总重量）
暖通系统	暖通设备，包括空调设备、通风设备、集水设备、过滤设备和控制设备，按要求输入名称、几何信息、定位、工程量、类型信息和安装信息 管道，按要求输入几何信息、定位、材料、类型和安装信息 管道及管件应可根据模型自动提取工程量 建模几何精度 20mm
给水排水系统	给水排水设备，包括泵送设备、控制设备、集水设备和处理设备，按要求输入名称、几何信息、定位、工程量、类型信息和安装信息 管道，按要求输入几何信息、定位、材料、工程量信息和结构分析信息和安装信息 管道及管件应可根据模型自动提取工程量 建模几何精度 20mm
消防系统	设备，包括火灾报警器、防火门、火灾自动喷水泵、消防栓、消防锤、灭火器等设备及其附属部分，应按要求输入几何信息、定位、工程量、类型信息和安装信息 管道，按要求输入几何信息、定位、材料、类型和安装信息 管道及管件应可根据模型自动提取工程量 建模几何精度 20mm
电气系统	电气设备，如变压器、储电器、电机、太阳能设备等应按要求输入名称、几何信息、定位、工程量、类型信息和安装信息 管线包括电缆、电缆接线盒、管道支托架、管件、配电板等按要求输入几何信息、定位、材料、工程量和类型信息和安装信息 终端，包括视听电器、灯具、电源插座应按要求输入几何信息、定位和类型信息 建模几何精度 20mm
家具	建模几何精度 20mm 按要求输入生产商提供的成品信息
其他	其他建筑构配件可按照需求建模，建模几何精度可为 100mm 建筑设备可以简单几何形体替代，但应表示出最大占位尺寸

5.7.6　建筑经济对设计信息模型的交付要求

100 级建模精细度（LOD100）建筑信息模型应支持投资估算，200 级建模精细度（LOD200）建筑信息模型应支持设计概算，300 级建模精细度（LOD300）建筑信息模型应支持施工图预算、工程量清单与招标控制价。

支持设计概算以及支持施工图预算的设计信息模型中的构件应按照相应的分类标准准确分类，并应满足如表 5.7-15 所示的要求。

构件分类标准表　　　　　　　　　　　表 5.7-15

构件	设计概算要求		施工图预算要求
21-01　10　基础	必须		必须
21-01　20　基层围护	必须		必须
21-01　40　基础板	必须		必须
21-01　60　水和气体减排	可选		可选
21-01　90　下层结构施工活动	可选		可选
21-02　10　上部结构	必须		必须
21-02　20　外部垂直围护	必须		必须
21-02　30　外部水平围护	必须		必须
21-03　10　内部构造	必须		必须
21-03　20　内部饰面	可选		必须
21-04　10　运输	可选		必须
21-04　20　给水排水	可选		必须
21-04　30　暖通空调	可选		必须
21-04　40　消防	可选	200级建模精细度 （LOD200）	必须
21-04　50　电气	可选		必须
21-04　60　通信	必须		必须
21-04　70　安保	可选		必须
21-04　80　综合自动化	可选		必须
21-05　10　设备	可选		可选
21-05　20　陈设	可选		可选
21-06　10　特殊结构	可选		可选
21-06　20　设施修整	可选		可选
21-06　30　拆除	必须		必须
21-07　10　场地准备	可选		可选
21-07　20　场地工程	可选		必须
21-07　30　场地液气工程	可选		必须
21-07　40　场地供电工程	可选		必须
21-07　50　场地通信工程	可选		必须
21-07　60　场地建筑杂项	可选		可选

（施工图预算列对应：300级建模精细度（LOD300））

　　支持投资估算、设计概算以及施工图预算的设计信息模型宜以可编辑数据形式提交给工程量计算工具。

5.7.7　建筑工程设计专业协同流程与数据传递

1. 建筑信息模型策略书

（1）项目开始时，应制定符合项目需求的建筑信息模型策略书（简称 BIM 策略书），BIM 策略书应包含下列内容：

① 项目简述。宜包含项目类型、规模、需求等信息；

② 项目中涉及的建筑信息模型属性信息命名、分类和编码，以及所采用的标准名称和版本；

③ 建筑工程信息模型的建模精细度需求。当同一项目中的不同建筑部位具备不同的建模精细度要求时，应分项列出建模精细度；

④ 确定专业交付信息集合以及交付物类别；

⑤ 软硬件工作环境，简要说明文件组织方式；

⑥ 项目的基础资源配置，人力资源专业行为准则。

（2）BIM 策略书应由建筑工程信息模型负责人（可简称为 BIM 负责人或 BIM 管理员、BIM 经理）与项目负责人、专业负责人共同完成。

2. 碰撞检测

（1）当建筑设备系统的建模精细度不低于 LOD300 时，项目应进行碰撞检测。

（2）应依据碰撞检测编制碰撞检测报告。碰撞检测报告应列为专业协同文件，也可作为有效交付物。

3. 数据状态标识

信息的输入者宜对建筑信息模型的文件或者信息条目添加数据状态标识，以表明交付的有效性。

数据状态分为四种类型，分别是：

工作数据（WorkIn Progress，简称 WIP）：表示正在进行工作的数据，存在变更的可能。此数据可作为参考，不应作为决策依据。

共享数据（Shared）：表示已被认可的有效数据，此数据可作为决策依据。

出版数据（Published）：表示已被工程参与方整体认可的有效整体交付数据，可作为阶段性有效成果。

存档数据（Archived）：表示数据符合工程实际情况，已被存档。

信息的读取者应在使用数据之前，确认交付有效性。

信息条目或文件不应同时具备两种或两种以上的交付有效性。

4. 数据传递

（1）建筑工程信息模型整体交付后，可重新建立。重建的建筑工程信息模型应具备不低于原信息模型的信息粒度。

（2）建筑工程信息模型协同应基于统一的信息共享和传递方式，应保证模型数据传递的准确性、完整性和有效性。模型数据传递必须基于统一的数据存储要求及模型数据要求。

在满足需求的前提下，交付过程可采用对建筑信息模型远程网络访问的形式。

5.7.8　建筑工程信息模型交付物

1. 一般规定

建筑工程信息模型交付物应满足使用需求且应充分表达专业交付信息集合。

建筑工程信息模型交付物内对象构件的交付有效性均应设置为共享数据或出版数据。

建筑工程信息模型交付物以通用的数据格式传递工程模型信息。在保障信息安全的前提下，便于即时阅读与修改。不宜或不需使用三维模型输出的部分信息，可以图形或图表的形式导出以供传递。

当以第三方数据交换格式作为建筑信息模型信息交付物时，交付人应保障信息的完整性和正确性。

2. 交付物

（1）当碰撞检测报告作为交付物时，应包含下列内容：项目工程阶段；被检测模型的精细度；碰撞检测人、使用的软件及其版本、检测版本和检测日期；碰撞检测范围；碰撞检测规则和容错程度；交付物碰撞检测结果。

（2）当模型工程视图或表格作为交付物时，应由项目建筑工程信息模型全部导出或导出基础成果，否则应注明"非 BIM 导出成果"。

（3）当工程量清单作为交付物时，工程量原始数据应全部由项目建筑工程信息模型导出。清单内所包含的非项目建筑工程信息模型导出的数据应注明"非 BIM 导出数据"。

（4）建筑工程信息模型交付物分为六类，应符合如表 5.7-16 所示的规定。

交付物分类表　　　　　　　　　　　　　　　　表 5.7-16

交付物	A类	B类	C类	D类	E类	F类	G类
建筑工程信息模型	—	▲	▲	▲	▲	▲	▲
模型工程视图/表格	▲	—	▲	▲	▲	▲	▲
碰撞检测报告	—	—	—	▲	▲	▲	▲
BIM 策略书（注1）	—	—	—	—	▲	▲	▲
工程量清单	—	—	—	—	—	▲	▲
检视视频	—	—	—	—	—	—	▲

注：当 BIM 策略书作为公开交付物时，可不含有 5.7.7 条目的内容。

表中"▲"表示应具备的交付物，"—"表示可不具备的交付物。

【条文说明】考虑到目前的 BIM 发展水平和工程实践实际情况，允许有不同种类的交付物作为工程交付成果，甚至包括类似于传统的二维图纸交付物。除了建筑工程信息模型及工程视图图纸、表格外，碰撞检测报告、BIM 策略书、工程量清单、检视视频也是常见的交付物，能够为项目带来巨大的效益。这类交付物会引起交付人工作量的变化，对比传统的工作模式和交付成果，建议工作量变化调整值如表 5.7-17 所示。

建议工作量变化调整表　　　　　　　　　　　　表 5.7-17

交付物类型	工作量调整值
建筑工程信息模型	10%
模型工程视图/表格	0%
碰撞检测报告	5%
BIM 策略书	1%
工程量清单	3%
检视视频	1%
总计	20%

竣工交付对象为建设单位时，施工单位可按照与建设单位合约规定交付成果。当竣工交付成果用于企业内部归档时，竣工交付成果应符合企业相关要求，相关工作应由项目部完成，经企业相关管理部门审核后归档。

课 后 习 题

一、单项选择题

1. 建筑对象的工业基础类数据模型标准（IFC 标准）是由（   ）发布，目的是促成建筑业中不同专业和不同软件可以共享同一数据源，从而达到数据的共享及交互。

A. International Construction Information Society——ICIS

B. International Alliance for Ineteroperability——IAI

C. International Organization for Standardization——ISO

D. American Institute of Architects——AIA

2. 下列选项中（   ）能够描述一个 BIM 模型构件单元从最低级的近似概念化的程度发展到最高级的演示级精度的步骤。

A. IFC   B. LOD

C. LOA   D. Level10

3. IFC 信息模型体系结构为模型模块的开发提供一个模块化结构。它是由（   ）个概念层次组成。

A. 1   B. 2

C. 3   D. 4

4. IFC 标准本质上是建筑物和建筑工程数据的定义。它不同于一般应用数据定义的地方是，它采用了（   ）语言作为数据描述语言，来定义所有用到的数据。

A. EXPRESS   B. C++

C. JAVA   D. BASIC

5. EXPRESS 语言中语言的定义和对象描述主要靠（   ）来实现。

A. 类型说明（Type）   B. 实体说明（Entity）

C. 规则说明（Rule）   D. 函数说明（Function）

6. 建筑工程信息模型精细度分为（   ）个等级。

A. 3   B. 4

C. 5   D. 6

7. LOD 被定义为 5 个等级，其中（   ）等同于方案设计或扩初设计，此阶段的模型包含普遍性系统包括大致的数量，大小，形状，位置以及方向。

A. LOD100   B. LOD200

C. LOD300   D. LOD400

8. 项目开始时，应制定符合项目需求的 BIM 策略书，BIM 策略书可以不包含（   ）。

A. 项目简述   B. 模型建立范围

C. 建筑工程信息模型的建模精细度需求

D. 软硬件工作环境，简要说明文件组织方式

9. 当建筑设备系统的建模精细度不低于( )时，项目应进行碰撞检测。

A. LOD100   B. LOD200

C. LOD300   D. LOD400

10. 下列建模精细度不支持设计概算的为( )。

A. LOD100   B. LOD200

C. LOD300   D. LOD400

11. 建筑工程信息模型交付物分为( )类。

A. 5   B. 6

C. 7   D. 8

12. 建筑工程信息模型整体交付后，可重新建立。重建的建筑工程信息模型应具备不低于原信息模型的( )。

A. 文件大小   B. 建模精度

C. 信息粒度   D. 建模范围

13. 下列选项对 IFC 理解正确的是( )。

A. IFC 是一个包含各种建设项目、施工、运营各个阶段所需要的全部信息的一种基于对象的、公开的标准文件交换格式。

B. IFC 是对某个指定项目以及项目阶段、某个特定项目成员、某个特定业务流程所需要交换的信息以及由该流程产生的信息的定义。

C. IFC 是对建筑资产从建成到退出使用整个过程中对环境影响的评估

D. IFC 是一种在建筑的合作性设计施工和运营中基于公共标准和公共工作流程的开放资源的工作方式

14. 基于《建筑工程设计信息模型分类和编码》来表述"带空调的办公室"这一概念时，下面组合编码正确的是( )。

A. 30－40.00.00＋12－33.13.01   B. 30－40.00.00＜12－33.13.01

C. 30－40.00.00/12－33.13.01   D. 30－40.00.00＞12－33.13.01

15. 编码的运算符号宜采用"＋"、"/"、"＜"、"＞"符号表示，其中( )用于将单个表格中的编码联合在一起，定义一个表内的连续编码段落，以表示适合对象的分类区间。

A. "＋"   B. "/"

C. "＜"   D "＞"

16. 《建筑工程设计信息模型分类和编码标准》中规定的建筑信息模型分类包括 15 张表，每张表代表建设工程信息的一个方面。其中表 10～表 15 用于( )。

A. 整理建设结果   B. 组织建设资源

C. 建设过程的分类   D. 整理建设成本

17. 《建筑工程设计信息模型分类和编码标准》中规定分类对象编码由表编码、大类代码、中类代码、小类代码、细类代码组成，其中表编码与分类对象编码之间用( )连接。

A. "＋"   B. "/"

C. "－"   D "＞"

18. 按照《建筑工程设计信息模型分类和编码标准》中的规定，下列四个编码中，应最先归档的为（　　）。

　A. 22－11.11.00（区域规划）　　　　　B. 30－22.25.20.19（微波炉）

　C. 10－53.01.03（航站楼）　　　　　　D. 30－22.25.20.27（冰箱）

19. 按照《建筑工程设计信息模型分类和编码标准》中的规定，下列四个编码中，应最先归档的为（　　）。

　A. 15－26.00.00/15－27.90.00（所有与电气和建筑智能化相关的工作成果）

　B. 30－40.00.00＋12－33.13.01（带空调的办公室）

　C. 12－33.13.00＜10－39.01.00（综合医院办公空间）

　D. 10－53.01.03（航站楼）

20. 按照《建筑工程设计信息模型分类和编码标准》中的规定，下列表示"主题公园临时舞台"这一对象的通用、统一的引用编码为（　　）。

　A. 11－13.25.03－10－27.05.00

　B. 10－27.05.00－11－13.25.03

　C. 11－13.25.03＋10－27.05.00

　D. 10－27.05.00＋11－13.25.03

二、多项选择题

1. IFC信息模型体系结构由四个概念层次组成，四个概念层次相互间有严格的调用关系。这四个概念层次包括（　　）。

　A. 协同层　　　　　　　　　　　　　B. 业务层

　C. 资源层　　　　　　　　　　　　　D. 核心层

　E. 专业领域层

2. IFC标准配套的数据文件格式的默认扩展名包括（　　）。

　A. MDF　　　　　　　　　　　　　　B. DAT

　C. STEP　　　　　　　　　　　　　　D. BMP

　E. XML

3. 在IFC物理文件中，任何一个实体都是通过属性来描述自身的信息，这些属性包括（　　）。

　A. 几何属性　　　　　　　　　　　　B. 直接属性

　C. 导出属性　　　　　　　　　　　　D. 反属性

　E. 物理属性

4. 通过扩展得到的IFC的模型文件是否为有效的IFC文件，需要通过校验来判断。校验内容主要包括（　　）。

　A. 检验IFC文件的几何模型是否正确表达

　B. 检验IFC文件的大小是否符合要求

　C. 检验扩展的实体属性是否存在

　D. 检验属性值是否符合要求

　E. 检验文件中扩展的IFC实体是否存在

5. 以下符合IFC标准，并取得IFC认证的软件有（　　）。

A. AutoCAD   B. SketchUp

C. Navisworks   D. ETABS

E. TeklaStructures

6. EXPRESS 语言通过一系列的说明来进行描述，这些说明主要包括(　　)。

A. 类型说明（Type）   B. 实体说明（Entity）

C. 规则说明（Rule）   D. 函数说明（Function）

E. 过程说明（Procedure）

7. 建筑工程信息模型的信息应包含以下几种类型(　　)。

A. 几何信息   B. 非几何信息

C. 属性信息   D. 非属性信息

E. 时间信息

8. 建筑模型的数据状态分为四种类型，分别是(　　)。

A. 模型数据   B. 工作数据

C. 共享数据   D. 出版数据

E. 存档数据

9. 下列选项关于《建筑工程设计信息模型分类和编码标准》中编码的运算符号说法正确的是(　　)。

A. "＋"用于将同一表格或不同表格中的编码联合在一起，以表示两个或两个以上编码含义的集合

B. "/"用于将单个表格中的编码联合在一起，定义一个表内的连续编码段落，以表示适合对象的分类区间

C. "＜"、"＞"用于将同一表格或不同表格中的编码联合在一起，以表示两个或两个以上编码对象的从属或主次关系，开口背对是开口正对编码所表示对象的一部分

D. "&"用于将不同类别的编码联合在一起，以表示两个或两个以上编码对象的并列关系

E. 由编码和组合编码构成的编码集合，应先对由 "/" 联合的组合编码进行归档，再对单个编码进行归档，之后对由 "＋" 联合的组合编码进行归档，最后对由 "＜"、"＞" 联合的组合编码进行归档

10. 下列关于《建筑工程设计信息模型交付标准》说法正确的是(　　)。

A. 本标准适用于建筑工程设计和建造过程，同时也可用于评估建筑信息模型数据的成熟度。

B. 本标准适用的建筑工程范围是各类民用建构筑物，包括住宅建筑、公共建筑、地下空间等。普通工业类和基础设施建构筑物，包括仓储建筑、地下交通设施中的民用建筑物。

C. 本标准为建筑信息模型提供统一的数据端口，以促使国内各设计企业（团队）在同一数据体系之下工作与交流，并实施广泛的数据交换和共享。

D. 建筑工程设计信息模型的建立和交付，在符合本标准的情况下，可不必符合国家现行有关标准的规定。

参考答案

一、单项选择题

1. B	2. B	3. D	4. A	5. B
6. C	7. B	8. B	9. C	10. A
11. B	12. C	13. A	14. A	15. B
16. A	17. C	18. C	19. A	20. D

二、多项选择题

1. ACDE	2. CE	3. BCD	4. ACDE	5. ABCDE
6. ABCDE	7. AB	8. BCDE	9. ABCE	10. ABC

附表 设计各阶段的构件属性

模型名称	给水排水及消防			
模型格式	/			
建模对象范围	车站	区间	车辆段	控制中心
	√		√	√

对象	子工程/子系统	建模构件/设备	几何信息	非几何信息
正线	给水系统	给水管道	尺寸、空间定位	/
		阀门	尺寸、空间定位	/
	消防水系统	消防水管道	尺寸、空间定位	/
		消火栓箱	尺寸、空间定位	/
		水泵	尺寸、空间定位	/
		阀门	尺寸、空间定位	/
	排水系统	排水管道	尺寸、空间定位	/
		水泵	尺寸、空间定位	/
		阀门	尺寸、空间定位	/
	水处理系统	管道	尺寸、空间定位	/
		设备	尺寸、空间定位	/
车辆段及综合基地、控制中心	室内给水系统	给水管道及配件	尺寸、空间定位	/
		室内消火栓	尺寸、空间定位	/
		给水设备	尺寸、空间定位	/
		水泵	尺寸、空间定位	/
		阀门	尺寸、空间定位	/
	水处理系统	管道	尺寸、空间定位	/
		设备	尺寸、空间定位	/
	室内排水系统	排水管道及配件	尺寸、空间定位	/
		雨水管道及配件	尺寸、空间定位	/
		水泵	尺寸、空间定位	/
		阀门	尺寸、空间定位	/
	室内热水供应系统	管道及配件	尺寸、空间定位	/
		辅助设备	尺寸、空间定位	/
		水泵	尺寸、空间定位	/
		阀门	尺寸、空间定位	/

续表

对象	子工程/子系统	建模构件/设备	几何信息	非几何信息
车辆段及综合基地、控制中心	卫生器具	卫生器具	尺寸、空间定位	/
		卫生器具排水管道	尺寸、空间定位	/
		卫生器具给水配件	尺寸、空间定位	/
	建筑中水系统	建筑中水系统管道	尺寸、空间定位	/
		辅助设备	尺寸、空间定位	/
		阀门	尺寸、空间定位	/
	供热锅炉及辅助设备	供热锅炉	尺寸、空间定位	/
		辅助设备及管道	尺寸、空间定位	/
		安全附件	尺寸、空间定位	/

招标设计阶段构件属性 附表 2

模型名称	给排水及消防			
模型格式	/			
建模对象范围	车站	区间	车辆段	控制中心
	√	√		√

对象	子工程/子系统	建模构件/设备	几何信息	非几何信息
正线	给水系统	支架	尺寸、空间定位	类型、规格
		水泵	尺寸、空间定位	类型、规格
		给水管道及配件	尺寸、空间定位	材质、类型、厚度、规格
	消防水系统	支架	尺寸、空间定位	类型、规格
		消防水管道	尺寸、空间定位	材质、类型、厚度、规格
		水喷淋管道	尺寸、空间定位	材质、类型、厚度、规格
		喷洒头安装	尺寸、空间定位	类型、规格
		消火栓箱	尺寸、空间定位	类型、规格
		水泵	尺寸、空间定位	类型、规格
	排水系统	排水管道及配件	尺寸、空间定位	材质、类型、厚度、规格
		水泵	尺寸、空间定位	类型、规格
	卫生器具	卫生器具	尺寸、空间定位	类型、规格
		卫生器具给水配件	尺寸、空间定位	类型、规格
		卫生器具排水管道	尺寸、空间定位	材质、类型、厚度、规格
	水处理系统	管道	尺寸、空间定位	材质、类型、厚度、规格
		设备	尺寸、空间定位	类型、规格

续表

对象	子工程/子系统	建模构件/设备	几何信息	非几何信息
车辆段及综合基地、控制中心	室内给水系统	给水管道及配件	尺寸、空间定位	材质、类型、厚度、规格
		室内消火栓	尺寸、空间定位	类型、规格
		给水设备	尺寸、空间定位	类型、规格
		水泵	尺寸、空间定位	/
	室内排水系统	排水管道及配件	尺寸、空间定位	材质、类型、厚度、规格
		雨水管道及配件	尺寸、空间定位	材质、类型、厚度、规格
		水泵	尺寸、空间定位	/
	室内热水供应系统	管道及配件	尺寸、空间定位	类型、规格
		辅助设备	尺寸、空间定位	类型、规格
		水泵	尺寸、空间定位	/
	建筑中水系统	建筑中水系统管道	尺寸、空间定位	材质、类型、厚度、规格
		辅助设备	尺寸、空间定位	类型、规格

施工图设计阶段构件属件　　　　　　　　　附表3

模型名称	给水排水及消防			
模型格式				
建模对象范围	车站	区间	车辆段	控制中心
	√		√	√

对象	子工程/子系统	建模构件/设备	几何信息	非几何信息
车站、区间	给水系统	管道支吊架	几何尺寸，空间定位	型钢规格型号信息
		给水管道	几何尺寸，空间定位	型号及技术参数信息
		管道配件	几何尺寸，空间定位	型号及技术参数信息
		阀门	几何尺寸，空间定位	型号及技术参数信息
	消防水系统	管道支吊架	几何尺寸，空间定位	型钢型规格型号信息
		消防水管道	几何尺寸，空间定位	厂型号及技术参数信息
		管道配件	几何尺寸，空间定位	型号及技术参数信息
		消火栓箱	几何尺寸，空间定位	型号及技术参数信息

对象	子工程/子系统	建模构件/设备	几何信息	非几何信息
车站、区间	消防水系统	灭火器材箱	几何尺寸，空间定位	型号及技术参数信息
		消防主泵	几何尺寸，空间定位	型号及技术参数信息
		电机	不建模	型号及技术参数信息附于消防主泵上
		水泵叶轮	不建模	型号及技术参数信息附于消防主泵上
		轴、轴承	不建模	型号及技术参数信息附于消防主泵上
		泵壳	不建模	型号及技术参数信息附于消防主泵上
		机械密封	不建模	型号及技术参数信息附于消防主泵上
		稳压泵	不建模	型号及技术参数信息附于消防主泵上
		电机	不建模	型号及技术参数信息附于消防主泵上
		水泵叶轮	不建模	型号及技术参数信息附于消防主泵上
		轴、轴承	不建模	型号及技术参数信息附于消防主泵上
		泵壳	不建模	型号及技术参数信息附于消防主泵上
		机械密封	不建模	型号及技术参数信息附于消防主泵上
		气压罐	几何尺寸，空间定位	型号及技术参数信息
		消防水泵控制箱	几何尺寸，空间定位	箱子编号，箱子功能描述，箱内回路编号，回路数量，各回路信息（回路名称，回路编号，回路所含电气元器件型号等信息，电缆型号）
		断路器	几何尺寸，空间定位	型号及技术参数信息

续表

对象	子工程/子系统	建模构件/设备	几何信息	非几何信息
车站、区间	消防水系统	接触器	几何尺寸，空间定位	型号及技术参数信息
		互感器	几何尺寸，空间定位	型号及技术参数信息
		浪涌保护器	几何尺寸，空间定位	型号及技术参数信息
		阀门	几何尺寸，空间定位	型号及技术参数信息
	排水系统	排水管道及配件	几何尺寸，空间定位	型号及技术参数信息
		潜污泵	几何尺寸，空间定位	型号及技术参数信息
		电机	不建模	型号及技术参数信息附于潜污泵上
		水泵叶轮	不建模	型号及技术参数信息附于潜污泵上
		轴、轴承	不建模	型号及技术参数信息附于潜污泵上
		泵壳	不建模	型号及技术参数信息附于潜污泵上
		机械密封	不建模	型号及技术参数信息附于潜污泵上
		消防水泵控制箱	几何尺寸，空间定位	箱子编号，箱子功能描述，箱内回路编号，回路数量，各回路信息（回路名称，回路编号，回路所含电气元器件型号等信息，电缆型号）
		断路器	几何尺寸，空间定位	型号及技术参数信息
		接触器	几何尺寸，空间定位	型号及技术参数信息
		互感器	几何尺寸，空间定位	型号及技术参数信息
		浪涌保护器	几何尺寸，空间定位	型号及技术参数信息
		阀门	几何尺寸，空间定位	型号及技术参数信息

对象	子工程/子系统	建模构件/设备	几何信息	非几何信息
车站、区间	自动灭火系统管网部分（高压细水雾、IG541气体灭火系统）	管道及附件	几何尺寸，空间定位	型号及技术参数信息
		IG541设备	几何尺寸，空间定位	型号及技术参数，系统工作原理等信息
		灭火介质的充装	不建模	介质充装厂信息
		灭火剂贮存钢瓶	几何尺寸，空间定位	型号及技术参数信息
		瓶头阀及其组件	几何尺寸，空间定位	型号及技术参数信息
		电磁启动器	几何尺寸，空间定位	型号及技术参数信息
		气动启动瓶（引导钢瓶）	几何尺寸，空间定位	型号及技术参数信息
		气动启动管路	几何尺寸，空间定位	型号及技术参数信息
		高压释放软管	几何尺寸，空间定位	型号及技术参数信息
		集流管	几何尺寸，空间定位	型号及技术参数信息
		单向阀	几何尺寸，空间定位	型号及技术参数信息
		减压装置	几何尺寸，空间定位	型号及技术参数信息
		选择阀	几何尺寸，空间定位	型号及技术参数信息
		压力开关（气体释放反馈装置）	几何尺寸，空间定位	型号及技术参数信息
		喷头	几何尺寸，空间定位	型号及技术参数信息
		标志	几何尺寸，空间定位	型号及技术参数信息
		泄压口	几何尺寸，空间定位	型号及技术参数信息
		高压细水雾	几何尺寸，空间定位	型号及技术参数，系统工作原理等信息

对象	子工程/子系统	建模构件/设备	几何信息	非几何信息
车站、区间	自动灭火系统管网部分（高压细水雾、IG541 气体灭火系统）	高压泵组	几何尺寸，空间定位	型号及技术参数信息
		稳压装置	几何尺寸，空间定位	型号及技术参数信息
		储水箱	几何尺寸，空间定位	型号及技术参数信息
		补水装置	几何尺寸，空间定位	型号及技术参数信息
		过滤器	几何尺寸，空间定位	型号及技术参数信息
		区域控制阀箱	几何尺寸，空间定位	型号及技术参数信息
		喷头	几何尺寸，空间定位	型号及技术参数信息
车辆段及控制中心	给水系统	外框架	几何尺寸，空间定位	整体分布，功能描述
		控制系统	几何尺寸，空间定位	材质、型号及技术参数信息，预期使用年限
		给水管道及配件	几何尺寸，空间定位	材质、型号及技术参数信息，预期使用年限
		消火栓	几何尺寸，空间定位	材质、型号及技术参数信息，预期使用年限
		自喷系统管道及配件	几何尺寸，空间定位	材质、型号及技术参数信息，预期使用年限
		自喷喷头	几何尺寸，空间定位	材质、型号及技术参数信息，预期使用年限
		水泵	几何尺寸，空间定位	材质、型号及技术参数信息，预期使用年限
		阀门	几何尺寸，空间定位	材质、型号及技术参数信息，预期使用年限
		其他	几何尺寸，空间定位	材质、型号及技术参数信息，预期使用年限
	排水系统	外框架	几何尺寸，空间定位	整体分布，功能描述
		设备（如虹吸雨水斗）	几何尺寸，空间定位	材质、型号及技术参数信息，预期使用年限

续表

对象	子工程/子系统	建模构件/设备	几何信息	非几何信息
车辆段及控制中心	排水系统	雨水管道及配件	几何尺寸，空间定位	材质、型号及技术参数信息，预期使用年限
		排水管道及配件	几何尺寸，空间定位	材质、型号及技术参数信息，预期使用年限
		阀门	几何尺寸，空间定位	材质、型号及技术参数信息，预期使用年限
		其他	几何尺寸，空间定位	材质、型号及技术参数信息，预期使用年限
	水处理系统	外框架	几何尺寸，空间定位	整体分布，功能描述
		设备	几何尺寸，空间定位	材质、型号及技术参数信息，预期使用年限
		控制系统	几何尺寸，空间定位	材质、型号及技术参数信息，预期使用年限
		管道	几何尺寸，空间定位	材质、型号及技术参数信息，预期使用年限
		阀门	几何尺寸，空间定位	材质、型号及技术参数信息，预期使用年限
		其他	几何尺寸，空间定位	材质、型号及技术参数信息，预期使用年限
	室内热水供应系统	外框架	几何尺寸，空间定位	整体分布，功能描述
		热源装置设备	几何尺寸，空间定位	材质、型号及技术参数信息，预期使用年限
		水泵	几何尺寸，空间定位	材质、型号及技术参数信息，预期使用年限
		阀门	几何尺寸，空间定位	材质、型号及技术参数信息，预期使用年限
		管道及配件	几何尺寸，空间定位	材质、型号及技术参数信息，预期使用年限
		其他	几何尺寸，空间定位	材质、型号及技术参数信息，预期使用年限
	中水系统	外框架	几何尺寸，空间定位	整体分布，功能描述
		中水处理设备	几何尺寸，空间定位	材质、型号及技术参数信息，预期使用年限
		中水管道及配件	几何尺寸，空间定位	材质、型号及技术参数信息，预期使用年限
		其他	几何尺寸，空间定位	材质、型号及技术参数信息，预期使用年限

竣工验收阶段构件属性　　　　　　　　　　　　　　　附表 4

模型名称		给水排水及消防		
模型格式				
建模对象范围	车站	区间	车辆段	控制中心
		√	√	√
对象	子工程/子系统	建模构件/设备	几何信息	非几何信息
车站、区间	给水系统	管道支吊架	几何尺寸，空间定位	型钢型规格型号信息
		给水管道	几何尺寸，空间定位	厂家信息，型号及技术参数信息
		管道配件	几何尺寸，空间定位	厂家信息，型号及技术参数信息
		阀门	几何尺寸，空间定位	厂家信息，型号及技术参数信息
	消防水系统	管道支吊架	几何尺寸，空间定位	型钢型规格型号信息
		消防水管道	几何尺寸，空间定位	厂家信息，型号及技术参数信息
		管道配件	几何尺寸，空间定位	厂家信息，型号及技术参数信息
		消火栓箱	几何尺寸，空间定位含细部零部件等含细部零部件等	厂家信息，型号及技术参数信息
		灭火器材箱	几何尺寸，空间定位	厂家信息，型号及技术参数信息
		消防主泵	几何尺寸，空间定位	厂家信息，型号及技术参数信息
		电机	几何尺寸，空间定位	厂家信息，型号及技术参数信息
		水泵叶轮	几何尺寸，空间定位	厂家信息，型号及技术参数信息
		轴、轴承	几何尺寸，空间定位	厂家信息，型号及技术参数信息
		泵壳	几何尺寸，空间定位含细部零部件等	厂家信息，型号及技术参数信息
		机械密封	几何尺寸，空间定位	厂家信息，型号及技术参数信息
		稳压泵	几何尺寸，空间定位	厂家信息，型号及技术参数信息

对象	子工程/子系统	建模构件/设备	几何信息	非几何信息
车站、区间	消防水系统	电机	几何尺寸，空间定位含细部零部件等	厂家信息，型号及技术参数信息
		水泵叶轮	几何尺寸，空间定位	厂家信息，型号及技术参数信息
		轴、轴承	几何尺寸，空间定位	厂家信息，型号及技术参数信息
		泵壳	几何尺寸，空间定位	厂家信息，型号及技术参数信息
		机械密封	几何尺寸，空间定位	厂家信息，型号及技术参数信息
		气压罐	几何尺寸，空间定位	厂家信息，型号及技术参数信息
		消防水泵控制箱	几何尺寸，空间定位含细部零部件等	厂家信息，箱子编号，箱子功能描述，箱内回路编号，回路数量，各回路信息（回路名称，回路编号，回路所含电气元器件型号等信息，电缆型号）
		断路器	几何尺寸，空间定位	厂家信息，型号及技术参数信息
		接触器	几何尺寸，空间定位	厂家信息，型号及技术参数信息
		互感器	几何尺寸，空间定位	厂家信息，型号及技术参数信息
		浪涌保护器	几何尺寸，空间定位	厂家信息，型号及技术参数信息
		阀门	几何尺寸，空间定位	厂家信息，型号及技术参数信息
	排水系统	排水管道及配件	几何尺寸，空间定位	厂家信息，型号及技术参数信息
		潜污泵	几何尺寸，空间定位含细部零部件等	厂家信息，型号及技术参数信息
		电机	几何尺寸，空间定位	厂家信息，型号及技术参数信息
		水泵叶轮	几何尺寸，空间定位	厂家信息，型号及技术参数信息

续表

对象	子工程/子系统	建模构件/设备	几何信息	非几何信息
车站、区间	排水系统	轴、轴承	几何尺寸，空间定位	厂家信息，型号及技术参数信息
		泵壳	几何尺寸，空间定位	厂家信息，型号及技术参数信息
		机械密封	几何尺寸，空间定位	厂家信息，型号及技术参数信息
		消防水泵控制箱	几何尺寸，空间定位含细部零部件等	厂家信息，箱子编号，箱子功能描述，箱内回路编号，回路数量，各回路信息（回路名称，回路编号，回路所含电气元器件型号等信息，电缆型号）
		断路器	几何尺寸，空间定位	厂家信息，型号及技术参数信息
		接触器	几何尺寸，空间定位	厂家信息，型号及技术参数信息
		互感器	几何尺寸，空间定位	厂家信息，型号及技术参数信息
		浪涌保护器	几何尺寸，空间定位	厂家信息，型号及技术参数信息
		阀门	几何尺寸，空间定位	厂家信息，型号及技术参数信息
	自动灭火系统管网部分（高压细水雾、IG551 气体灭火系统）	管道及附件	几何尺寸，空间定位	厂家信息，型号及技术参数信息
		IG551 设备	几何尺寸，空间定位	厂家信息，型号及技术参数，系统工作原理等信息
		灭火介质的充装	不建模	介质充装厂信息
		灭火剂贮存钢瓶	几何尺寸，空间定位	厂家信息，型号及技术参数信息
		瓶头阀及其组件	几何尺寸，空间定位	厂家信息，型号及技术参数信息
		电磁启动器	几何尺寸，空间定位	厂家信息，型号及技术参数信息
		气动启动瓶（引导钢瓶）	几何尺寸，空间定位	厂家信息，型号及技术参数信息
		气动启动管路	几何尺寸，空间定位	厂家信息，型号及技术参数信息

对象	子工程/子系统	建模构件/设备	几何信息	非几何信息
车站、区间	自动灭火系统管网部分（高压细水雾、IG551气体灭火系统）	高压释放软管	几何尺寸，空间定位	厂家信息，型号及技术参数信息
		集流管	几何尺寸，空间定位	厂家信息，型号及技术参数信息
		单向阀	几何尺寸，空间定位	厂家信息，型号及技术参数信息
		减压装置	几何尺寸，空间定位含细部零部件等	厂家信息，型号及技术参数信息
		选择阀	几何尺寸，空间定位	厂家信息，型号及技术参数信息
		压力开关（气体释放反馈装置）	几何尺寸，空间定位	厂家信息，型号及技术参数信息
		喷头	几何尺寸，空间定位	厂家信息，型号及技术参数信息
		标志	几何尺寸，空间定位	厂家信息，型号及技术参数信息
		泄压口	几何尺寸，空间定位	厂家信息，型号及技术参数信息
		高压细水雾	几何尺寸，空间定位	厂家信息，型号及技术参数，系统工作原理等信息
		高压泵组	几何尺寸，空间定位含细部零部件等	厂家信息，型号及技术参数信息
		稳压装置	几何尺寸，空间定位	厂家信息，型号及技术参数信息
		储水箱	几何尺寸，空间定位含细部零部件等	厂家信息，型号及技术参数信息
		补水装置	几何尺寸，空间定位	厂家信息，型号及技术参数信息
		过滤器	几何尺寸，空间定位	厂家信息，型号及技术参数信息
		区域控制阀箱	几何尺寸，空间定位含细部零部件等	厂家信息，型号及技术参数信息
		喷头	几何尺寸，空间定位	厂家信息，型号及技术参数信息

对象	子工程/子系统	建模构件/设备	几何信息	非几何信息
车辆段及控制中心	给水系统	外框架	几何尺寸，空间定位	厂家信息，整体分布，功能描述
		控制系统	几何尺寸，空间定位	厂家信息，材质、型号及技术参数信息，预期使用年限
		给水管道及配件	几何尺寸，空间定位	厂家信息，材质、型号及技术参数信息，预期使用年限
		消火栓	几何尺寸，空间定位含细部零部件等	厂家信息，材质、型号及技术参数信息，预期使用年限
		自喷系统管道及配件	几何尺寸，空间定位	厂家信息，材质、型号及技术参数信息，预期使用年限
		自喷喷头	几何尺寸，空间定位	厂家信息，材质、型号及技术参数信息，预期使用年限
		水泵	几何尺寸，空间定位	厂家信息，材质、型号及技术参数信息，预期使用年限
		阀门	几何尺寸，空间定位	厂家信息，材质、型号及技术参数信息，预期使用年限
		其他	几何尺寸，空间定位	厂家信息，材质、型号及技术参数信息，预期使用年限
	排水系统	外框架	几何尺寸，空间定位	厂家信息，整体分布，功能描述
		设备（如虹吸雨水斗）	几何尺寸，空间定位含细部零部件等	厂家信息，材质、型号及技术参数信息，预期使用年限
		雨水管道及配件	几何尺寸，空间定位	厂家信息，材质、型号及技术参数信息，预期使用年限
		排水管道及配件	几何尺寸，空间定位	厂家信息，材质、型号及技术参数信息，预期使用年限
		阀门	几何尺寸，空间定位	厂家信息，材质、型号及技术参数信息，预期使用年限
		其他	几何尺寸，空间定位	厂家信息，材质、型号及技术参数信息，预期使用年限
	水处理系统	外框架	几何尺寸，空间定位	厂家信息，整体分布，功能描述
		设备	几何尺寸，空间定位含细部零部件等	厂家信息，材质、型号及技术参数信息，预期使用年限
		控制系统	几何尺寸，空间定位	厂家信息，材质、型号及技术参数信息，预期使用年限

对象	子工程/子系统	建模构件/设备	几何信息	非几何信息
车辆段及控制中心	水处理系统	管道	几何尺寸，空间定位	厂家信息，材质、型号及技术参数信息，预期使用年限
		阀门	几何尺寸，空间定位	厂家信息，材质、型号及技术参数信息，预期使用年限
		其他	几何尺寸，空间定位	厂家信息，材质、型号及技术参数信息，预期使用年限
	室内热水供应系统	外框架	几何尺寸，空间定位含细部零部件等	厂家信息，整体分布，功能描述
		热源装置设备	几何尺寸，空间定位	厂家信息，材质、型号及技术参数信息，预期使用年限
		水泵	几何尺寸，空间定位	厂家信息，材质、型号及技术参数信息，预期使用年限
		阀门	几何尺寸，空间定位	厂家信息，材质、型号及技术参数信息，预期使用年限
		管道及配件	几何尺寸，空间定位	厂家信息，材质、型号及技术参数信息，预期使用年限
		其他	几何尺寸，空间定位	厂家信息，材质、型号及技术参数信息，预期使用年限
	中水系统	外框架	几何尺寸，空间定位	厂家信息，整体分布，功能描述
		中水处理设备	几何尺寸，空间定位	厂家信息，材质、型号及技术参数信息，预期使用年限
		中水管道及配件	几何尺寸，空间定位	厂家信息，材质、型号及技术参数信息，预期使用年限
		其他	几何尺寸，空间定位	厂家信息，材质、型号及技术参数信息，预期使用年限

参　考　文　献

[1]　刘占省，赵雪锋. BIM 技术与施工项目管理 [M]. 北京：中国电力出版社，2015.

[2]　赵雪锋，李炎锋，王慧琛. 建筑工程专业 BIM 技术人才培养模式研究[J]. 中国电力教育，2014（2）：53-54.

[3]　何关培. 建立企业级 BIM 生产力需要哪些 BIM 专业应用人才？[J]. 土木建筑工程信息技术，2012（1）：57-60.

[4]　刘占省，赵明，徐瑞龙，王泽强. 推广 BIM 技术应解决的问题及建议[N]. 建筑时报，2013-11-28004.

[5]　刘占省，赵明，徐瑞龙. BIM 技术在我国的研发及工程应用[J]. 建筑技术，2013，44(10)：893-897.

[6]　张春霞. BIM 技术在我国建筑行业的应用现状及发展障碍研究[J]. 建筑经济，2011(9)：96-98.

[7]　贺灵童. BIM 在全球的应用现状[J]. 工程质量，2013，31(3)：12-19.

[8]　National Building Information Modeling Standard[S]. National Institute of Building Sciences，2007.

[9]　刘占省. 由 500m 口径射电望远镜(FAST)项目看建筑企业 BIM 应用[J]. 建筑技术开发，2015(14)：16-19.

[10]　陈花军. BIM 在我国建筑行业的应用现状及发展对策研究[J]. 黑龙江科技信息，2013(23)：278-279.

[11]　祝连波，田云峰. 我国建筑业 BIM 研究文献综述[J]. 建筑设计管理，2014(2)：33-37.

[12]　庞红，向往. BIM 在中国建筑设计的发展现状[J]. 建筑与文化，2015(1)：158-159.

[13]　柳建华. BIM 在国内应用的现状和未来发展趋势[J]. 安徽建筑，2014(6)：15-16.

[14]　龚彦兮. 浅析 BIM 在我国的应用现状及发展阻碍[J]. 中国市场，2013(46)：104-105.

[15]　何清华，钱丽丽，段运峰，李永奎. BIM 在国内外应用的现状及障碍研究[J]. 工程管理学报，2012，26(1)：12-16.

[16]　赵源煜. 中国建筑业 BIM 发展的阻碍因素及对策方案研究[D]. 北京：清华大学，2012.

[17]　柳建华. BIM 在国内应用的现状和未来发展趋势[J]. 安徽建筑，2014，21(6)：15-16.

[18]　杨德磊. 国外 BIM 应用现状综述[J]. 土木建筑工程信息技术，2013，5(6)：89-94＋100.

[19]　何关培. BIM 总论[M]. 北京：中国建筑工业出版社，2011.

[20]　何关培，李刚. 那个叫 BIM 的东西究竟是什么[M]. 北京：中国建筑工业出版社，2011.

[21]　孔嵩. 建筑信息模型 BIM 研究[J]. 建筑电气，2013(4)：27-31.

[22]　甘明，姜鹏，刘占省，徐瑞龙，朱忠义. BIM 技术在 500m 口径射电望远镜(FAST)项目中的应用[J]. 铁路技术创新，2015(3)：94-98.

[23]　刘占省，赵明，徐瑞龙. BIM 技术建筑设计、项目施工及管理中的应用[J]. 建筑技术开发，2013，40(3)：65-71.

[24]　刘占省，李占仓，徐瑞龙. BIM 技术在大型公用建筑结构施工及管理中的应用[J]. 施工技术，2012，41(S1)：177-181.

[25]　刘占省，王泽强，张桐睿等. BIM 技术全寿命周期一体化应用研究[J]. 施工技术，2013，43(28)：91-85.

[26]　徐迪，基于 Revit 的建筑结构辅助建模系统开发[J]. 土木建筑工程信息技，2012，4(3)：71-77.

[27] 刘占省，武晓凤，张桐睿. 徐州体育场预应力钢结构BIM族库开发及模型建立[C]//2013年全国钢结构技术学术交流会论文集，北京，2013.

[28] 张建平，韩冰，李久林. 建筑施工现场的4D可视化管理[J]. 施工技术，2006，35(10)：36-38.

[29] 陈彦，戴红军，刘晶. 建筑信息模型(BIM)在工程项目管理信息系统中的框架研究[J]. 施工技术，2008，37(2)：5-8.

[30] 曾旭东，谭洁. 基于参数化智能技术的建筑信息模型[J]. 重庆大学学报，2006，29(6)：107-110.

[31] Zarzycki, A. Exploring Parametric BIM as a Conceptual Tool for Design and Building Technology Teaching[Z]. SimAUD，2010.

[32] 邵韦平. 数字化背景下建筑设计发展的新机遇——关于参数化设计和BIM技术的思考与实践[J]. 建筑设计管理，2011，3(28)：25-28.

[33] 马锦姝，刘占省，侯钢领. 基于BIM技术的单层平面索网点支式玻璃幕墙参数化设计[C]//张可文. 第五届全国钢结构工程技术交流会论文集，北京，2014：153-156.

[34] 崔晓强，胡玉银，吴欣之. 广州新电视塔结构施工控制技术[J]. 施工技术，2009，38(4)：25-28.

[35] 张婷婷. 灵江大桥风险评估体系、方法及应用研究[D]. 杭州：浙江大学，2010.

[36] 陈科宇，刘占省，张桐睿，徐瑞龙. Navisworks在徐州体育场施工动态模拟中的应用[A]. 天津大学. 第十三届全国现代结构工程学术研讨会论文集[C]. 天津大学，2013：7.

[37] 曾志斌，张玉玲. 国家体育场大跨度钢结构在卸载过程中的应力监测[J]. 土木工程学报，2008，41(3)：1-6.

[38] 胡振中，张建平. 基于子信息模型的4D施工安全分析及案例研究[C]//第六届全国土木工程研究生学术论坛论文集，北京，2008. 北京：2008. 277-281

[39] 刘占省，马锦姝，陈默. BIM技术在北京市政务服务中心工程中的研究与应用[J]. 城市住宅，2014(232)：36-39.

[40] 胡玉银. 第十讲 超高层建筑结构施工控制(二)[J]. 建筑施工，2011，33(6)：509-511.

[41] 何波. BIM软件与BIM应用环境和方法研究[J]. 土木建筑工程信息技术，2013(5)：1-10.

[42] 王珺. BIM理念及BIM软件在建设项目中的应用研究[D]. 西南交通大学，2011.

[43] 杨远丰，莫颖媚. 多种BIM软件在建筑设计中的综合应用[J]. 南方建筑，2014(4)：26-33.

[44] 吕健. 目前国内主流BIM软件盘点[N]. 建筑时报，2014-12-15007

[45] 杨佳. 运用BIM软件完成绿色建筑设计[J]. 工程质量，2013(2)：55-58.

[46] 吴伟华. 谈BIM软件在项目全寿命周期中的应用及展望[J]. 科技创新与应用，2013，16：39.

[47] 朱辉. 画法几何及工程制图[M]. 上海：上海科学技术出版社，2012.

[48] 刘占省. BIM在大型公建项目的实施目标及技术路线的制定[OL]. http：//blog. zhulong. com/u9463957/blogdetail4670708. html，2014-04-29.

[49] 刘占省. PW推动项目全生命周期管理[J]. 中国建设信息化，2015，Z1：66-69.

[50] 赵雪锋，姚爱军，刘东明，宋强. BIM技术在中国尊基础工程中的应用[J]. 施工技术，2015(6)：49-53.

[51] 崔晓强，郭彦林，叶可明. 大跨度钢结构施工过程的结构分析方法研究[J]. 工程力学，2006，23(5)：83-88.

[52] 董海. 大跨度预应力混凝土结构应力状态监测与安全评估[D]. 大连：大连理工大学，2013.

[53] 秦杰，王泽强，张然. 2008奥运会羽毛球馆预应力施工监测研究[J]. 建筑结构学报，2007，28(6)：83-91.

[54] 李占仓，刘占省. 基于SOCKET技术的远程实时监测系统研究[C]. 第十三届全国现代结构工程

学术研讨会论文集，徐州，2013：794-799.

[55] 韩建强，李振宝，宋佳. 预应力装配式框架结构抗震性能试验研究和有限元分析[J]. 建筑结构学报，2010，31(增刊1)：311-314.

[56] Robert Eadie，Mike Browne，Henry Odeyinka，Clare McKeown，Sean McNiff. BIM implementation throughout the UK construction project lifecycle：An analysis [J]. Automation in Construction，2013(36)：145-151.

[57] Kim Hyunjoo，Kyle Anderson. Energy Modeling System Using Building Information Modeling Open Standards [J]. Journal of Computing in Civil Engineering，2013(27)：203-211.

[58] 李久林，张建平，马智亮. 国家体育场(鸟巢)总承包施工信息化管理[J]. 建筑技术，2013，44(10)：874-876.

[59] 刘占省，马锦姝，徐瑞龙. 基于BIM的预制装配式住宅信息管理平台研发与应用[J]. 建筑结构学报，2014，35(增刊2)：65-72.

[60] 李忠献，张雪松，丁阳. 装配整体式型钢混凝土框架节点抗震性能研究[J]. 建筑结构学报，2005，26(4)：32-38.

[61] 周文波，蒋剑，熊成. BIM技术在预制装配式住宅中的应用研究[J]. 施工技术，2012，41(377)：72-74.

[62] 夏海兵，熊城. Tekla BIM技术在上海城建PC建筑深化设计中的应用[J]. 土木建筑工程信息技术，2012，4(4)：96-103.

[63] 胡振中，陈祥祥，王亮. 基于BIM的机电设备智能管理系统[J]. 土木建筑工程信息技术，2013，5(1)：17-21.

[64] Chuck Eastman，Paul Teicholz，Rafael Sacks. BIM Handbook[M]. John Wiley & Sons，Inc，2008.

[65] Finith E. Jernigan. BIG BIM little bim[M]. 4Site Press，2008.

[66] Eddy Krygiel. Green BIM[M]. Sybex，2008.

[67] Raymond D. Crotty. The Impact Of Building Information Modeling [M]. 2012.

[68] Willem Kymmell. Building Information Modeling[M]. 2008.

[69] 顾东园. 浅谈如何加强建筑工程施工管理[J]. 江西建材，2014(13)：294-294，296.

[70] 刘祥禹，关力罡. 建筑施工管理创新及绿色施工管理探索[J]. 黑龙江科技信息，2012(05)：158.

[71] 余春华. 关于建筑工程施工管理创新的探究[J]. 中国管理信息化，2011(11)：67-68.

[72] 王光业. 建筑施工管理存在的问题及对策研究[J]. 现代物业，2011，10(6)：92-93.

[73] 张西平. 建筑工程施工管理存在的问题及对策[J]. 江苏建筑职业技术学院学报，2012，12(4)：1-3.

[74] 孙佩刚. 基于绿色施工管理理念下如何创新建筑施工管理[J]. 中国新技术新产品，2013(2)：178.

[75] 中华人民共和国建设部. GB/T 50430—2007. 工程建设施工企业质量管理规范[S]. 北京：中国建筑工业出版社，2008.

[76] 中华人民共和国建设部. GB/T 50326—2006. 建筑工程项目管理规范[S]. 北京：建筑工程项目管理规范，2006.

[77] 中华人民共和国建设部. GB/T50326—2001. 建设工程项目管理规范[S]. 北京：中国建筑工业出版社，2002.

[78] 中华人民共和国住房和城乡建设部. GB50656—2011. 施工企业安全生产管理规范[S]. 北京：中国计划出版社，2012.

[79] 赵雪锋. 从一堵墙、一根桩看施工BIM[OL].

[80] http：//blog. zhulong. com/blog/detail4649782. html，2014-03-03.

[81] 刘占省. BIM 在施工项目管理中的内容划分[OL].

[82] http：//blog. zhulong. com/blog/detail4652737. html？page＝2 ，2014-03-12.

[83] 王慧琛，李炎锋，赵雪锋，等. BIM 技术在地下建筑建造中的应用研究——以地铁车站为例[J].
中国科技信息，2013(15)：72-73.

[84] 张建平，梁雄，刘强. 基于 BIM 的工程项目管理系统及其应用[J]. 土木建筑工程信息技术，
2012(4)：1-6.

[85] 林佳瑞，张建平，何田丰. 基于 BIM 的住宅项目策划系统研究与开发[J]. 土木建筑工程信息技
术，2013，5(1)：22-26.

[86] 张建平，刘强，余芳强. 面向建筑施工的 BIM 建模系统研究与开发[C]. 第十五届全国工程设计
计算机应用学术会议论文集. 2010：324-329.

[87] 张建平，胡振中. 基于 4D 技术的施工期建筑结构安全分析研究[C]. 第 17 届全国结构工程学术
会议论文集. 2008：206-215.

[88] 林佳瑞，张建平. 基于 4D-BIM 与过程模拟的施工进度—资源均衡[C]. 第十七届全国工程建设计
算机应用大会论文集，2014.

[89] 张建平，郭杰，吴大鹏. 基于网络的建筑工程 4D 施工管理系统[C]. 计算机技术在工程建设中的
应用. 2006：495-500.

[90] 程朴，张建平，江见鲸. 施工现场管理中的人工智能技术应用研究[C]. 全国交通土建及结构工
程计算机应用学术研讨会论文集. 2001：76-80.

[91] 刘占省，李斌，马东全，马锦姝. BIM 技术在钢网架结构施工过程中的应用[A]. 天津大学、天
津市钢结构学会. 第十五届全国现代结构工程学术研讨会论文集[C]. 天津大学、天津市钢结构
学会，2015：6.

[92] 张建平，范喆，王阳利. 基于 4D-BIM 的施工资源动态管理与成本实时监控[J]. 施工技术，
2011，40(4)：37-40.

[93] 王勇，张建平. 基于建筑信息模型的建筑结构施工图设计[J]. 华南理工大学学报(自然科学版)，
2013，41(3)：76-82.

[94] 卢岚，杨静，秦嵩. 建筑施工现场安全综合评价研究[J]. 土木工程学报，2003，36(9)：46-50，
82.

[95] 张建平，马天一. 建筑施工企业战略管理信息化研究[J]. 土木工程学报，2004，37(12)：81-86.

[96] 张建平，李丁，林佳瑞. BIM 在工程施工中的应用[J]. 施工技术，2012，41(16)：10-17.

[97] 刘占省，徐瑞龙. BIM 在徐州体育场钢结构施工中大显身手[N]. 建筑时报，2015-03-05004.

[98] 刘占省，李斌，王杨，卫启星. BIM 技术在多哈大桥施工管理中的应用[J]. 施工技术，2015，
12：76-80.

[99] 张建平，余芳强，李丁. 面向建筑全生命期的集成 BIM 建模技术研究[J]. 土木建筑工程信息技
术，2012(1)：6-14.

[100] 龙文志. 建筑业应尽快推行建筑信息模型(BIM)技术[J]. 建筑技术，2011，42(1)：9-14.

[101] 李犁，邓雪原. 基于 BIM 技术的建筑信息平台的构建[J]. 土木建筑工程信息技术，2012(2)：
25-29.

[102] 刘占省，李斌，王杨，卫启星. 多哈大桥施工管理中 BIM 技术的应用研究[A]. 天津大学、天津
市钢结构学会. 第十五届全国现代结构工程学术研讨会论文集[C]. 天津大学、天津市钢结构学
会，2015：7.

[103] 李建成. BIM 概述[J]. 时代建筑，2013(2)：10-15.

[104] 刘献伟，高洪刚，王续胜. 施工领域 BIM 应用价值和实施思路[J]. 施工技术，2012，41(22)：
84-86.

[105] 许娜，张雷. 基于 BIM 技术的建筑供应链协同研究[J]. 北京理工大学学报，2014.

[106] 许丽芳. BIM 技术对工程造价管理的作用[J]. 中国招标，2015.

[107] 孙高睦. BIM 技术在建筑工程管理中的运用经验交流会举行[J]. 中国勘察设计，2015.

[108] 高兴华，张洪伟，杨鹏飞. 基于 BIM 的协同化设计研究[J]. 中国勘察设计，2015(1)：77-82.

[109] 杨光，李慧. 进度模拟与管理中 BIM 标准的研究[J]. 中国市政工程，2014(6)：82-84＋101-102.

[110] 李学俊，姚德山，刘学荣. 基于 BIM 的建筑企业招投标系统研究[J]. 建筑技术，2014，45(10)：946-948.

[111] 王荣香，张帆. 谈施工中的 BIM 技术应用[J]. 山西建筑，2015(3)：93-93，94.

[112] 祁兵. 基于 BIM 的基坑挖运施工过程仿真模拟[J]. 建筑设计管理，2014(12)：56-59.

[113] 张连营，于飞. 基于 BIM 的建筑工程项目进度-成本协同管理系统框架构建[J]. 项目管理技术，2014(12)：43-46.

[114] 胡作琛，陈孟男，宋杰平. 特大型项目全生命周期 BIM 实施路线研究[J]. 青岛理工大学学报，2014，35(6)：105-109.

[115] 肖良丽，吴子昊. BIM 理念在建筑绿色节能中的研究和应用[J]. 工程建设与设计，2013(3)：104-107.

[116] 隋振国，马锦明. BIM 技术在土木工程施工领域的应用进展[J]. 施工技术，2013(S2)：161-165.

[117] 姜曦. 谈 BIM 技术在建筑工程中的运用[J]. 山西建筑，2013，39(2)：109-110.

[118] 王刚，高燕辉. BIM 时代的项目管理[J]. 建筑经济，2011(SI)：34-37.

[119] 桑培东，肖立周. BIM 在设计-施工一体化中的应用[J]. 施工技术，2012：41(371)：25-26＋106.

[120] 应宇垦，王婷. 探讨 BIM 应用对工程项目组织流程的影响[J]. 土木建筑工程信息技术，2012，4(3)：52-55.

[121] 许旭东. 浅谈如何加强建筑工程施工管理[J]. 中华民居，2013(3)：199-200.

[122] 刘祥禹，关力罡. 建筑施工管理创新及绿色施工管理探索[J]. 黑龙江科技信息，2012(5)：158.

[123] 孙佩刚. 基于绿色施工管理理念下如何创新建筑施工管理[J]. 中国新技术新产品，2013(2)：178.

[124] 韦喜梅. 土木工程施工管理中存在问题的分析[J]. 现代物业，2011(9)：124-125.

[125] 倪桂敏. 试论当前绿色建筑施工管理[J]. 科技与企业，2014(4)：49.

[126] 杨中明. 浅议工程建设施工管理[J]. 建材发展导向(下)，2014(1)：218-218.

[127] 张帅. 工程施工管理中的成本控制分析[J]. 建材发展导向，2014.

[128] 李于中. 浅谈如何做好建筑工程的安全文明施工管理[J]. 建筑工程技术与设计，2014(33)：410-410.

[129] 易晓强. 建筑施工安全管理现状分析与对策研究[J]. 江西建材，2015(2)：262.

[130] 吴博飞. 土木工程施工管理中存在的问题分析[J]. 江西建材，2015(2)：252.

[131] 王勇，张建平，胡振中. 建筑施工 IFC 数据描述标准的研究[J]. 土木建筑工程信息技术，2011(4)：9-15.

[132] 李占仓，刘占省，徐瑞龙. IFC 标准在建筑信息模型(BIM)技术中的应用浅析[A]. 天津大学. 第十二届全国现代结构

[133] 张建平，曹铭，张洋. 基于 IFC 标准和工程信息模型的建筑施工 4D 管理系统[C]. 第 14 届全国结构工程学术会议论文集. 2005：166-175.

[134] 张建平，张洋，张新. 基于 IFC 的 BIM 三维几何建模及模型转换[J]. 土木建筑工程信息技术，

2009，1(1)：40-46.

[135] 邱奎宁，王磊. IFC 标准的实现方法[J]. 建筑科学，2004(3)：76-78.

[136] 邱奎宁. IFC 标准在中国的应用前景分析[J]. 建筑科学，2003(2)：62-64.

[137] 王婷，肖莉萍. 国内外 BIM 标准综述与探讨[J]. 建筑经济，2014(5)：108-111.

[138] 李春霞. 基于 BIM 与 IFC 的 N 维模型研究[D]. 华中科技大学，2009.

[139] 李犁，邓雪原. 基于 BIM 技术建筑信息标准的研究与应用[J]. 四川建筑科学研究，2013，39 (4)：395-398.

[140] 吴双月. 基于 BIM 的建筑部品信息分类及编码体系研究[D]. 北京交通大学，2015.

附件 建筑信息化 BIM 技术系列岗位职业技术考试管理办法

北京绿色建筑产业联盟文件

联盟 通字 【2018】09 号

通　知

各会员单位，BIM 技术教学点、报名点、考点、考务联络处以及有关参加考试的人员：

根据国务院《2016—2020 年建筑业信息化发展纲要》《关于促进建筑业持续健康发展的意见》（国办发〔2017〕19 号），以及住房和城乡建设部《关于推进建筑信息模型应用的指导意见》《建筑信息模型应用统一标准》等文件精神，北京绿色建筑产业联盟组织开展的全国建筑信息化 BIM 技术系列岗位人才培养工程项目，各项培训、考试、推广等工作均在有效、有序、有力的推进。为了更好地培养和选拔优秀的实用性 BIM 技术人才，搭建完善的教学体系、考评体系和服务体系。我联盟根据实际情况需要，组织建筑业行业内 BIM 技术经验丰富的一线专家学者，对于本项目在 2015 年出版的 BIM 工程师培训辅导教材和考试管理办法进行了修订。现将修订后的《建筑信息化 BIM 技术系列岗位职业技术考试管理办法》公开发布，2019 年 2 月 1 日起开始施行。

特此通知，请各有关人员遵照执行！

附件：建筑信息化 BIM 技术系列岗位专业技能考试管理办法　全文

二〇一九年一月十五日

附件：

建筑信息化 BIM 技术系列岗位职业技术考试管理办法

　　根据中共中央办公厅、国务院办公厅《关于促进建筑业持续健康发展的意见》（国发办〔2017〕19 号）、住建部《2016—2020 年建筑业信息化发展纲要》（建质函〔2016〕183号）和《关于推进建筑信息模型应用的指导意见》（建质函〔2015〕159 号），国务院《国家中长期人才发展规划纲要（2010—2020 年)》《国家中长期教育改革和发展规划纲要(2010—2020 年)》，教育部等六部委联合印发的《关于进一步加强职业教育工作的若干意见》等文件精神，北京绿色建筑产业联盟结合全国建设工程领域建筑信息化人才需求现状，参考建设行业企事业单位用工需要和工作岗位设置等特点，制定 BIM 技术专业技能系列岗位的职业标准、教学体系和考评体系，组织开展岗位专业技能培训与考试的技术支持工作。参加考试并成绩合格的人员，由北京绿色建筑产业联盟及有关认证机构颁发相关岗位技术与技能证书。为促进考试管理工作的规范化、制度化和科学化，特制定本办法。

　　一、岗位名称划分

　　1. BIM 技术综合类岗位：

　　BIM 建模技术，BIM 项目管理，BIM 战略规划，BIM 系统开发，BIM 数据管理。

　　2. BIM 技术专业类岗位：

　　BIM 工程师（造价），BIM 工程师（成本管控），BIM 工程师（装饰），BIM 工程师（电力），BIM 工程师（装配式），BIM 工程师（机电），BIM 工程师（路桥），BIM 工程师（轨道交通），BIM 工程师（工程设计），BIM 工程师（铁路）。

　　二、考核目的

　　1. 为国家建设行业信息技术（BIM）发展选拔和储备合格的专业技术人才，提高建筑业从业人员信息技术的应用水平，推动技术创新，满足建筑业转型升级需求。

　　2. 充分利用现代信息化技术，提高建筑业企业生产效率、节约成本、保证质量，高效应对在工程项目策划与设计、施工管理、材料采购、运营维护等全生命周期内进行信息共享、传递、协同、决策等任务。

　　三、考核对象

　　1. 凡中华人民共和国公民，遵守国家法律、法规，恪守职业道德的。土木工程类、工程经济类、工程管理类、环境艺术类、经济管理类、信息管理与信息系统、计算机科学与技术等有关专业，具有中专以上学历，从事工程设计、施工管理、物业管理工作的社会企事业单位技术人员和管理人员，高职院校的在校大学生及老师，涉及 BIM 技术有关业务，均可以报名参加 BIM 技术系列岗位专业技能考试。

　　2. 参加 BIM 技术专业技能和职业技术考试的人员，除符合上述基本条件外，还需具备下列条件之一：

　　（1）在校大学生已经选修过 BIM 技术有关岗位的专业基础知识、操作实务相关课程的；或参加过 BIM 技术有关岗位的专业基础知识、操作实务的网络培训；或面授培训，或实习实训达到 140 学时的。

（2）建筑业企业、房地产企业、工程咨询企业、物业运营企业等单位有关从业人员，参加过 BIM 技术基础理论与实践相结合的系统培训和实习达到 140 学时，具有 BIM 技术系列岗位专业技能的。

四、考核规则

1. 考试方式

（1）网络考试：不设定统一考试日期，灵活自主参加考试，凡是参加远程考试的有关人员，均可在指定的远程考试平台上参加在线考试，卷面分数为 100 分，合格分数为 80 分。

（2）大学生选修学科考试：不设定统一考试日期，凡在校大学生选修 BIM 技术相关专业岗位课程的有关人员，由各院校根据教学计划合理安排学科考试时间，组织大学生集中考试。卷面分数为 100 分，合格分数为 60 分。

（3）集中考试：设定固定的集中统一考试日期和报名日期，凡是参加培训学校、教学点、考点考站、联络办事处、报名点等机构进行现场面授培训学习的有关人员，均需凭准考证在有监考人员的考试现场参加集中统一考试，卷面分数为 100 分，合格分数为 60 分。

2. 集中统一考试

（1）集中统一报名计划时间：（以报名网站公示时间为准）

夏季：每年 4 月 20 日 10：00 至 5 月 20 日 18：00。

冬季：每年 9 月 20 日 10：00 至 10 月 20 日 18：00。

各参加考试的有关人员，已经选择参加培训机构组织的 BIM 技术培训班学习的，直接选择所在培训机构报名，由培训机构统一代报名。网址：www.bjgba.com（建筑信息化 BIM 技术人才培养工程综合服务平台）

（2）集中统一考试计划时间：（以报名网站公示时间为准）

夏季：每年 6 月下旬（具体以每次考试时间安排通知为准）。

冬季：每年 12 月下旬（具体以每次考试时间安排通知为准）。

考试地点：准考证列明的考试地点对应机位号进行作答。

3. 非集中考试

各高等院校、职业院校、培训学校、考点考站、联络办事处、教学点、报名点、网教平台等组织大学生选修学科考试的，应于确定的报名和考试时间前 20 天，向北京绿色建筑产业联盟测评认证中心 BIM 技术系列岗位专业技能考评项目运营办公室提报有关统计报表。

4. 考试内容及答题

（1）内容：基于 BIM 技术专业技能系列岗位专业技能培训与考试指导用书中，关于 BIM 技术工作岗位应掌握、熟悉、了解的方法、流程、技巧、标准等相关知识内容进行命题。

（2）答题：考试全程采用 BIM 技术系列岗位专业技能考试软件计算机在线答题，系统自动组卷。

（3）题型：客观题（单项选择题、多项选择题），主观题（案例分析题、软件操作题）。

（4）考试命题深度：易 30%，中 40%，难 30%。

5. 各岗位考试科目

序号	BIM 技术系列岗位专业技能考核	考核科目			
		科目一	科目二	科目三	科目四
1	BIM 建模技术岗位	《BIM 技术概论》	《BIM 建模应用技术》	《BIM 建模软件操作》	
2	BIM 项目管理岗位	《BIM 技术概论》	《BIM 建模应用技术》	《BIM 应用与项目管理》	《BIM 应用案例分析》
3	BIM 战略规划岗位	《BIM 技术概论》	《BIM 应用案例分析》	《BIM 技术论文答辩》	
4	BIM 技术造价管理岗位	《BIM 造价专业基础知识》	《BIM 造价专业操作实务》		
5	BIM 工程师（装饰）岗位	《BIM 装饰专业基础知识》	《BIM 装饰专业操作实务》		
6	BIM 工程师（电力）岗位	《BIM 电力专业基础知识与操作实务》	《BIM 电力建模软件操作》		
7	BIM 系统开发岗位	《BIM 系统开发专业基础知识》	《BIM 系统开发专业操作实务》		
8	BIM 数据管理岗位	《BIM 数据管理业基础知识》	《BIM 数据管理专业操作实务》		

6. 答题时长及交卷

客观题试卷答题时长 120 分钟，主观题试卷答题时长 180 分钟，考试开始 60 分钟内禁止交卷。

7. 准考条件及成绩发布

（1）凡参加集中统一考试的有关人员应于考试时间前 10 天内，在 www.bjgba.com（建筑信息化 BIM 技术人才培养工程综合服务平台）打印准考证，凭个人身份证原件和准考证等证件，提前 10 分钟进入考试现场。

（2）考试结束后 60 天内发布成绩，在 www.bjgba.com 平台查询成绩。

（3）考试未全科目通过的人员，凡是达到合格标准的科目，成绩保留到下一个考试周期，补考时仅参加成绩不合格科目考试，考试成绩两个考试周期有效。

五、技术支持与证书颁发

1. 技术支持：北京绿色建筑产业联盟内设 BIM 技术系列岗位专业技能考评项目运营办公室，负责构建教学体系和考评体系等工作；负责组织开展编写培训教材、考试大纲、题库建设、教学方案设计等工作；负责组织培训及考试的技术支持工作和运营管理工作；负责组织优秀人才评估、激励、推荐和专家聘任等工作。

2. 证书颁发及人才数据库管理

凡是通过 BIM 技术系列岗位专业技能考试，成绩合格的有关人员可以获得《职业技术证书》，证书代表持证人的学习过程和考试成绩合格证明，以及岗位专业技能水平，并纳入信息化人才数据库。

六、考试费收费标准

BIM 建模技术，BIM 项目管理，BIM 系统开发，BIM 数据管理，BIM 战略规划，BIM 工程师（造价），BIM 工程师（成本管控），BIM 工程师（装饰），BIM 工程师（电力），BIM 工程师（装配式），BIM 工程师（机电），BIM 工程师（路桥），BIM 工程师（轨道交通），BIM 工程师（工程设计），BIM 工程师（铁路）考试收费标准：480 元/人（费用包括：报名注册、平台数据维护、命题与阅卷、证书发放、考试场地租赁、考务服务等考试服务产生的全部费用）。

七、优秀人才激励机制

1. 凡取得 BIM 技术系列岗位相关证书的人员，均可以参加 BIM 工程师"年度优秀工作者"评选活动，对工作成绩突出的优秀人才，将在表彰颁奖大会上公开颁奖表彰，并由评委会颁发"年度优秀工作者"荣誉证书。

2. 凡主持或参与的建设工程项目，用 BIM 技术进行规划设计、施工管理、运营维护等工作，均可参加"工程项目 BIM 应用商业价值竞赛"BVB 奖（Business Value of BIM）评选活动，对于产生良好经济效益的项目案例，将在颁奖大会上公开颁奖，并由评委会颁发"工程项目 BIM 应用商业价值竞赛"BVB 奖获奖证书及奖金，其中包括特等奖、一等奖、二等奖、三等奖、鼓励奖等奖项。

八、其他

1. 本办法根据实际情况，每两年修订一次，同步在 www.bjgba.com 平台进行公示。本办法由 BIM 技术系列岗位专业技能人才考评项目运营办公室负责解释。

2. 凡参与 BIM 技术系列岗位专业技能考试的人员、BIM 技术培训机构、考试服务与管理、市场传推广、命题判卷、指导教材编写等工作的有关人员，均适用于执行本办法。

3. 本办法自 2019 年 2 月 1 日起执行，原考试管理办法同时废止。

北京绿色建筑产业联盟
（BIM 技术系列岗位专业技能人才考评项目运营办公室）

二〇一九年一月